纺织服装高等教育“十四五”部委级规划教材
河南省“十四五”普通高等教育规划教材

码可观看十几个
实验的操作视频

EXPERIMENT OF TEXTILE MATERIAL

纺织材料学实验

（2版）

◎ 张海霞　宗亚宁　主编

東華大學出版社
·上海·

内 容 提 要

本书共分八章，系统地介绍纺织材料的实验技术，主要内容包括纺织材料检测的一般程序、纺织标准、试验用标准大气、抽样和数据整理等基础知识，纺织纤维、纱线、织物、产业用纺织品的结构性能测试方法，纺织品安全卫生性能的测试方法，十项综合性实验项目，以及目前常用的纺织材料大型测试系统，体现了新标准、新仪器、新形式的教学要求，教学实验项目齐全。

本书主要作为纺织院校本科、专科教材，也可供其他相关专业的师生及纺织企业、检验机构和科研院所等的专业技术人员和营销人员参考。

图书在版编目(CIP)数据

纺织材料学实验/张海霞，宗亚宁主编. —2 版.
—上海：东华大学出版社，2021.2
ISBN 978-7-5669-1858-1

Ⅰ.①纺… Ⅱ.①张… ②宗… Ⅲ.①纺织纤维—材料试验 Ⅳ.①TS101.92

中国版本图书馆 CIP 数据核字(2021)第 012874 号

责任编辑：张 静
封面设计：魏依东

出 版：东华大学出版社(上海市延安西路 1882 号，200051)
出版社网址：http://dhupress.dhu.edu.cn
天猫旗舰店：http://dhdx.tmall.com
出版社邮箱：dhupress@dhu.edu.cn
营销中心：021-62193056 62373056 62379558
印 刷：句容市排印厂
开 本：787 mm×1092 mm 1/16
印 张：17
字 数：425 千字
版 次：2021 年 2 月第 1 版
印 次：2023 年 7 月第 2 次印刷
书 号：ISBN 978-7-5669-1858-1
定 价：69.00 元

2 版 前 言

《纺织材料学实验》自 2015 年出版以来，深受读者欢迎，被中国纺织服装教育学会评为“十二五”部委级优秀教材。近年来，随着纺织科技的飞速发展，新材料、新仪器不断涌现，一批新制定或修订的纺织技术标准先后颁布实施，因此纺织材料实验教学内容有了较大的改变。为充分体现纺织高等院校人才培养目标的要求，基于新形势下对高层次应用型人才的基本特征及培养规律的认识和探索，在参考现行标准及有关文献的基础上，根据各院校的教学实践，对该教材进行了修订。

本次修订主要做以下调整和修改：

(1) 去除已作废纺织标准所涉及本书的相关内容，替换新标准所涉及本书的相关内容。

(2) 根据专业发展需要，结合新标准的颁布实施和老标准的废止，删除个别实验项目。

(3) 根据国内外纺织材料测试仪器的最新进展，更新纺织材料大型测试系统相关内容。

(4) 为提高学生使用教材进行学习的直观效果，以二维码的方式提供部分实验项目的操作视频。

(5) 对第 1 版中的文字和图表等存在差错或疏漏的地方予以纠正和完善。

本书可用于纺织学科的纺织工程专业、非织造材料与工程专业各专业方向及相关学科专业的教学。在实际教学过程中，可根据不同阶段的教学要求及学生的专业方向和学时数选择相关内容。

本次修订由河南工程学院和中原工学院共同完成，具体分工如下：

河南工程学院张海霞：第一章，第七章实验六～实验八；

河南工程学院孔繁荣：第二章实验一～实验十四；

河南工程学院翟亚丽：第二章实验十五～实验二十一，第七章实验四、实验五、实验九和实验十；

中原工学院徐淑萍：第三章；

河南工程学院贾琳：第四章实验一～实验十七，第八章；

河南工程学院毛慧贤：第四章实验十八～实验二十四，第七章实验一～实验三；

中原工学院宗亚宁：第五章；

河南工程学院李金超：第六章。

全书由河南工程学院张海霞和中原工学院宗亚宁担任主编。

本书在编写过程中参考了许多标准、教材、专著、仪器说明书等，引用了许多相关的图、表、资料等。谨向各位作者表示诚挚的感谢。

限于编者的能力和水平有限，书中难免有不足、疏漏和错误之处，敬请广大读者不吝赐教。

编　者

2021 年 3 月

1 版 前 言

随着纺织科技的飞速发展，新材料、新仪器和新制定（新修订）的纺织标准不断涌现，纺织材料实验教学内容有了很大改变。为充分体现纺织高等院校人才培养目标的要求，基于新形势下对高层次应用型人才的基本特征及培养规律的认识和探索，在参考现行标准及有关文献的基础上，结合多年的教学实践经验，我们编写了这本纺织服装高等教育“十二五”部委级规划教材《纺织材料学实验》。

本书采用归类分章法，将相近内容归纳综合，较系统地介绍相关的实验项目，主要内容包括：

(1) 介绍纺织材料学实验的一般程序、纺织标准和试验用标准大气等纺织材料实验必备的基础知识，以及纺织材料检测过程中抽样和数据整理的基本方法。

(2) 详细介绍纺织纤维、纱线、织物、产业用纺织品结构性能的测试方法，并对纺织品安全卫生性能的检测进行介绍。

(3) 介绍十项综合性实验项目，有助于培养学生的综合实验能力。

(4) 对目前常用的纺织材料大型测试系统进行介绍，以体现纺织材料测试仪器的最新进展。

本书在编写过程中考虑到了纺织工程专业、非织造材料与工程专业和各专业方向及新增试办专业的要求，可作为高等院校本/专科“纺织材料学实验”“综合课程设计”等基础实验课程的教材。在实际教学中，可根据不同阶段的教学要求，以及学生具体的专业方向和学时数选择相关内容。

本书由河南工程学院和中原工学院联合编写。具体分工如下：

河南工程学院张海霞：第一章，第七章实验六～实验八；

河南工程学院孔繁荣：第二章实验一～实验十五；

河南工程学院翟亚丽：第二章实验十六～实验二十二，第七章实验四、实验五、实验九和实验十；

中原工学院徐淑萍：第三章；

河南工程学院贾琳：第四章实验一～实验十七，第八章；

河南工程学院毛慧贤：第四章实验十八～实验二十四，第七章实验一～实验三；

中原工学院宗亚宁：第五章；

河南工程学院李金超：第六章。

全书由河南工程学院张海霞和中原工学院宗亚宁担任主编。

本书在编写过程中参考了许多标准、教材、专著、仪器说明书等，引用了许多相关图表、资料等，谨向各位作者表示诚挚的感谢。

限于编者的能力和水平有限，书中难免有不足、疏漏和错误之处，敬请广大读者不吝赐教。

编　者

2015 年 1 月

目　　录

第一章　基 础 知 识

本章知识点：

1. 纺织材料检验测试的一般程序。
2. 纺织标准的种类、表现形式、级别和执行方式。
3. 标准大气、预调湿、调湿与试样准备。
4. 抽样方法、异常值的检验处理、有效数字和数值修约。

一、纺织材料检验测试的一般程序

为了培养学生具备良好的纺织材料检验测试能力，学生在实际操作训练时，应做好实验前、实验中、实验后三个阶段的有关工作。

（一）实验前阶段

预习是做好实验的首要工作。学生需在掌握相关理论知识的基础上认真阅读有关实验教材与标准，明确此项实验的目的、要求、有关原理、操作步骤与注意事项，做到有的放矢。

准备好实验用纸、笔等工具，以便实验时及时、准确地做好原始记录。

（二）实验中阶段

学生在实验过程中首先要掌握正确的取样与制备试样的方法，测试前通常要对实验仪器设备进行检定和调试，以减少误差。

实验中应严格遵守操作规程并重视注意事项。在使用不熟悉其性能的仪器和药品之前，要请教指导教师或查阅相关资料，不要随意进行实验，以免发生意外事故。

在进行实际操作时，要了解每一项操作的目的与作用、应出现的现象等等，细心观察，随时把必要的数据和现象清楚准确地记录下来，以备分析。

实验中要保持实验室安静、整齐、清洁。实验完毕后清理仪器，该洗涤的及时洗涤，该放置的按要求各归其位，该关闭的电源、水阀和气路应及时切断或关闭。离开时使实验室处于安全、整洁状态。

（三）实验后阶段

对实验所得数据和结果，按要求进行整理、计算与分析，并认真完成实验报告，及时归纳总结实验中的经验教训，细致回答思考题。

实验报告应包括实验项目名称、实验目的与要求、仪器用具与试样材料、实验原理与实验参数、简洁的操作步骤、实验的原始数据及结果分析等内容。写报告时，应注意记录和计算必须准确、简明、清晰，不允许私自拼凑数据和修改数据，要养成实事求是的、科学的实验观。

二、纺织标准

纺织标准是以纺织科学技术和纺织生产实践的综合成果为基础，经有关方面协商一致，由主管机构批准，以特定形式发布，作为纺织生产、纺织品流通领域共同遵守的准则和依据。

纺织材料检验测试的依据是纺织标准，本书介绍的纺织材料实验方法符合现行有关纺织标准的规定。

（一）纺织标准的种类

纺织标准大多为技术标准，按其内容可分为基础性技术标准、产品标准和方法标准。

（1）基础性技术标准。基础性技术标准是在一定范围内作为其他标准的基础并普遍使用，具有广泛指导意义的标准。纺织基础性技术标准包括各类纺织品及纺织制品的有关名词术语、图形、符号、代号及通用性法则等。

（2）产品标准。产品标准是为了保证产品的适用性，针对产品必须达到的某些或全部要求制定的标准。纺织产品标准主要涉及纺织产品的品种、规格、技术要求、试验方法、检验规则、包装、贮藏、运输等各项技术规定，是纺织品生产、检验、验收、商贸交易的技术依据。

（3）方法标准。方法标准是对产品性能、质量的检测和试验方法所做的统一规定。其具体内容包括：检测和试验的类别、原理、抽样、精度要求等方面的规定，以及对使用的仪器设备、条件、方法、步骤、结果的计算、评定、复验规则等所做的规定。各种纺织检测方法一般单独列为一项标准，少数也会被列入纺织产品标准的检验方法中。

（二）纺织标准的表现形式

纺织标准按其表现形式可分为文字标准和实物标准。

（1）文字标准。文字标准是用文字或图表对标准化对象做出的统一规定。这是标准的基本形式。

（2）实物标准。当标准化对象的某些特性难以用文字准确描述出来时，可制成实物标准，也称为标样。标样由指定机构按一定技术要求制作成实物样品或样照，如棉纱黑板条干样照、羊毛标样、织物起毛起球样照、色牢度评定用变色和沾色分级样卡等，可供检验外观、规格等时进行对照与判别。随着检测技术的进步，某些用目光检验、对照标样评定其优劣的方法，将逐渐向计算机视觉检验的方向发展。

（三）纺织标准的级别

按照纺织标准制定和发布机构的级别、适用范围，可将其分为国际标准、区域标准、国家标准、行业标准、地方标准、团体标准和企业标准。

（1）国际标准。国际标准是由众多具有共同利益的独立主权国参加组成的世界性标准化组织，通过有组织的合作与协商所制定、发布的标准。例如：国际标准化组织（ISO）、国际电工委员会（IEC）、国际毛纺织协会（IWTO）、国际化学纤维标准化局（BISFA）等制定发布的标准。

(2) 区域标准。区域标准是由区域性国家集团或标准化团体,为其共同利益而制定、发布的标准。例如:欧洲标准化委员会(CEN)、泛美标准化委员会(COPANT)、太平洋区域标准大会(PASC)、亚洲标准化咨询委员会(ASAC)、非洲标准化组织(ARSO)等制定的标准,其中部分标准被收录为国际标准。

(3) 国家标准。国家标准是由国家标准化机构,经法定程序制定、发布,在该国范围内统一执行的标准。例如:中国国家标准(GB)、美国国家标准(ANSI)、英国国家标准(BS)、德国国家标准(DIN)、法国国家标准(NF)、日本工业标准(JIS)、澳大利亚国家标准(AS)等。

(4) 行业标准。行业标准是由行业标准化主管机构或行业标准化组织制定,由国家主管部门批准、发布,在某行业范围内统一执行的标准。

(5) 地方标准。地方标准是由地方(省、自治区、直辖市)标准化组织制定、发布的标准,仅在该地方范围内使用。

(6) 团体标准。团体标准是由社会团体协调相关市场主体共同制定的,满足市场和创新需要的标准,属于市场自主制定的标准。团体标准的制定主体是依法成立的学会、协会、商会、联合会和产业联盟等社会团体,如中国纺织工业联合会(CNTAC)等。

(7) 企业标准。企业标准是由企业自行制定、审批和发布的标准,仅适用于企业内部。企业的产品标准必须报当地政府标准化主管部门备案。对于已有国家或行业标准的纺织产品,企业制定的标准应严于相应的国家或行业标准;对于没有国家或行业标准的纺织产品,企业应当制定有关标准,作为指导生产的依据。

(四) 纺织标准的执行方式

纺织标准按执行方式分为强制性标准和推荐性标准。

(1) 强制性标准。是指保障人体健康、人身、财产安全的标准及法律、行政法规规定强制执行的标准。强制性标准必须执行,不得擅自更改或降低标准规定的各项要求。

(2) 推荐性标准。是由有关各方自愿采用的标准,国家一般不做强制性要求。但是,现行的国家和行业标准一般都等同或等效采用国际标准,具有国际先进性和科学性,积极采用推荐性标准,有利于提高纺织产品质量,增强产品的市场竞争力。

每项标准均有其对应的标准编号,完整的标准编号包括标准代号、顺序号和年代号。中国国家标准和纺织行业标准代号分别为:强制性国家标准代号 GB,推荐性国家标准代号 GB/T,强制性纺织行业标准代号 FZ,推荐性纺织行业标准代号 FZ/T。

三、试验用标准大气与试样准备

纺织材料的物理和机械性能常常随着测试环境而变化,为了减少误差,许多试验项目在试验前要对试样进行预调湿和调湿,并应在标准大气条件下进行试验。国家标准 GB/T 6529—2008《纺织品　调湿和试验用标准大气》中,对预调湿、调湿和测试时的标准大气都做了规定。

(一) 标准大气

标准大气是指相对湿度和温度受到控制的环境,纺织材料在此环境温度和湿度下进行调湿和试验。纺织材料调湿和试验用标准大气见表 1-1。

表 1-1　调湿和试验用标准大气

类型		温度(℃)	相对湿度(%)
标准大气		20.0±2.0	65.0±4.0
可选标准大气*	特定标准大气	23.0±2.0	50.0±4.0
	热带标准大气	27.0±2.0	65.0±4.0

* 可选标准大气仅在有关各方同意的情况下使用。

（二）预调湿

为了能在调湿期间使试验材料由吸湿状态下达到平衡，可能就需要进行预调湿。所谓预调湿就是调湿之前将试样放置于相对湿度为 10.0%～25.0%、温度不超过 50.0 ℃的大气条件下进行预烘处理。对于比较潮湿(实际回潮率接近或高于标准大气下的平衡回潮率)和回潮率影响较大的试样，都需要进行预调湿(即预烘)。

（三）调湿

在进行纺织材料的物理和机械性能测试前，应将试样在标准大气环境下放置一定时间，使其达到吸湿平衡，这样的处理过程称为调湿。在调湿期间，应使空气畅通地流过试样，直至达到吸湿平衡为止。调湿时间的长短由是否达到吸湿平衡来决定。除非另有规定，纺织材料的质量递变量不超过 0.25%时，方可认为达到平衡状态。在标准大气环境的实验室调湿时，纺织材料连续称量间隔为 2 h；采用快速调湿时，纺织材料连续称量间隔为 2～10 min，快速调湿需要特殊装置。通常，一般纺织材料调湿 24 h 以上即可，合成纤维调湿 4 h 以上即可。调湿过程不能间断，若被迫间断，必须重新按规定调湿。

（四）试样准备

试样准备一般是指试样测试前的调湿和可能需要进行的预调湿处理。但当试样沾有油污或附有加工中加入的表面活性剂、浆料、合成树脂等物质，由此影响该试样的调湿或性能测试结果时，必须采用适当的方法，选择适当的溶剂，除去这些沾附物。这种处理称为试样精制或试样净化。因此，试样精制也是试样准备的一项重要内容。控制试验环境和做好试样准备，是确保纺织材料检验测试结果准确性的基础工作。

四、抽样与数据整理

（一）抽样方法

纺织材料的抽样(也称作取样)，是根据技术标准或操作规程所规定的方法和抽样工具，从整批产品中随机抽取一小部分在成分和性质上都能代表整批产品的样品。抽样的目的在于用尽可能小的样本所反映的质量状况来统计推断整批产品的质量水平。子样检验的结果能在多大程度上代表被测对象总体的特征，取决于子样试样量的大小和抽样方法。

在纺织产品中，总体内单位产品之间或多或少总存在质量差异，试样量越大，即试样中所含个体数量越多，所测结果越接近总体的结果(真值)。试样量多大才能达到检验结果所需的可信程度，可以用统计方法来确定。但不管所取试样量有多大，所用仪器如何准确，如果抽样方法本身缺乏代表性，其检验结果也是不可信的。

纺织材料检验测试时常用的随机抽样方法有简单随机抽样、系统抽样、分层抽样和阶段性抽样。

1. 简单随机抽样(又称纯随机取样)

简单随机抽样是指从总体中抽取若干个样品(子样),使总体中每个单位产品被抽到的机会相等,也称为纯随机取样。即从批量为 N 的批中抽取 n 个单位产品组成样本,共有 C_N^n 种组合,每种组合被抽到的概率相等。

简单随机抽样对总体不经过任何分组排队,完全凭着偶然的机会从中抽取。从理论上讲,简单随机抽样最符合抽样的随机原则,因此,它是抽样的基本形式。简单随机抽样在理论上虽然最符合随机原则,但在实际上有很大的偶然性,尤其是当总体的变异较大时,简单随机抽样的代表性就不如经过分组再抽样的代表性强。

2. 系统抽样(又称等距取样)

系统抽样是先把总体按一定的标志排队,然后按相等的距离抽取,也称为等距取样。

系统抽样法相对于简单随机抽样而言,可使子样较均匀地分配在总体之中,使子样具有较好的代表性。但是,如果产品质量有规律地波动,并且波动周期与抽样间隔相近,则会产生系统误差。

3. 分层抽样(又称代表性取样)

分层抽样是运用统计分组法,把总体划分成若干个代表性类型组,然后在组内采取简单随机抽样法或系统抽样法,分别从各组中抽样,再把各部分子样合并成一个子样,又称为代表性取样。

分层的原则可按实际情况,如按生产时间、原材料、安装设备、操作工人等进行分组。各组抽样数目可按各组内的变异程度确定,变异大的组多取一些,变异小的组少取一些,没有统一的比例,或以各部分占总体的比例来确定各组应取的数目。

4. 阶段性抽样

阶段性抽样是从总体中取出一部分子样,再从这部分子样中抽取试样。从一批货物中取得试样可分为三个阶段,即批样、实验室样品、试样。

批样:从要检验的整批货物中取得一定数量的包数(或箱数)。

实验室样品:从批样中用适当方法缩小成实验室用的样品。

试样:从实验室样品中,按一定的方法取得进行各项物理机械性能、化学性能试验的样品。

(二) 异常值的检验处理

异常值(离群值)是在试验结果数据中比其他数据明显过大或过小的数据。判断异常值首先应从技术上寻找原因,如技术条件、观测、运算是否有误,试样是否异常;如确信是不正常原因造成的应舍弃或修正,否则可以用统计方法判断。对于检出的高度异常值应舍弃,一般检出异常值可根据问题的性质决定取舍。

判断一般检出异常值和高度异常值要依据检出水平和剔除水平。检出水平是指作为检出异常值的统计检验显著性水平;剔除水平是指作为判断异常值为高度异常的统计检验显著性水平。除特殊情况外,剔除水平一般采用 1%或更小,不宜采用大于 5%的值。在选用剔除水平的情况下,检出水平可取 5%或再大些。

目前国际上通用的异常值检验方法有奈尔(Nair)检验法、格拉布斯(Grubbs)检验法、狄克逊(Dixon)检验法、偏度-峰度检验法和柯克伦(Cochran)检验法等。这些方法在判别前都是先将测量值由小到大排列,然后按单侧或双侧情形计算统计量的值,根据检出水平查表得临界值，将统计量的值与临界值进行比较，由此判断最大值或最小值是否为异常值；再根据剔除水平查表得临界值，进一步判断该异常值是否为高度异常。

在允许检出异常值个数大于1的情况下，可重复使用判断异常值的规则，即将检出的异常值剔除后，余下的测量值可继续检验，直到不能检出异常值，或检出的异常值个数超过上限为止。

异常值的处理一般有以下几种方式：

(1) 异常值保留在样本中，参加其后的数据分析。

(2) 剔除异常值，即把异常值从样本中排除。

(3) 剔除异常值，并追加适宜的测试值计入。

(4) 找到实际原因后修正异常值。

(三) 有效数字和数值修约

在实际工作中，实验方案不仅要明确实验方法、实验条件等要素，还要包括有效数字和数值修约规则的规定。

1. 有效数字

有效数字只能具有一位可疑值，即只能保留一位不准确数字，其余数字均为准确数字。确定有效数字位数的方法如下：

(1) 数字1～9都是有效数字。

(2) 数字最前面的"0"作为数字定位，不是有效数字。

(3) 数字中间的"0"和小数末尾的"0"都是有效数字。

(4) 以"0"结尾的正整数，有效数字的位数不确定，此时应根据测量结果的准确度，按实际有效位数来确定。

测量和计算过程中，有效数字位数的确定方法如下：

(1) 记录测量数据时，一般按仪器或器具的最小分度值读数。对于需要做进一步运算的读数，则应在按最小分度值读取后再估读一位。

(2) 有效数字进行加、减法运算时，各数字小数点后所取的位数以其中位数最少的为准，其余各数应修约成比该数多一位，然后计算。两个量相乘(相除)的积(商)，其有效数字位数与各因子中有效数字位数最少的相同。

2. 数值修约规则

在数据处理中，当有效数字位数确定后，对有效数字位数之后的数字要进行修约。我国制定了GB/T 8170—2008《数值修约规则与极限数值的表示和判定》，它适用于科学技术与生产活动中测试和计算得出的各种数值。下面简要介绍数值的修约规则：

(1) 拟舍弃数字的最左一位数字小于"5"时，则舍去；拟舍弃数字的最左一位数字大于"5"(或等于"5"，且其后有非"0"数字)时，则进1。

例如：将下面左边的数值修约为三位有效数字。

2.374 1→2.37

2.376 1→2.38

2.375 1→2.38

(2) 拟舍弃数字的最左一位数字为"5"，且其后无数字或全部为"0"时，若所保留的末位数字为奇数(1，3，5，7，9)则进1，为偶数(2，4，6，8，0)则舍弃。

例如:将下面左边的数值修约为三位有效数字。

13.25→13.2

13.35→13.4

(3) 负数修约时,先将它的绝对值按正数进行修约,然后在所得值前加上负号。

(4) 不允许连续修约。应根据拟舍弃数字中最左一位数字的大小,按上述规则一次修约完成。如将"15.474 8"修约为两位有效数字,则应修约成"15",而不能修约成"16"。

数值修约规则可总结为"四舍六入五考虑,五后非零应进一,五后皆零视前位,五前为偶应舍去,五前为奇则进一,整数修约原则同,不要连续做修约。"

思考题

1. 纺织材料检验测试的一般程序是什么?
2. 简要说明纺织标准的种类、表现形式、级别和执行方式。
3. 纺织材料检测时的标准大气如何规定? 如何进行调湿和预调湿?
4. 在纺织材料检测中,抽样方法主要有哪些? 如何判断异常值?
5. 简述纺织材料检测结果的数值修约规则。

第二章　纤维结构性能测试

本章知识点：

1. 纤维实验各项目的实验要求和实验原理。
2. 纤维实验各种测试仪器的结构和操作使用方法。
3. 纤维实验各项目的取样方法、实验程序和步骤。
4. 纤维实验各项指标的计算方法。

实验一　原棉长度手扯尺量法测试

一、实验目的与要求

通过实验，了解手扯尺量法的测试原理，并在掌握手扯尺量法的操作基础上，实测一种棉纤维的手扯长度。

二、仪器用具与试样材料

黑绒板，纤维专用尺（分度值为 0.5 mm），手扯长度实物标准。试样为原棉。

三、实验原理

通过抽取一定量有代表性的纤维，整理成符合要求的棉束，用纤维专用尺直接测量棉束长度，即为手扯长度。

四、实验方法与操作步骤

（一）取样

对收购籽棉的每个试轧样品逐样检验，每个样品随机抽取 2～3 份有代表性的试样，每份试样约 10 g；对成包皮棉批样逐样检验，每个样品检验时，随机抽取有代表性的试样约10 g。

（二）操作步骤

（1）将试样稍加整理，使纤维趋于平顺。双手分别握住试样的两端，采取两拳平行相对或两拳掌心相对的方式用力分离试样。双手平分后，合并试样，一手握持试样，另一手拇指与食指剔除试样中的索丝、杂物和未被控制的游离纤维。

(2) 用食指第一节侧面与拇指的第一节平面平行对齐，夹取被握持试样截面上伸出的纤维，顺次缓缓抽取，边抽取边清除索丝、杂质等，将抽取的纤维均匀整齐地重叠在拇指与食指之间，直至成为一定量的棉束。

(3) 一端整齐法。

① 整理棉束。用拇指与食指整理取样后形成的棉束，清除棉束中的游离纤维、索丝、杂质等，并将松散的棉束轻轻捻拢，稍加压力，使棉束面积缩小，初步达到平直、整齐的状态。

② 抽拔棉束。用手压紧整理过的棉束，另一手拇指与食指第一节平行对齐，抽取棉束中伸出的纤维前端。每次抽取一薄层，逐层叠放，并随时清除纤维中的棉结、杂物等，形成平齐的棉束。重复抽拔 1～2 次，使之成为没有丝团、杂物和游离纤维的一端平齐的平直棉束。棉束质量约为 60 mg，宽度约为 20 mm。

③ 切量棉束。将棉束置于绒板上，用纤维专用尺刃面在棉束两端分别切线，两条切线平行并与棉束垂直。切线位置以不露绒板底色为准。量取两切线间的距离，即为该棉束的手扯长度。记录结果，以毫米为单位，保留一位小数。

(4) 两端整齐法。

① 整理棉束。用拇指与食指整理取样后形成的棉束，将棉束稍加压紧，清除游离纤维、索丝、杂质等，并剔除过长纤维，使棉束露出的一端扁平、整齐。

② 抽拔棉束。用手压紧整理过的棉束，另一手拇指与食指第一节平行对齐，抽取棉束中伸出的纤维前端。每次抽取一薄层，逐层叠放，并随时清除纤维中的棉结、杂物等，整理并剔除过长和过短的纤维，形成两端平齐的棉束。重复抽拔 2 次，最后形成两端整齐的平直棉束。棉束质量约为 60 mg，宽度约为 20 mm。

③ 测量棉束。将棉束置于绒板上，用纤维专用尺直接测量棉束两端的距离，以不露绒板底色为准，即为该棉束的手扯长度。记录结果以毫米为单位，保留一位小数。

(5) 校准。手扯尺量法检验长度，应经常采用棉花手扯长度实物标准(GSB 11—2057)《棉花手扯长度实物标准》(此标准有效期为 1 年，每年更新)进行校准，使检验结果与上半部平均长度相一致。

五、实验结果计算与修约

(1) 籽棉收购检验。籽棉收购检验时，对试轧后的每个样品检验两个试样。若两个试样结果差异小于等于 0.5 mm，以两个试样的平均值作为该样品的检验结果；若两个试样结果差异大于 0.5 mm，增加一个试样，以三个试样的平均值作为该样品的检验结果。

(2) 成包皮棉检验。成包皮棉按批检验时，对批样的每个样品各检验一个试样。根据各个棉样长度检验结果计算出整批棉花的算术平均长度及各长度级百分比，结果保留一位小数。长度平均值对应的长度级定为该批棉花的长度级。

思 考 题

1. 棉纤维的手扯长度和主体长度有什么关系？
2. 细绒棉按手扯长度如何进行分级？

(本实验技术依据：GB/T 19617—2007《棉花长度试验方法　手扯尺量法》)

实验二　原棉杂质机检法测试

一、实验目的与要求

通过实验，了解原棉杂质分析机的结构和工作原理，掌握原棉中杂质的种类和原棉杂质分析机的操作方法，实测一种原棉的含杂率。

二、仪器用具与试样材料

Y101 型原棉杂质分析机或 YG042W 微电脑型原棉杂质分析机，天平（分度值为 0.01 g），电子秤或案秤（分度值为 1 g），棕刷，镊子。试样为原棉。

三、实验原理与仪器结构

（一）实验原理

原棉杂质分析机是根据机械空气动力学原理设计的，经刺辊锯齿分梳松散后的纤维及黏附杂质，在机械和气流的作用下，由于形状不同、密度不同、作用其上的力也不同，使纤维和杂质分离。

（二）仪器结构

Y101 型原棉杂质分析机、YG042W 微电脑型原棉杂质分析机的结构分别如图 2-1 和图 2-2 所示。

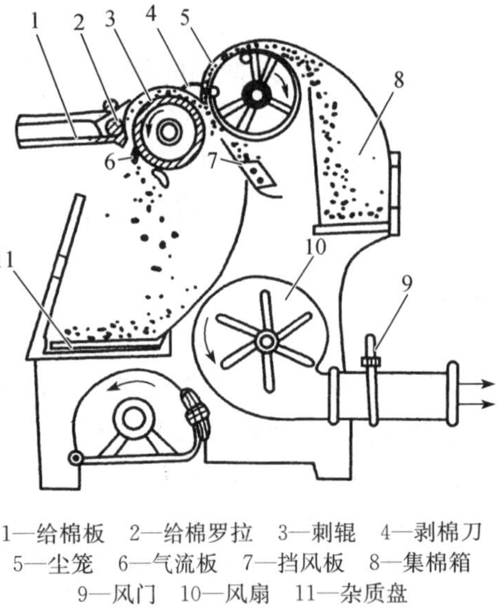

1—给棉板　2—给棉罗拉　3—刺辊　4—剥棉刀
5—尘笼　6—气流板　7—挡风板　8—集棉箱
9—风门　10—风扇　11—杂质盘

图 2-1　Y101 型原棉杂质分析机

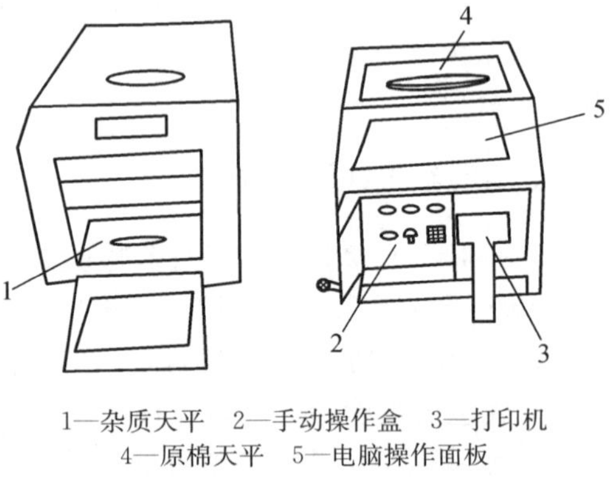

1—杂质天平　2—手动操作盒　3—打印机
4—原棉天平　5—电脑操作面板

图 2-2　YG042W 微电脑型原棉杂质分析机

四、实验方法与操作步骤

（一）取样

除了用于从 600 g 实验室样品中，采用四分法，抽取 2 个 100 g 的试验试样和 1 个 100 g

的备用试验试样。

（二）操作步骤

1. Y101型原棉杂质分析机

（1）开机前，先开照明灯，并将风扇活门全部开启。开机空转1～2 min，然后停机，清洁杂质箱、净棉箱、给棉板和刺辊。

（2）用电子秤或案秤称取实验室样品，称准至1 g。用天平称取试验试样，称准至0.1 g，并记录质量。

（3）将试验试样撕松，陆续平整均匀地铺于给棉板上。遇有棉籽、籽棉及其他粗大杂质，应随时拣出，并在原棉含杂率试验报告单上记录。

（4）开机运转正常后，用两手把试验试样均匀喂入给棉罗拉与给棉板之间，直到整个试验试样分析完毕，使尘笼或集棉网上的棉纤维全部落入集棉箱内，取出第一次分析后的全部净棉。

（5）将第一次分析后的净棉取出，纵向平铺于给棉板上，再分析一次。

（6）关机，收集杂质盘内的杂质，注意收集杂质箱四周壁上、横档上、给棉板上的全部细小杂质。如杂质盘内落有小棉团、索丝、游离纤维，应将附在表面的杂质抖落后拣出。

（7）将收集的杂质与拣出的粗大杂质分别称量，用天平称准至0.01 g，分别记录质量。

（8）从称量试验试样质量到称杂质质量这段时间内，室内温湿度应保持相对稳定，并能满足仪器正常运转。

（9）重复(1)～(8)的步骤，再分析测试1个或2个试验试样。

2. YG042W微电脑型原棉杂质分析机

（1）脱机操作。

① 将联机-脱机开关拨至“脱机”位置，用手动控制盒中的“ON”按钮启动杂质分析机，用“OFF”按钮停止其运行。此时电脑控制柜上的“运行”及“停止”按钮的功能被屏蔽，其他功能仍可使用。

② 关上前后门和进风网。

③ 用天平称取试验试样，称准至0.1 g，记录质量，将试样撕松，平整均匀地铺于给棉板上。遇有棉籽、籽棉及其他粗大杂质，应随时拣出，并做好记录。

④ 按下绿色按钮，开机运转正常后，以两手指微屈靠近给棉罗拉，把试样喂入给棉罗拉与给棉板之间，待棉纤维出现于净棉箱时，即可松手自然喂棉，出现空档时可用手辅助喂棉。

⑤ 试样分析完毕后，把红色按钮按到底，使刺辊停止运转。

⑥ 刺棍停转后，将第一次分析取出的净棉纵向排列平铺在给棉板上，做第二次分析。

⑦ 关机停稳后，收集杂质盘中的杂质，注意收集杂质箱四周各处的杂质。

⑧ 将收集的杂质与拣出的粗大杂质分别称重、记录。

（2）联机操作。

① 将联机-脱机开关拨至“联机”位置。

② 将电气控制柜面板上的红色电源开关拨至“ON”位置。

③ 将原棉试样置于原棉天平上，称取100 g原棉试样，精确至0.1 g。

④ 欲确认所称原棉的质量时，按电气控制框面板上的“确认/查询”键即可；若需打印此时原棉数据，先按电气控制柜面板上的“P”键，再按“确认/查询”键。

⑤ 按电气控制柜面板上的“原棉/杂质”键，使仪器从原棉称量状态转换为杂质称量状态。

⑥ 在杂质称量状态下，按“运行”键，杂质分析机的电机运行。此时，将棉样撕松，平整均匀地铺在给棉板上，以两手指微屈靠近给棉罗拉，把试样喂入给棉罗拉。遇有棉籽、籽棉及其他粗大杂质，应随时拣出。

⑦ 确认杂质已分离完毕时，按电气控制柜面板上的“停止”键，刺辊停转后，将第一次分析取出的净棉纵向排列平铺在给面板上，做第二次分析。

⑧ 按“停止”键，则含杂率已记入电脑。若需打印含杂率，先按电气控制柜面板上的“P”键，再按“确认/查询”键即可。

⑨ 在原棉或杂质称量状态下，按“确认/查询”键 3 s 以上，当“称量”灯停止闪烁时，释放该键，即可进入杂质查询状态。以后每按一次“确认/查询”键，显示记录加“1”，最大记录为“5”，可重复显示查询两次。

五、实验结果计算与修约

试样含杂率按下式计算：

$$Z = \frac{m_f + m_c}{m_s} \times 100\% \tag{2-1}$$

式中：Z 为含杂率，%；m_f 为分析出的杂质质量，g；m_c 为拣出的粗大杂质质量，g；m_s 为试验试样质量，g。

以各试验试样的试验结果的算术平均值作为该批棉花的含杂率。将含杂率计算结果按 GB/T 8170—2008 修约至一位小数。

思　考　题

1. 原棉中的杂质有哪些？
2. 原棉的含杂率在计算公定质量时有什么作用？

（本实验技术依据：GB/T 6499—2012《原棉含杂率试验方法》）

实验三　原棉疵点检验

一、实验目的与要求

通过实验，掌握原棉中疵点的种类及相关测试指标，熟悉原棉检测疵点的方法，实测一种原棉的疵点含量。

二、仪器用具与试样材料

天平（分度值为 0.01 g、0.2 mg、0.02 mg），镊子，黑绒板，光面黑板，玻璃压板，原棉疵点灯箱（灯泡 8 W，磨砂玻璃罩）。试样为原棉。

三、实验原理

从一定量的原棉中，用手工法挑拣出各项疵点，分别计数或称量，计算出 100 g 原棉中单项疵点粒数或单项疵点质量百分率、总疵点粒数或总疵点质量百分率和黄根率。锯齿棉疵点有破籽、不孕籽、软籽表皮、僵片、带纤维籽屑、棉结及黄根；皮辊棉疵点有破籽、不孕籽、软籽表皮、僵片、带纤维籽屑及黄根。

四、实验方法与操作步骤

（一）取样

除了用于测试棉结的实验室样品，批量在 300 包及以下的棉花，抽取 1 份实验室样品；批量为 301～600 包的棉花，抽取 2 份实验室样品；批量大于 600 包的棉花，抽取 3 份实验室样品。从实验室样品中均匀地抽取锯齿棉 10 g 或皮辊棉 10 g 和 5 g 各一份，供检测原棉疵点用。取样中若发现棉籽或危害性杂物，应予以剔除。

（二）操作步骤

1. 锯齿棉

(1) 从 10 g 试验试样（精确至 0.01 g）中，用镊子拣取破籽、不孕籽、索丝、软籽表皮和僵片，分别计数或称取质量（精确至 0.2 mg）。

(2) 将拣过以上各项疵点的试验试样均匀混合后，随机称取 2 份质量各为 2 g（精确至 0.01 g）的试验试样，一份用于拣取棉结和带纤维籽屑，另一份仅用于拣取棉结，分别计数或称取质量（精确至 0.02 mg）。棉结两次试验结果的差值应符合允许偏差（一份实验室样品在重复条件下进行的两次棉结测试试验，其试验结果的差值不得大于 2 粒；若大于 2 粒，应增试一次，并以三次试验结果的算术平均值为该实验室样品的试验结果）。

(3) 试验过程中若发现棉籽或危害性杂物，应予以剔除，其质量由实验室样品中的同一样品补偿。

2. 皮辊棉

(1) 从 10 g 试验试样（精确至 0.01 g）中，用镊子拣取破籽、不孕籽、软籽表皮和僵片，分别计数或称取质量（精确至 0.2 mg）。

(2) 将已拣出以上各项疵点的试验试样均匀混合后，随机称取 2 g 试验试样（精确至 0.01 g），拣取带纤维籽屑，计数或称取质量（精确至 0.02 mg）。

(3) 从 5 g 试验试样（精确至 0.01 g）中拣取黄根，称取质量（精确至 0.2 mg）。

(4) 试验过程中若发现棉籽或危害性杂物，应予以剔除，其质量由实验室样品中的同一样品补偿。

五、实验结果计算与修约

1. 单项疵点粒数

$$N_i = \frac{n_i}{m_i} \times 100 \tag{2-2}$$

式中：N_i 为单项疵点粒数，粒/100 g；n_i 为从试验试样中拣出的单项疵点的粒数，粒；m_i 为试验试样的质量，g。

2. 总疵点粒数

$$N = \sum_{i=1}^{n} N_i \tag{2-3}$$

式中：N 为总疵点粒数，粒/100 g；N_i 为单项疵点粒数，粒/100 g；i 为疵点类别(其中 1 为破籽，2 为不孕籽，3 为软籽表皮，4 为僵片，5 为带纤维籽屑，6 为索丝，7 为棉结)；n 为疵点项数(锯齿棉为 7，皮辊棉为 5)。

3. 单项疵点质量百分率

$$L_i = \frac{m_i}{m} \times 100\% \tag{2-4}$$

式中：L_i 为单项疵点质量百分率，%；m_i 为从试验试样中拣出的单项疵点的质量，g；m 为试验试样的质量，g。

4. 总疵点质量百分率

$$L = \sum_{i=1}^{n} L_i \tag{2-5}$$

式中：L 为总疵点质量百分率，%；L_i 为单项疵点的质量百分率，%；i 为疵点类别(其中 1 为破籽，2 为不孕籽，3 为软籽表皮，4 为僵片，5 为带纤维籽屑，6 为索丝，7 为棉结)；n 为疵点项数(锯齿棉为 7，皮辊棉为 5)。

5. 黄根率

$$L_8 = \frac{m_8}{m} \times 100\% \tag{2-6}$$

式中：L_8 为黄根率，%；m_8 为从试验试样中拣出的黄根的质量，g；m 为试验试样的质量，g。

疵点粒数的计数为整数。总疵点质量百分率和黄根质量百分率的计算结果按 GB/T 8170—2008 的规定修约至两位小数。

思　考　题

1. 如何区分原棉中含有的疵点？
2. 原棉中的疵点有什么危害？

(本实验技术依据:GB/T 6103—2006《原棉疵点试验方法　手工法》)

实验四　原棉回潮率电测法测试

实验操作视频

一、实验目的与要求

通过实验，了解原棉水分测定仪的测试原理，掌握原棉水分测定仪的操作步骤，实测一种棉纤维的回潮率。

二、仪器用具与试样材料

Y412BL 型原棉水分测定仪或 Y412B 型棉花水分仪，天平(分度值为 1 g)，螺丝刀。试样为原棉。

三、实验原理与技术要求

(一) 实验原理

根据不同回潮率的棉纤维具有不同电阻值的特性，在试样密度和测试电压等试验条件一定的情况下，棉花的电阻与其回潮率呈非线性负相关，测量通过棉纤维试样的电流大小，同时进行温度补偿，间接地得出原棉的回潮率。

(二) 技术要求

极板面积：(235×100)mm^2。

极板压力：(735±30)N。

测量范围：回潮率 3.0%～13.0%。

测量允差(回潮率)：用标准电阻箱校验时，应满足表 2-1 的要求。

表 2-1 测量允差

回潮率范围(%)	3.0～6.0	6.1～11.0	11.1～13.0
测量允差(%)	±0.2	±0.1	±0.2

取样检测的电测器应具有细绒棉(锯齿棉、皮辊棉)、长绒棉和环境湿度因素对回潮率测试结果的修正功能。温度修正范围：−30～+50 ℃。

四、实验方法与操作步骤

(一) 取样

从每个取样棉包的压缩面开包后，去掉棉包表层棉花，再往棉包内层，于距离棉包外层 10～15 cm 处，抽取回潮率检验样品约 100 g，装入密封容器内密封，形成回潮率检验批样。

(二) 操作步骤

1. Y412BL 型原棉水分测定仪

(1) 仪器的调零、调满。将“校验/测试”拨至“校验”的位置，波段开关在上层测试、中层测试和下层测试档，显示“L——”；在上层满度、中层满度档，显示“H——”。均表示仪器工作正常。若显示“LLLL”，表示电源电压小于 7 V，必须更换电池。仪器通电预热 2～3 min 后，如果使用下层档进行实验，将波段开关拨到下层测试档，按“校验”键，显示屏应显示“000.0”；如果使用中层档进行实验，调节中层校零电位器，使显示屏显示“000.0”，再将波段开关拨到中层满度档，调节中层校满电位器，使显示屏显示“100.0”；如果使用上层档进行实验，按“校验”键，显示屏应显示“000.0”，再将波段开关拨到上层满度档，调节上层校满电位器，使显示屏显示“100.0”。

(2) 根据棉花的回潮率，选择“上层测试”、“中层测试”或“下层测试”中的某一个档位。

(3) 将“测试/校验”选择档拨到“测试”的位置。

(4) 取出一份(50±5)g 的试验试样，放在仪器玻璃板上迅速撕松，均匀地推入两极板间，盖好玻璃盖板，操纵手柄加压，使压力达到(735±30)N，指针指向红点，压力器上的电源开关自动接通，显示“A××.×”，表示锯齿棉温度已补偿回潮率为“××.×%”。若棉样为皮辊棉，按一下“存储”键，显示“P××.×”，表示皮辊棉温度已补偿回潮率为“××.×%”。

(5) 实验结束后，将手柄向后摇动，当显示屏上的显示消失后，表示已切断电源，实验完成。

(6) 每次抽取试验试样至测试完毕，时间不得超过 1 min。

2. Y412B 型棉花水分仪

(1) 仪器的调整。检查指针，装好电池，看表头指针是否与起点线重合，否则可用小螺丝刀缓缓旋动表壳的小螺丝，使表头指针与起点线重合，检查时不开启电源；检验测量电压，将切换开关拨到"检验"档，开启电源开关，调节"校验电位器"旋钮，使表针指在满刻度上；校准中层零位，将切换开关拨至"中层"档，调节"中层校零"旋钮，使指针指零；校准中层满度，中层零位校准后，按下白色按钮，调节"中层校满"旋钮，使指针指到满刻度，再次按下白色按钮使之弹起。若测量只用上、下两层测量档，则中层零位和满度无需校准。

(2) 从盛样容器中取出棉样，用天平迅速称取两份试样，每份试样质量为(50±5)g。将试验棉样撕松后，迅速均匀地放入箱体两极板之间，将玻璃盖盖好，旋紧压力器，使指针尖端指到红点处，此时的压力为(735±30)N。根据原棉含水的大概范围，将切换开关拨至"上层""中层"或"下层"。

(3) 开启电源，指示灯亮，表针偏转停止后，记下读数，将切换开关拨到"温差"档，待表针稳定后，记下读数。将上述两次读数相加，便是该份棉花试样的实际回潮率。

(4) 关闭电源，退松压力，取出试样，放入第二份试样进行测试。

五、实验结果计算与修约

按 GB 1103.1—2012《棉花　第 1 部分：锯齿加工细绒棉》、GB 1103.2—2012《棉花　第 2 部分：皮辊加工细绒棉》和 GB 19635—2005《棉花　长绒棉》规定的取样数量，逐样检测，记录检验结果，再计算批样回潮率算术平均值，作为检测结果。检测结果按照 GB/T 8170—2008 修约至小数点后一位。

思　考　题

1. 表示纺织材料吸湿性的指标有哪些？
2. 原棉水分测定仪的测试原理是什么？可以测试其他纤维的回潮率吗？

(本实验技术依据：GB/T 6102.2—2012《原棉回潮率试验方法　电阻法》)

实验五　纺织材料回潮率烘箱法测试

实验操作视频

一、实验目的与要求

通过实验，了解通风式烘箱的结构和工作原理，掌握烘箱法测试回潮率的操作方法，实测一种纤维材料的回潮率。

二、仪器用具与试样材料

烘箱(附装有天平)，样品容器，温湿度计，光面纸。试样为原棉或其他任意一种纤维材料。

三、实验原理与仪器结构

（一）实验原理

称取一定量的试验试样，置于一定温度的烘箱内烘验，使试验试样中的水分蒸发，直至试验试样达到恒量，然后从原始质量与烘干质量的差值和烘干质量计算出纤维的回潮率。

（二）仪器结构

YG747 通风式快速八篮烘箱的结构如图 2-3 所示。

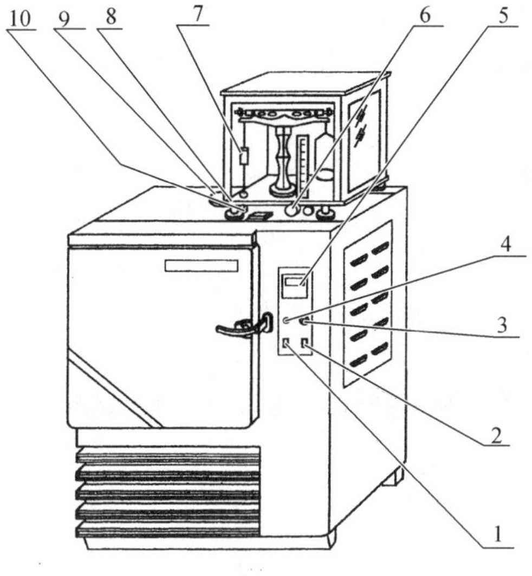

1—照明开关 2—电源开关 3—暂停按钮 4—启动按钮 5—控温仪
6—称重旋钮 7—钩篮器 8—转篮手轮 9—排气阀 10—伸缩盖

图 2-3 YG747 型八篮恒温烘箱

四、实验方法与操作步骤

（一）取样

从每个取样棉包的压缩面开包后，去掉棉包表层棉花，再往棉包内层，于距离棉包外层 10～15 cm 处，抽取回潮率检验样品约 100 g，装入密封容器内密封，形成回潮率检验批样。

（二）操作步骤

1. 称取烘前质量

从样品容器中快速取出样品，剥去样品表面纤维层，取出中间部分，用天平称取 50 g 试验试样，精确至 0.01 g。每称取一个试验试样的时间不应超过 1 min。自取样至称样，存放时间不应超过 24 h。

2. 试样处理

称好的试验试样在烘验前应加以撕松。撕样时，下面放一光面纸，撕落的杂物和短纤维应全部放回试验试样中。撕样时发现特殊杂物应拣出，并以相同质量的试样替换。经撕松的试验试样放入烘篮内，并充满其体积的 1/2 至 2/3。

3. 烘验

开启烘箱电源，调节温度控制面板至规定烘燥温度。对不同的纤维材料，规定烘燥温度不同，如：腈纶为(110±2)℃，氯纶为(77±2)℃，桑蚕丝为(140±2)℃，其他材料为(105±2)℃。将装有试验试样的烘篮放入烘箱内(如不足 8 个试样时，应将多余的烘篮装入等量的纤维)，关闭箱门，打开排气阀，关闭伸缩盖，按下“启动”键，待箱内温度回升至规定温度时，记录时间。

4. 确定烘干质量

不同型号的烘箱，预烘时间不同。YG747 型通风式快速八篮恒温烘箱需要 25 min，达到预烘时间后，按下“暂停”键，关闭排气阀，打开伸缩盖，开启照明灯，旋转转篮手轮，用钩篮器钩住烘篮进行第一次箱内称量，做好记录。称毕，开启烘箱，5 min 后再次称量。直至前后两次质量差值不超过后一次质量的 0.05%时，则后一次的质量视为烘干质量。每次称完 8 个试验试样的时间不应超过 5 min。

五、实验结果计算与修约

1. 回潮率

$$R_i = \frac{m_i - m_{i0}}{m_{i0}} \times 100\% \tag{2-7}$$

式中：R_i 为第 i 个试验试样的回潮率，%；m_i 为第 i 个试验试样的烘前质量，g；m_{i0} 为第 i 个试验试样的烘干质量，g。

2. 平均回潮率

$$R = \frac{\sum_{i=1}^{n} R_i}{n} \tag{2-8}$$

式中：R 为试验试样的平均回潮率，%；n 为试验试样个数。

若进入烘箱的大气不是标准大气，测得的烘干质量可按式(2-9)和式(2-10)进行修正：

$$C = a(1 - 6.58 \times 10^{-6} \times p \times r) \tag{2-9}$$

式中：C 为修正至标准大气条件下烘干质量的系数(当 $C < 0.05\%$ 时不予修正)，%；a 为常数(棉花为 0.3)；p 为送入烘箱的空气的饱和水蒸气压力(可查表 2-2)；r 为送入烘箱的空气的相对湿度，%。

$$m_s = m_0(1 + C/100) \tag{2-10}$$

式中：m_s 为标准大气条件下的烘干质量，g；m_0 为非标准大气条件下测得的质量，g。

试验试样的回潮率和平均回潮率都按 GB/T 8170—2008 的规定修约至两位小数。

例如：棉花在空气条件为 25 ℃、相对湿度 70%时称得烘干质量为 45 g，烘前质量为 50.6 g，求标准大气条件下的回潮率。

解：查表 2-2 知，p =3 170，由上述两式可得

$$C = 0.3 \times (1 - 6.58 \times 10^{-6} \times 3\,170 \times 70) = -0.14\%$$
$$m_s = 45 \times (1 - 0.14/100) = 44.94(g)$$

因此在标准大气条件下，回潮率 $R=\dfrac{50.6-44.94}{44.94}\times100\%=12.6\%$

表 2-2 不同温度条件下送入烘箱的空气的饱和水蒸气压力

温度(℃)	饱和蒸汽压 p(Pa)	温度(℃)	饱和蒸汽压 p(Pa)
3	760	21	2 480
4	810	22	2 640
5	870	23	2 810
6	930	24	2 990
7	1 000	25	3 170
8	1 070	26	3 360
9	1 150	27	3 560
10	1 230	28	3 770
11	1 310	29	4 000
12	1 400	30	4 240
13	1 490	31	4 490
14	1 600	32	4 760
15	1 710	33	5 030
16	1 810	34	5 320
17	1 930	35	5 630
18	2 070	36	5 940
19	2 200	37	6 270
20	2 330	38	6 620

思 考 题

1. 采用烘箱法测试纺织材料回潮率时，称取试样烘干质量的方法有哪几种？各自的特点是什么？
2. 烘箱法和电测法测试纤维回潮率时分别有哪些优缺点？

（本实验技术依据：GB/T 6102.1—2006《原棉回潮率试验方法 烘箱法》）

实验六 原棉试验棉条的制作

一、实验目的与要求

通过实验，了解纤维引伸器的结构和工作原理，掌握使用引伸器制作棉条的操作过程，并实际制作一根符合要求的试验棉条。

二、仪器用具与试样材料

纤维引伸器，天平(分度值为 0.01 g)，纤维专用尺，镊子，黑绒板，挑针，取样方框，小毛刷。试样为原棉。

三、实验原理与仪器结构

(一) 实验原理

从一批棉花中取出批样，从批样中取出实验室样品，从实验室样品中取出试验样品，从试验样品中取出一个或一个以上的试验试样。其每一步都在减少棉纤维的数量，而又尽可能地保持被试验棉纤维的代表性。将一定质量的试样通过纤维引伸器制成棉条，供棉纤维的其他性能测试时使用。

(二) 仪器结构

Y111 型罗拉式纤维引伸器的结构如图 2-4 所示。

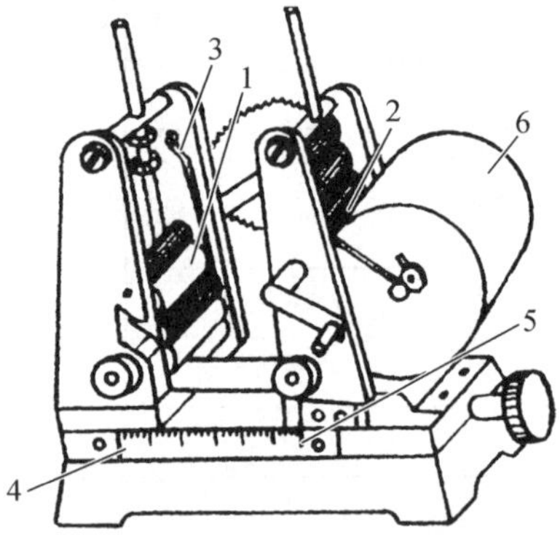

1—给棉罗拉　2—输出罗拉　3—加压弹簧
4—隔距指示尺　5—指针　6—绒辊

图 2-4　Y111 型罗拉式纤维引伸器

四、实验方法与操作步骤

(一) 取样

将取得的 200～250 g 实验室样品，稍加撕松混合均匀，平铺在工作台上，使之成为厚薄均匀、面积约为 0.25 m^2 的棉层，分别从上、下两面各 16 个分布大致均匀的部位，随机抽取可测试各项目的试验样品。若采用图 2-5 所示的一对取样方框，其面积为 0.5 m×0.5 m，并用波浪形的铁丝分割成 16 个部位，把实验室样品夹在取样方框中逐部位抽取(上、下两面共抽取 32 丛)，取样就更均匀。

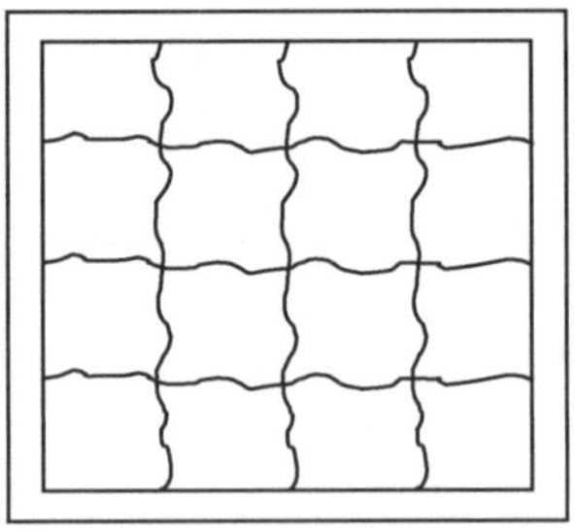

图 2-5　取样方框

(二) 操作步骤

(1) 纤维引伸器的调整。准确调整罗拉中心距指针在毫米刻度尺上指示的读数。调整弹簧施加于给棉罗拉的压力为 1 176 cN，施加于输出罗拉的压力为 1 961 cN。纤维引伸器上给棉罗拉至输出罗拉的中心距离，根据棉纤维的手扯长度，按表 2-3 的规定调整。

表 2-3　纤维引伸器罗拉中心距离

手扯长度(mm)	27 及以下	28～31	32 及以上
罗拉中心距(mm)	手扯长度+6	手扯长度+8	手扯长度+10

(2) 将 2～2.5 g 的试验样品撕松混合，并拣去危害性杂物，然后分成两等份，分别通过纤维引伸器不少于 5 次(若棉条较厚，可沿不揭层的纵向分为两根小条喂入，并注意横向混合)。

(3) 牵引后，将每根棉条横向分为两个半根，丢弃每根的一半，把其余两个半根合并成一根棉条，再通过纤维引伸器不少于5次。用镊子轻轻拣出危害性杂物和疵点，注意避免带出纤维，能松开的索丝、棉结要进行松解，再经纤维引伸器5次，最后制成一根纤维平直光洁的试验棉条。每次喂入棉条引伸器时，应注意调换棉条前进的方向。图2-6所示为试验棉条的制备过程。

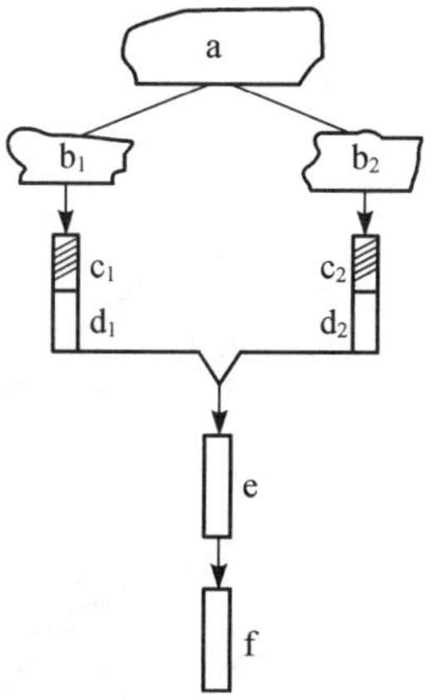

a—试验样品 2～2.5 g

b_1，b_2—分成两等份的试验样品（每份 1～1.25 g）

c_1，c_2—通过第一次引伸（不少于5次）后丢弃的半根棉条

d_1，d_2—通过第二次引伸（不少于5次）后保留的半根棉条

e—通过第二次引伸（不少于5次）的试验棉条

f—通过第三次引伸（5次）制备好的试验棉条

图2-6　试验棉条的制作

思　考　题

1. 制作试验棉条的意义是什么？制作的试验棉条应达到什么要求？
2. 使用纤维引伸器制作棉条时应注意哪些问题？

（本实验技术依据：GB/T 6097—2012《棉纤维试验取样方法》）

实验七　棉纤维长度罗拉法测试

实验操作视频

一、实验目的与要求

通过实验，了解罗拉式长度分析仪的结构和工作原理，掌握罗拉式长度分析仪的操作步骤和计算纤维长度指标的方法，实测一种原棉试样并计算出纤维的各种长度指标。

二、仪器用具与试样材料

Y111型罗拉式长度分析仪，天平[分度值≤0.1 mg，分度值≤0.01 mg（用于分组后纤维的称量）]，黑绒板，限制器绒板，一号、二号夹子，垫木，压板，梳子（稀梳和密梳），镊子，小钢尺。试样为原棉试验棉条。

三、实验原理与仪器结构

（一）实验原理

从试验棉条中抽拔出一束纤维，整理成一定质量、一端排列整齐的纤维束，按照一定组距进行分组并称取质量，确定棉纤维长度分布，带入公式计算纤维的长度指标。

（二）仪器结构

Y111 型罗拉式长度分析仪的结构如图 2-7 所示。

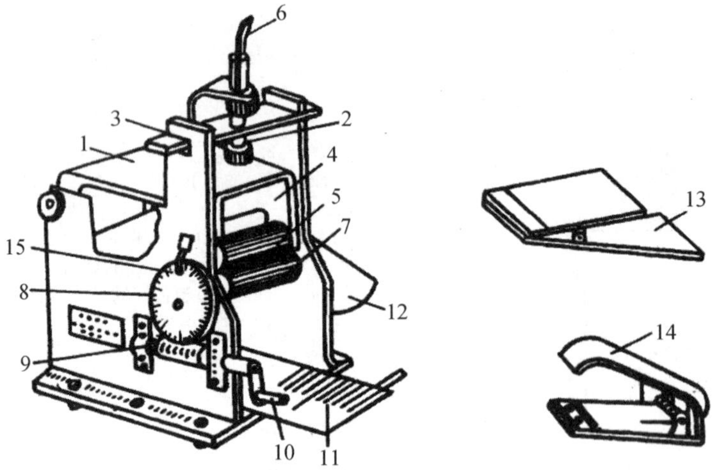

1—盖子　2—弹簧　3—压板　4—撑脚　5—上罗拉　6—偏心杠杆　7—下罗拉　8—涡轮
9—涡杆　10—手柄　11—溜板　12—桃形偏心盘　13—二号夹子　14——一号夹子　15—指针

图 2-7　Y111 型罗拉式长度分析仪

四、实验方法与操作步骤

（一）取样

从制好的试验棉条中，以一定的方法取出一定质量的试验试样。取样方法有两种，一种是横向拔平取样法，一种是纵向取样法，优先采用横向拔平取样法。

1. 横向拔平取样法

双手在靠近自由端相隔 2～3 cm 处握持并拉断试验棉条，丢掉较短的一段，把留下的一段端部夹入一手虎口，头端放在手臂一侧，用另一手捏住伸在前面的少量纤维，拔出并丢掉，经多次整理，使头端拔平整齐，再拔取若干次得到需要数量的试验试样。注意拔出纤维时不应带出其他纤维。

2. 纵向取样法

用手或压板按住试验棉条，另一手用镊子沿着不分层的纵向先拨弃试验棉条边缘部分，然后再取出一细条需要数量的试验试样。

将取出的试验试样在扭力天平上称重，对于细绒棉来说要求试样的质量为(30±1)mg，长绒棉要求试样的质量为(35±1)mg。

（二）操作步骤

1. 整理棉束

用手扯法将试验试样整理成一端平齐的棉束。捏住棉束整齐一端，将一号夹子钳口紧靠后一组限制器，从长到短分层夹取纤维，排列在限制器绒板上，其整齐一端应当伸出前一组限制器 2 mm。如此反复进行两次，叠成宽度为 32 mm，一端整齐平直、厚薄均匀、层次清晰的棉束。在整理过程中,可用稀梳将棉束不整齐一端轻轻梳理几次,梳下的游离纤维仍要放入棉束内,其中短于 8.5 mm 的纤维另行收集,待分组时并入 8 mm 纤维中(第 1 组);在按 2 mm 组距分组时则为短于 9 mm 的纤维另行收集,待分组时并入 9.5 mm 纤维中(第 1 组)。在制作棉束的全部过程中,不得丢弃纤维。

2. 移放棉束

将分析仪的盖子打开,摇动手柄,使蜗轮上的第 9 刻度与指针重合。翻下限制器绒板的前挡片,用一号夹子把棉束夹起并移入分析仪,放下分析仪的盖子,松开夹子,用弹簧加上 70 N 压力以握紧纤维。

3. 分组夹取纤维

放下溜板,则短于 9.5 mm 以下的纤维处于未被夹持的状态(若是按 2 mm 组距分组时,先转动手柄一周,则蜗轮上的第 10 刻度与指针重合,罗拉将纤维送出 1 mm,这时放下溜板则短于 10.5 mm 的纤维处于未被握持的状态)。用二号夹子将未被握持的纤维抽出两次,第三次可再次夹去露出整齐一端的游离纤维,置于黑绒板上,搓成条状或环状,这是第二组的纤维,以后每转动手柄一周(若按 2 mm 组距分组,则为两周),送出 1 mm 纤维(若按 2 mm 组距分组,则为 2 mm),同样用上述方法将纤维收集在黑绒板上。当指针与 16 刻度重合时,将溜板抬起,以后二号夹子要靠住溜板外边缘夹取纤维,直至全部试验棉束的各组纤维取尽。夹取纤维时,依靠二号夹子的弹簧压力,勿再另外施加压力。

4. 称取各组纤维质量

分别将各组纤维放在天平上称取质量并记录数据,称准至 0.01 mg。每根试验棉条试验 2 次,当仅测棉花短纤维率时,每个试验试样将分析仪指针直接摇至与涡轮的第 16 刻度重合处,将 16 mm 及以下和 16 mm 以上分两组称质量并记录数据。

5. 计算真实质量

上述测得的各组纤维质量为称见质量,包含有上下相邻两个长度组的部分纤维在内,所以各组的称见质量要加以修正,纤维的真实质量按式(2-11)计算:

$$G_L = 0.17g_{L-1} + 0.46g_L + 0.37g_{L+1} \tag{2-11}$$

式中:G_L 为长度为 L(mm)组纤维的真实质量,mg;g_{L-1} 为长度为 L(mm)组的上一组纤维(比第 L 组纤维短)的称见质量,mg;g_L 为长度为 L(mm)组纤维的称见质量,mg;g_{L+1} 为长度为 L(mm)组的下一组纤维(比第 L 组纤维长)的称见质量,mg。

真实总质量与称见总质量相差不应超过 1 mg。

五、实验结果计算与修约

1. 主体长度

$$L_m = (L_n - 0.5d) + \frac{d(G_n - G_{n-1})}{(G_n - G_{n-1}) + (G_n - G_{n+1})} \tag{2-12}$$

式中:L_m 为纤维主体长度,mm;L_n 为最重一组的纤维长度组中值,mm;G_n 为最重一组的纤维质量,mg;G_{n-1} 为最重纤维组的上一组纤维的质量,mg;G_{n+1} 为最重纤维组的下一组纤维的质量,mg;n 为最重纤维组的顺序数;d 为组距,1mm 或 2mm。

2. 品质长度

$$L_p = L_n + \frac{\sum_{j=n+1}^{k}(j-n)dG_j}{Y + \sum_{j=n+1}^{k}G_j} \tag{2-13}$$

$$Y = \frac{(L_n + 0.5d) - L_m}{2d} \times G_n \tag{2-14}$$

式中：L_p 为品质长度，mm；Y 为 L_m 所在组中长于 L_m 部分纤维的质量，mg；j 为各组分组序数，$j=1, 2, \cdots, k$（分组最长纤维组顺序数）。

3. 质量平均长度

$$L = \frac{\sum_{j=1}^{k}L_jG_j}{\sum_{j=1}^{k}G_j} \tag{2-15}$$

式中：L 为质量平均长度，mm；L_j 为第 j 组纤维的长度组中值，mm；G_j 为第 j 组纤维的质量，mg。

4. 短纤维率

$$R = \frac{\sum_{j=1}^{k}G_j}{\sum_{j=1}^{k}G_j} \times 100\% \tag{2-16}$$

式中：R 为短纤维率，%；i 为短纤维界限组顺序数。

短纤维长度界限因棉花类别而异：细绒棉界限为 16 mm，长绒棉界限为 20 mm。

5. 长度标准差与变异系数

$$\sigma = \sqrt{\frac{\sum_{j=1}^{k}G_jL_j{}^2}{\sum_{j=1}^{k}G_j} - L^2} \tag{2-17}$$

$$CV = \frac{\sigma}{L} \times 100\% \tag{2-1}$$

式中：σ 为长度标准差，mm；CV 为长度变异系数，%。

各项长度指标计算结果按 GB/T 8170—2008 的规定修约至一位小数，长度标准差按 GB/T 8170—2008 的规定修约至两位小数。

思 考 题

1. 说明棉纤维长度指标的定义。
2. 为什么要计算纤维的真实质量？

（本实验技术依据：GB/T 6098—2018《棉纤维长度试验方法　罗拉式分析仪法》）

实验八 棉纤维成熟度中腔胞壁对比法测试

一、实验目的与要求

通过实验，了解生物显微镜的结构和工作原理，掌握生物显微镜的使用方法和测定棉纤维成熟度的操作步骤，实测一种棉纤维的成熟度指标。

二、仪器用具与试样材料

生物显微镜，目镜测微尺，挑针，镊子，小钢尺，一号夹子，钢梳(稀梳和密梳)，黑绒板，载玻片，盖玻片，胶水，玻璃皿。试样为棉条。

三、实验原理与仪器结构

(一) 实验原理

成熟好的棉纤维，胞壁厚而中腔宽度小；成熟差的棉纤维，胞壁薄而中腔宽度大。因此，可根据棉纤维中腔宽度与胞壁厚度的比值来测定棉纤维的成熟系数。

(二) 仪器结构

普通生物显微镜的结构如图 2-8 所示。

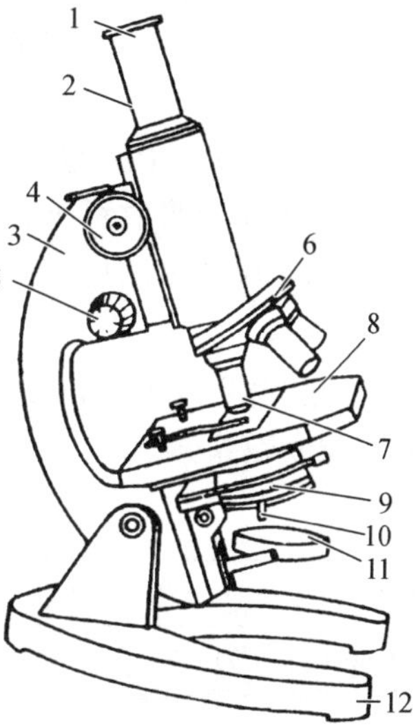

1—目镜 2—目镜筒 3—镜臂 4—粗调手轮 5—微调手轮 6—物镜倍数转换器 7—物镜 8—工作台 9—聚光器 10—集光器 11—可变光阑 12—镜座

图 2-8 普通生物显微镜

四、实验方法与操作步骤

(一) 取样

1. 整理纤维束

从试验棉条中取出约 4～6 mg 的纤维试样，用手扯法把试样整理成一端整齐的小棉束，用手捏住小棉束整齐一端，先用稀梳后用密梳梳去游离纤维。按表 2-4 规定的短纤维界限，用一号夹子夹住棉束的相应位置，先用稀梳后用密梳梳理棉束整齐一端，梳去短纤维；然后用手指捏住梳理后的棉束，舍弃棉束两旁的纤维，留下中间部分不少于 180 根纤维。

表 2-4 不同类型棉花短纤维界限

棉花类型	细绒棉	长绒棉
短纤维界限(mm)	16	20

2. 制片

将载玻片擦拭干净，放在黑绒板上，在载玻片边缘粘上一些胶水，左手捏住棉束整齐一端，右手用一号夹子从棉束另一端夹取数根纤维，均匀地排列在载玻片上，连续排列，直至排完为止。待胶水干后，用挑针把纤维整理平直，并用胶水粘牢纤维另一端，然后轻轻地在纤维上面放置盖玻片。

（二）操作步骤

(1) 调整显微镜。检查显微镜各主要部件的状态是否正常，包括粗动和微动调焦装置、机械移动装置、光阑等；将显微镜面对北光或人工光源，扳动镜臂，使其适当倾斜，以适应自己能舒适地坐着观察；选择10倍的目镜放在镜筒上，40倍的物镜装在转换器上，并转至镜筒中心线，以便调焦；将集光器升至最高位置，并开启光阑至最大，用目镜向下观察，调节反射镜，使整个视野呈一最强而又均匀的光度为止；去掉目镜，观察物镜后透镜，调节反射镜和集光器中心，使物镜后透镜处光线均匀明亮，再调节光阑，使光阑与物镜后透镜大小相一致或稍小些，放上目镜。

(2) 将制好的片子放在载物台上，旋转粗调装置，将物镜下移，注意不要触及盖玻片，移动机械移动装置，使物镜中心对准载玻片横向中部。用粗调装置慢慢升起镜筒，直至见到纤维时停止，再使用微调装置使成像清晰。可在载玻片上的纤维中部，垂直纤维方向划两条间隔2 mm的蓝线，在蓝线范围内进行观察。一般观察一个视野来确定每根纤维的成熟系数。

(3) 估计或测量中腔胞壁时，应在纤维转曲中部宽度最宽处测定。若两壁厚薄不同，取其平均数。没有转曲的纤维，亦应在观察范围内最宽处测定。对形态特殊的纤维，可在两条蓝线范围内调节移动尺，扩大观察范围，或进一步用测微尺测量几个转曲的中腔胞壁比值来确定。

(4) 根据表2-5所示的中腔胞壁比值确定纤维成熟系数，也可参照图2-9所示的纤维形态确定纤维成熟系数。

表2-5 中腔胞壁比值与成熟系数对照表

成熟系数	0.00	0.25	0.50	0.75	1.00	1.25	1.50	1.75	2.00
中腔胞壁比值	30～32	21～13	12～9	8～6	5	4	3	2.5	2
成熟系数	2.25	2.50	2.75	3.00	3.25	3.50	3.75	4.00	5.00
中腔胞壁比值	1.5	1	0.75	0.5	0.33	0.2	0	不可察觉	

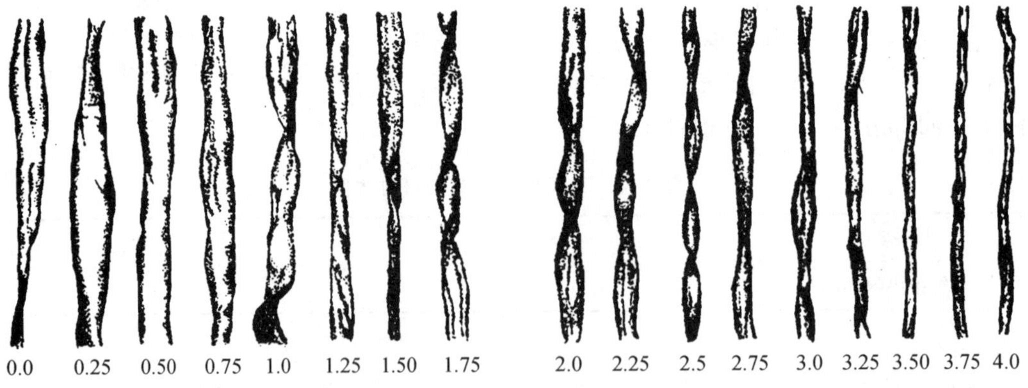

图2-9 棉纤维不同成熟度的纤维形态

五、实验结果计算与修约

1. 平均成熟系数

$$M = \frac{\sum_{i=1}^{t} M_i n_i}{\sum_{i=1}^{t} n_i} \tag{2-19}$$

式中：M 为平均成熟系数；M_i 为第 i 组纤维的成熟系数；n_i 为第 i 组纤维的根数；t 为总组数。

2. 成熟系数的标准差和变异系数

$$\sigma = \sqrt{\frac{\sum_{i=1}^{t} n_i M_i^2}{\sum_{i=1}^{t} n_i} - M^2} \tag{2-20}$$

$$CV = \frac{\sigma}{M} \times 100\% \tag{2-21}$$

式中：σ 为成熟系数标准差；CV 为成熟系数变异系数，%。

平均成熟系数按 GB/T 8170—2008 的规定修约至两位小数。

思　考　题

1. 什么是棉纤维的成熟度？常用的检测方法有哪些？
2. 试说明棉纤维成熟度的重要性。

（本实验技术依据：GB/T 6099—2008《棉纤维成熟系数试验方法》）

实验九　棉纤维马克隆值测试

一、实验目的与要求

通过实验，了解气流仪的结构和工作原理，掌握使用气流仪测试棉纤维马克隆值的操作步骤，实测一种原棉的马克隆值。

二、仪器用具与试样材料

Y145C 型气流仪或 Y175 型气流仪或 Y175A 型气流仪或 MC 型棉纤维马克隆仪，天平（分度值为 0.01 g），蒸馏水，漏斗，镊子，干湿球温度计，校准棉样。试样为原棉。

三、实验原理与仪器结构

（一）实验原理

气流通过由试验试样组成的纤维塞，在刻度尺上指示出透气性的变化，以通过纤维塞的流量或纤维塞两端的压力差表示。试验试样的质量和体积对某一类型的仪器是常数。指示透气性变化的刻度用马克隆值单位标定。

（二）仪器结构

Y145C 型气流仪的结构如图2-10所示，Y175 型气流仪的结构如图 2-11 所示，Y175A 型气流仪的结构如图 2-12 所示，MC 型棉纤维马克隆仪的结构如图 2-13 所示。

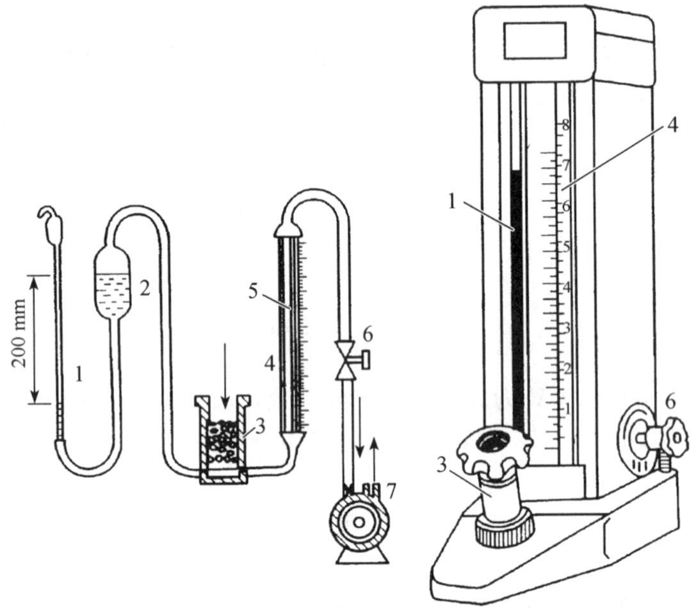

1—压力计　2—储水瓶　3—试样筒　4—流量计　5—转子流量计　6—气流调节阀　7—抽气泵

图 2-10　Y145C 型气流仪

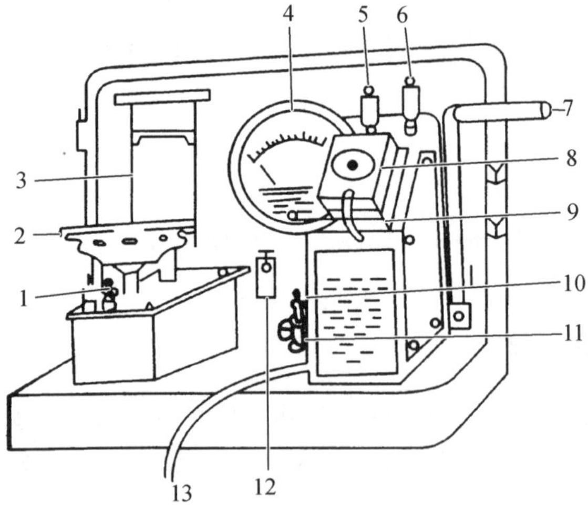

1—压差天平的校正调节旋钮　2—称样盘　3—贮气筒　4—压差表　5—零位调节阀　6—量程调节阀　7—手柄　8—试样筒　9—压差表调零螺丝　10—校正塞　11—校正塞架　12—专用砝码　13—通向电子空气泵气管

图 2-11　Y175 型气流仪

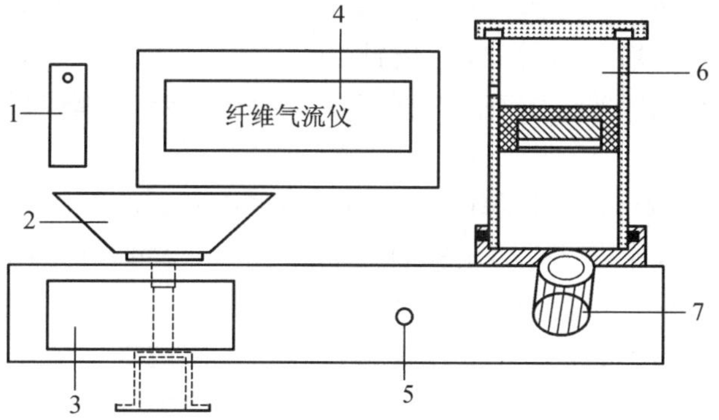

1—8 g 砝码 2—试样盘 3—键盘 4—液晶显示屏
5—气压调节旋钮 6—贮气筒 7—试样筒

图 2-12 Y175A 型气流仪

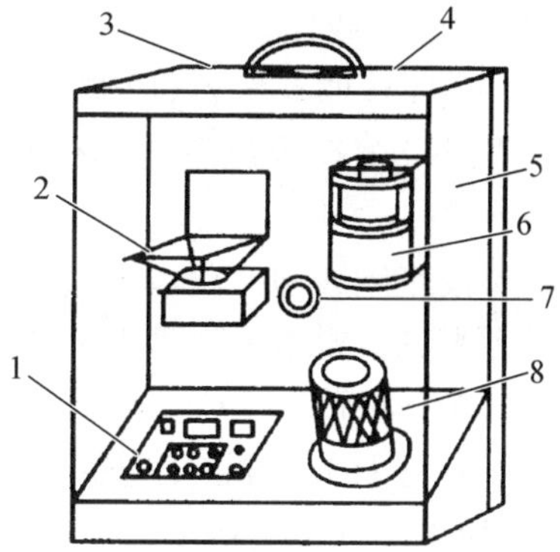

1—面板 2—称重盘 3—背后电源线盒
4—机壳 5—面罩 6—储气筒
7—砝码盒 8—试样筒

图 2-13 MC 型棉纤维马克隆仪

四、实验方法与操作步骤

（一）取样

从实验室样品中均匀地抽取 10 g 或 30 g，供气流仪检测棉纤维成熟度或马克隆值用；从抽取的试验样品中拣去明显杂质，如棉籽、沙粒等，调湿后按仪器规定的质量称取 2 个或 3 个试验试样，称量精确度为试验试样质量的±0.2%。

（二）操作步骤

1. Y145C 型气流仪

(1) 调节气流仪水平螺丝至水平状态。

(2) 打开顶盖，将压力计上端的玻璃弯头取下，用小漏斗将蒸馏水徐徐注入压力计内，直到水面下凹面的最低点与压力计刻度尺的上刻线相切为止。

(3) 用直径 32 mm 的橡皮塞塞住试样筒上口，开启电动机及气流调节阀，使压力计的水柱下降到刻度尺的下刻线处；然后关闭调节阀，封闭抽气橡皮管，观察压力计水柱有无变化，如在5 min内变化不大于 1 mm，则视为不漏气。

(4) 仪器调整好后，关闭气流调节阀，开启电动机，取下压样筒，将已称好的棉样均匀地放入试样筒内，然后将压样筒插入拧紧。

(5) 慢慢开启气流调节阀，使压力计水位慢慢下降，直到水面下凹的最低点与刻度尺的下刻线相切为止。与此同时，流量计内的转子亦随之上升一定的高度。读出和转子顶端相齐处的刻度尺上的马克隆值，并记录。

(6) 第一次测试完毕，将试样筒内的棉样取出扯松后再放入，重复测试一次，求得两次测试结果的平均值。如此再进行第二份棉样的测试。

(7) 取接近待测样品马克隆值的校准棉样进行测试，记录其观测值。

2. Y175 型气流仪

(1) 压差表及压差天平调整。仪器通气前，首先观察压差表指针是否停在零位；如有偏差，应调节压差表底部的“调零螺丝”。然后将手柄放在后面的位置，即手柄杆和水平面垂直，接通气泵电源(或捏动充气球),向储气筒内充气,待储气筒内浮塞停稳后,此时压差表指针仍应指在零位;如有偏差,应调整仪器内部的基准通气口,使指针指在零位。从压差表下部钩子上取下 8 g 砝码放置在称样盘内,旋转天平调正旋钮,直到指针指示在压差表"◆"形符号的中间。

(2) 校正阀校验。将校正塞插入试样筒内(以扭转动作插入),将手柄往下扳至前位,手柄杆为水平状态。将校正塞顶端的圆柱塞拉出,检查压差表的指针是否指在 2.5 Mic;如果指针不在 2.5 Mic,调节零位阀(左侧的一个旋钮),直至合适(顺时针旋转时指针向右移、逆时针旋转时指针向左移)。将校正塞的圆柱塞推入,检查压差表指针是否指在校正阀的标定值 6.5 Mic 上;如果不在标定值上,调节量程调节阀(右侧的一个旋钮),直至达到标定值(顺时针转动时指针向右移)。重复校正,直到两个标定值均能基本达到。将手柄回复至后位,取出校正塞,放回校正塞托架内,并立即固定。

(3) 仪器调整好后,称量试样。取下砝码,放入试样,使指针在"◆"形符号中间,此时的试样质量为 8 g。

(4) 打开试样筒盖,将称好的试样分几次均匀装入试样筒,不得丢弃纤维,盖上试样筒盖,并锁定在规定的位置。将手柄扳动至前位,在压差表上读取马克隆值(估计到两位小数)。

(5) 将手柄扳动至原来位置(后位),打开试样筒上盖,取出试样。如此再进行第二份棉样的测定。

(6) 取接近待测样品马克隆值的校准棉样进行测试,记录其观测值。

3. Y175A 型气流仪

(1) 接通电源,接上电磁空气泵,开机预热 30 min,方可正常操作。

(2) 按"确认"键进入功能操作屏,指示标指向"8 g 棉样测试",按"确认"键,观察质量显示是否为"0.00 g";若不为零,可一次或多次按"消零"键,直至质量显示为"0.00 g"。

(3) 将 8 g 砝码放入称盘中,质量显示应为"8.00 g";若误差大于±0.01 g,可在功能操作屏上选择"标准砝码校正",重新进行质量校正。

(4) 将待测棉样放在称盘上(注意质量不能超过 10 g),称准至 8.00 g,按"确认"键,进入第一组第一次测试,箭头指向"第一次",将棉样放入试样筒后拧紧筒盖,约 5 s 钟,待气压平衡后按"测试"键,显示第一次 Mic 值。

(5) 第二次称重,按"确认"键,箭头指向"第二次",将棉样放入试样筒,按"测试"键,显示第二次 Mic 值。若两次测试数值差异小于±0.1 Mic,将自动显示 Mic 平均值、马克隆等级、公制支数。否则要进行第三次测试。

(6) 第一组测试完毕,按"确认"键进入第二组测试。两组及以上测试完毕,按"统计"键显示统计值。

(7) 质量校正。在功能操作屏上,将指示标指向"标准砝码校正",按"确认"键,质量显示应为"0.00";否则按"▼"键保存零点,显示"0.00"。将标准 8 g 砝码放入试样盘,应显示"8.00 g";否则按"▲"键保存满度,按"返回"键返回功能操作屏,结束质量校正。

4. MC 型棉纤维马克隆仪

(1) 插上电源线,开启电源开关,预热 10 min 左右。

(2) 称重校正。称样盘空载,按"10 g 校正"键,片刻后称重显示"C-10"表示零位已校好;

随后放上 10 g 砝码，片刻后显示“10.00”。校正完毕，取下砝码应显示“0.00”。如不准可再校一次。使用中若出现零点漂移，可按“复零”键复零。

(3) 取覆盖待测样品马克隆值的高、中、低三种马克隆值的校准棉样，对仪器进行校准。按“校正”键，进入校正状态。将校准棉样称准至(10±0.02)g，均匀地放入试样筒，旋紧筒盖，按“测试”键，显示马克隆值；按“＋”或“－”键，使显示的马克隆值与标准值吻合；按“确认”键，完成一个校准棉样的校准。

(4) 仪器调整好后，将待测试样放入称样盘，称准至(10±0.02)g。

(5) 将称好的 10 g 试样分几次逐一均匀地放入样筒，旋紧筒盖。

(6) 按“测试”键，2 s 内显示马克隆值和马克隆值等级(按“F”键可将显示的马克隆值转换成公制支数，在右边窗口显示出来)。

(7) 对一批试样测试完毕后，可连续按“统计”键，将依次显示：N(次数)，H(平均数)，A(A 级百分率)，B(B 级百分率)，C(C 级百分率)。

(8) 按“清零”键，可将统计数清除，以便下一批测试。按“复位”键可将仪器恢复到待测试状态(气泵停止，显示复零)。仪器使用结束，关闭电源，砝码置于盒内，罩上仪器面罩。

五、实验结果计算与修约

计算同一试验样品所有试验试样读数的平均值，结果按 GB/T 8170—2008 的规定修约到 0.1 马克隆值。

思　考　题

1. 说明马克隆值的物理意义。
2. 棉纤维马克隆值的测试方法有哪几种？

(本实验技术依据：GB/T 6498—2008《棉纤维马克隆值试验方法》)

实验十　棉纤维含糖程度比色法测试

一、实验目的与要求

通过实验，了解棉纤维含糖测试的原理，掌握棉纤维含糖测试的操作方法，实测出一种棉纤维的含糖率。

二、仪器用具与试样材料

分光光度计(波长为 425 nm)，1 cm 玻璃比色皿，天平(分度值为 0.001 g)，恒温水浴振荡器，250 mL 磨口具塞锥形瓶或 250 mL 碘量瓶，移液管，容量瓶，量筒，25 mL 比色管及试管架，真空抽气泵，玻璃砂芯坩埚及抽气滤瓶。试样为棉纤维若干。

三、实验原理

在非离子表面活性剂的作用下，使附着在棉纤维表面的糖溶于萃取试剂中。糖在强酸性介质中转化为醛类，与 3,5-二羟基甲苯发生显色反应，生成橙黄色化合物，用分光光度计在波长 λ=425 mm 处与标准工作曲线比较定量，可计算得到棉纤维的含糖率。

四、实验方法与操作步骤

（一）取样

从实验室样品（每份不少于 150 g）中随机抽取不少于 20 g 的试验样品，将试验样品中粗大杂质去除，充分混匀；从试验样品中称取（2.000 ±0.001）g 试样 3 份，记为 m。为防止因温湿度条件变化影响测试结果，取样后应将样品放在聚乙烯包装袋内密封。

（二）操作步骤

1. 试剂的配制

（1）3,5-二羟基甲苯-硫酸溶液（质量分数 0.2%）。称取 3,5-二羟基甲苯 0.2 g，置于 100 mL 烧杯中，在通风橱内边搅拌边加入 100 g（约 54 mL）硫酸，使之全部溶解。现配现用。

（2）脂肪醇聚氧乙烯醚（0.005%）溶液。称取 0.05 g 脂肪醇聚氧乙烯醚溶于 1 000 mL 水中，搅拌均匀。现配现用。

2. 空白试验

（1）吸取 0.005%脂肪醇聚氧乙烯醚溶液 1.0 mL，注入 25 mL 比色管中，作为空白溶液。

（2）将比色管置于 70 ℃恒温水浴锅中，快速加入 3,5-二羟基甲苯-硫酸溶液 2.0 mL，摇匀，继续置于水浴锅中 40 min，取出，加入 0.005%脂肪醇聚氧乙烯醚溶液 20 mL，摇匀，冷却至室温，用 0.005%脂肪醇聚氧乙烯醚溶液定容至刻度。待其静置 30 min，倒入 1 cm 玻璃比色皿中，放入已调整好的分光光度计内，在 425 nm 波长处测定溶液的吸光度，记录其读数。

3. 工作曲线制作

（1）糖标准溶液配制。

① 糖标准储备溶液：称取 D-果糖 0.200 g，用脂肪醇聚氧乙烯醚（0.005%）溶液溶解后，定容至 100 mL，浓度为 2.0 mg/mL。

② 糖标准工作溶液：用移液管吸取 0.5 mL、1.0 mL、1.5 mL、2.0 mL、2.5 mL、3.0 mL、4.0 mL、5.0 mL 糖标准储备溶液各一份，分别用脂肪醇聚氧乙烯醚（0.005%）溶液稀释至刻度，该糖标准系列浓度分别为 0.02 mg/mL、0.04 mg/mL、0.06 mg/mL、0.08 mg/mL、0.10 mg/mL、0.12 mg/mL、0.16 mg/mL、0.20 mg/mL。

（2）糖标准溶液测试。吸取糖标准工作溶液各 1.0 mL，注于 25 mL 比色管中，然后按空白试验中的步骤（2）进行。

（3）工作曲线绘制。以糖标准工作溶液的浓度（mg/mL）为横坐标，以校正吸光度为纵坐标，绘制工作曲线。

4. 试样的测定

（1）把取样过程中取得的试样，分别置于 250 mL 锥形瓶中，加入 0.005%脂肪醇聚氧乙烯醚溶液 200 mL，将其充分润湿，在振荡器上振荡 10 min，用玻璃棒将棉花翻过后，继续振荡 10 min。用玻璃砂芯坩埚抽滤，得到 3 份试样溶液。

(2) 吸取试样溶液各 1.0 mL，注于 25 mL 比色管中，然后按空白试验中的步骤(2)进行。

五、实验结果计算与修约

将试样溶液的吸光度减去空白溶液的吸光度，在工作曲线上查出试样溶液的浓度，再按式(2-22)计算含糖率：

$$X = \frac{200 \times c}{m \times 1\ 000} \times 100 \tag{2-22}$$

式中：X 为试样含糖率，%；c 为在工作曲线上计算出试样溶液中糖的浓度值，mg/mL；m 为试样质量，g。

以三次试验的算术平均值作为试验结果，按 GB/T 8170—2008 的规定修约至两位小数。

思　考　题

1. 棉纤维中含糖的多少对纤维后续加工有什么影响？
2. 棉纤维含糖测试中应注意哪些问题？

(本实验技术依据：GB/T 16258—2018《棉纤维含糖试验方法　分光光度法》)

实验十一　羊毛纤维长度梳片法测试

一、实验目的与要求

通过实验，了解梳片式长度仪的结构和工作原理，掌握使用梳片式长度仪测试羊毛长度的操作方法，实测一种羊毛纤维的长度指标。

二、仪器用具与试样材料

Y131 型羊毛梳片式长度仪，电子天平(感量万分之一)，夹毛钳，压毛叉(大、小)，刷子，绒板或盒子，镊子。试样为试验毛条。

三、实验原理与仪器结构

(一) 实验原理

取定量的羊毛毛条试样，用羊毛梳片仪将纤维拔取、梳理、转移后，进行长度分组，然后将各长度组分别称量，以求得各长度指标，所得长度基于质量计算。

(二) 仪器结构

Y131 型羊毛梳片式长度仪的结构如图 2-14 所示。

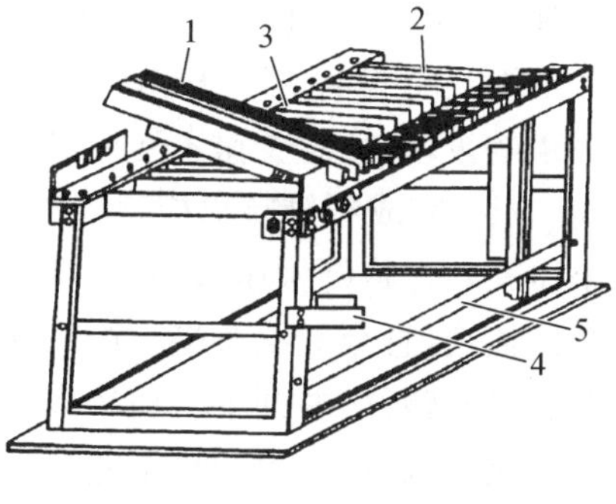

1—上梳片　2—下梳片　3—触头
4—预梳片　5—挡杆

图 2-14　Y131 型羊毛梳片式长度仪

四、实验方法与操作步骤

（一）取样

1. 抽样数量

（1）试验用样品应从同一品种、同一批的毛条中抽取。毛条批量为 5 000 kg 及以下的，抽取 5 包；5 000 kg 以上，每增加 2 000 kg(不足 2 000 kg 按 2 000 kg 计算)增抽 1 包。

（2）抽样方法。采用机械随机抽样方法，从毛条批量中抽取毛包作为批样，每包中随机抽取 2 个毛球(团)，每个毛球(团)中再按取样要求抽取 2 段毛条，作为实验室样品。

（3）取样要求。入库前毛条：在毛球外层连续取 2 段毛条；入库后毛条：在毛球外层和较接近球芯处各取 1 段毛条。要求所取毛条外观完好、条干均匀，长度不得短于 1 m/段。

（4）试样数量。从实验室样品中任意抽取来自不同毛球的 9 段毛条作为试样，分成 3 份，每份 3 段，其中 2 份做试验用，另一份留作备样。

（二）操作步骤

（1）试样准备。将试样均匀加捻(约 20 捻)，并将毛条两端对齐握持，使得对折后的毛条自然轻微加捻。

（2）将经过调湿后的毛条退去捻度，双手各持毛条一端，并略加张力，但不要使毛条产生意外伸长。将 3 段毛条分别平直地、等距离地压放在第一架梳片仪上。毛条在梳片仪上的宽度应略小于夹毛钳的宽度。压放在梳片仪上的毛条前端要露出第一块梳片外约 15～20 cm。用压毛叉将毛条压入针板时，压毛叉要保持水平，毛条压入针板的深度是使针尖露出约2 mm。同时将第二架梳片仪的第一块下梳片放下，为下一步纤维转移做好准备。

（3）将露在第一块梳片外的毛条，用手轻轻少量、多次拉出，当露出毛条剩余约 5～8 cm 时，开始用夹毛钳夹取纤维，夹取动作与梳片仪要保持水平，要求少量、多次夹取纤维，直至将纤维夹取干净，然后放下第一块梳片。

（4）一个组距内的毛条纤维要分三次均匀拔取，每次拔取前须将毛条头端修齐。用夹毛钳把全部宽度的毛条纤维紧紧夹住，沿水平方向缓缓向前拔取。随着每次拔取的完成，另一只手要轻轻拢住纤维，在小梳片上连续梳理两次。第一次从纤维中部开始梳理，第二次从纤维根部开始梳理。当第二次梳理完成时，要用另一只手轻轻夹持住纤维，将纤维转移至第二架梳片仪上。当一个组距内的毛条纤维三次拔取结束后，要把露在梳片外的剩余纤维夹取干净，再进行下一个组距的拔取，注意夹钳不要撞击针板。重复上述动作，连续拔取数组毛条纤维，直至符合要求。

（5）完成纤维转移应将纤维平直排放在第二架梳片仪上，纤维头端在第二块梳片外侧，用小压叉轻轻将纤维压入梳针，夹钳仅仅夹住纤维头端，沿水平方向缓缓向前拉出，使纤维再次受到梳理，直至纤维头端与第一块下梳片内侧平齐。使一束毛纤维从第一架梳片仪上经过拔取、梳理、转移，并列平直地排放在第二架梳片仪上。每层纤维排列宽度约为 10～12 cm，每排完一层纤维，应将第一块下梳片拉起比量一次，以保证纤维头端与第一块下梳片内侧平齐，并用大压叉将纤维层轻轻垂直压入梳针，用力不宜过大，不要将纤维层压到梳针底部，纤维层之间也不要过于紧密。

（6）纤维转移完后，将第二架梳片仪的第一块下梳片拉起加上，再把 4 块上梳片放上，将仪器转过 180°。从第一块梳片起，依次落下空梳片，清除浮游纤维，直至最长纤维符合该组长度时，开始统计。用夹钳分别夹取各组距纤维，每次要少量、分多次夹取，夹取动作要求沿水平方向缓缓向前，切不可一次夹取过多，避免将短纤维带出。每个组距间纤维都要夹取干净，夹毛钳不要撞击针板。把按每个组距夹取的纤维，分别绕成小团，由长到短顺序放置在黑绒板上或小盒内。

(7) 将各组纤维逐一用天平称量，精确至 0.001 g，试验后总质量要求为 2 000～2 500 mg。30 mm 及以下短纤维做短毛率计算。

(8) 试验过程中纤维损耗考核指标见表 2-6。

表 2-6　纤维损耗考核指标

考核指标	品　　种	
	同质毛毛条	异质毛毛条
纤维损耗率(%)	≤8.0	≤10.0

试验过程中的纤维损耗从第(4)步开始统计，至第(6)步停止。纤维损耗包括下述四种纤维：

① 每次拔取前纤维头端修齐损耗；

② 纤维在小梳片上连续两次梳理后，残留在小梳片上的纤维；

③ 一个组距内纤维拔取结束后，梳片露出的剩余纤维；

④ 第二架梳片仪上未达到最长纤维的浮游纤维。

纤维损耗率按下式计算：

$$S_1 = \frac{m_2}{m_1 + m_2} \times 100\% \tag{2-23}$$

式中：S_1 为纤维损耗率，%；m_1 为试验后纤维总质量，mg；m_2 为纤维损耗质量，mg。

纤维损耗率的计算按 GB/T 8170—2008 的规定修约至小数点后一位。

注意：草屑不在质量统计范围内。

五、实验结果计算与修约

1. 加权平均长度，标准差，变异系数，短毛率

$$L_1 = L_2 + \frac{\sum_{i=1}^{t}(m_i \times D_i)}{\sum_{i=1}^{t} m_i} \times I \tag{2-24}$$

$$\sigma = \sqrt{\frac{\sum_{i=1}^{t}(m_i \times D_i^2)}{\sum_{i=1}^{t} m_i} - \left[\frac{\sum_{i=1}^{t}(m_i \times D_i)}{\sum_{i=1}^{t} m_i}\right]^2} \times I \tag{2-25}$$

$$CV = \frac{\sigma}{L_1} \times 100\% \tag{2-26}$$

$$U = \frac{m_2}{m_1} \times 100\% \tag{2-27}$$

式中：L_1 为纤维平均长度，mm；L_2 为假定平均长度，mm；I 为组距，mm；σ 为标准差，mm；m_1 为试样总质量，mg；m_2 为 30 mm 及以下短毛质量，mg；U 为 30 mm 及以下短毛率，%；CV 为长度变异系数，%；D_i 为各组长度差异；L_i 为第 i 组纤维的长度组中值，mm；m_i 为第 i 组纤维的质量，mg；t 为总组数。

其中：

$$D_i = \frac{L_2 - L_i}{I}$$

2. 巴布长度和豪特长度

根据 ISO 920：1976《羊毛纤维长度(巴布长度和豪特长度)的测定：梳片分析仪法》计算：

$$L_1 = \frac{\sum_{i=1}^{t} R_i L_i}{100} \tag{2-28}$$

$$L_2 = \frac{100}{\sum_{i=1}^{t} R_i / L_i} \tag{2-29}$$

式中：L_1 为巴布长度，mm；L_2 为豪特长度，mm；L_i 为第 i 组纤维的长度组中值，mm；R_i 为第 i 组纤维的质量占总质量的百分数，%。

最终结果以两次试验结果的算术平均值表示。两次试验结果，同质毛毛条长度差异不可超过平均值的 3.0%，短毛率差异不可超过平均值的 15%；异质毛毛条长度差异不可超过平均值的 5.0%，短毛率差异不可超过平均值的 20%。有一项没达到指标要求，应再做第三个试样，最终结果取三个试样的算术平均值。计算过程中，单次试验结果计算至小数点后三位，修约至两位小数；试验结果的算术平均值修约至小数点后一位。数值修约按 GB/T 8170—2008 的规定进行。

思 考 题

1. 梳片式长度仪的工作原理是什么？
2. 梳片式长度仪可以测试棉纤维的长度指标吗？为什么？

(本实验技术依据：GB/T 6501—2006《羊毛纤维长度试验方法　梳片法》)

实验十二　羊毛纤维直径投影显微镜法测试

一、实验目的与要求

通过实验，了解显微镜的结构和工作原理，掌握羊毛纤维直径测试的操作步骤，实测一种羊毛纤维的直径。

二、仪器用具与试样材料

投影显微镜，楔形尺，显微镜接物测微尺，纤维切片器，杉木油或液体石蜡，载玻片，盖玻片。试样为试验毛条。

三、实验原理

把纤维片段的影像放大500倍并投影到屏幕上，用通过屏幕圆心的毫米刻度尺量出与纤维正交处的宽度或用楔形尺测量屏幕圆内的纤维直径，逐次记录测量结果，并计算出纤维直径平均值。

四、实验方法与操作步骤

（一）取样

如果试样是散纤维，则先将散纤维整理成平行束状；如果是毛条，则可直接取用。用纤维切片器切取0.2～0.4 mm长的纤维片段，将纤维片段放在滴有黏性介质的表面皿上，用镊子搅拌，使之均匀分布在介质内；然后取适量试样放在载玻片上，盖上盖玻片。盖时注意，应先去除多余的黏性介质混合物，保证覆上盖玻片后不会有介质从盖玻片下挤出，以免细纤维流失。

(a) 调焦正确　(b) 调焦不正确

图2-15　纤维调焦状况比较

（二）操作步骤

(1) 将分度为0.01 mm的接物测微尺放在载物台上，投影在屏幕上的测微尺的20个分度(0.20 mm)应精确地被放大为100 mm，这时放大倍数为500倍。

(2) 把载有试样的载玻片放在显微镜载物台上，盖玻片面对物镜，开始时首先对盖玻片的角A进行调焦，当透镜太靠近盖玻片时，纤维的边缘显示白色的边线；当透镜离盖玻片太远时，纤维边缘显示黑色边线，如图2-15(b)所示。当在焦平面上时，纤维边缘显示一细线，没有白色或黑色边线，如图2-15(a)所示。纤维影像的两边不是经常同时在焦平面上，调焦时使一个边缘在焦点上而另一边显示白线，然后测量在焦点上的边线到白线的内侧的宽度。

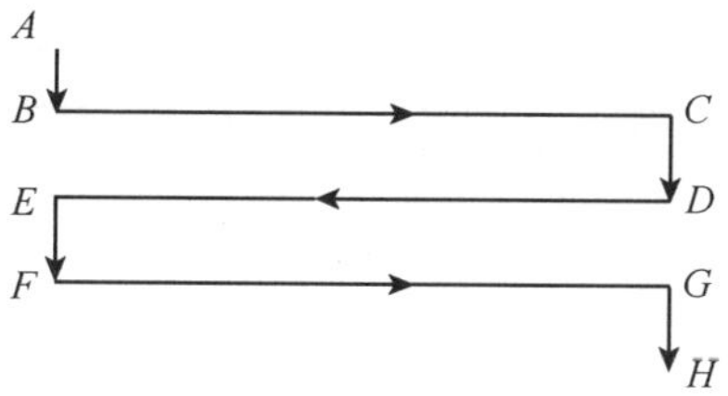

图2-16　检测次序示意

(3) 对盖玻片的角A(图2-16)调好焦后，纵向移动载玻片0.5 mm到B，再横向移动0.5 mm。通过这两步，将在屏幕上取得第一个视野。按照此规则测量视野圆周内的每根纤维直径。

在测量时，以下情况应排除：

① 其宽度有一半以上在视野圆周以外的纤维；

② 端部在透明刻度尺宽度范围内的纤维；

③ 在测量点上与另一根纤维相交的纤维；

④ 严重损伤或畸形的纤维。

当第一视野内的纤维测量完毕后，将载玻片横向移动0.5 mm，这样在屏幕上出现第二个视野。沿载玻片的整个长度，以相同方法继续。当到达盖玻片右边C处时，将载玻片纵向移动0.5 mm至D处，并以0.5 mm步程继续横向移动测量。按图2-17所示的A, B, C, D, E, F, G, H……的次序检验整个载玻片上的试样，操作者不可随便选择被测量的纤维；纤维明显一端粗、另一端细时，测其居中部位，否则舍去。

上述测量应由两名操作者各自独立进行，结果以两者测得的平均值表示。若两者测得的结果差异大于两者平均值的3%时，应测量第三个试样，最终结果取三个试样的实测数值的平均值。

(4) 测量记录。测量每根纤维时都要使楔形尺的一边与对准焦点的纤维一边相切，在纤维的另一边与楔形尺另一边相交处读出数值。纤维的两条边中，一条边清晰而另一条边不清晰时，可先用楔形尺的一条线对准纤维的一边，然后调节清晰度，再找出另一条边与楔形尺的交叉点，读出数值。测量结果记在楔形尺纸上。如果纤维未对准焦点的边缘落在刻度尺的两个分度之间，将其记在较小的微米整数 N 组内。在以后的计算中，可将记录在 N 组内的所有纤维的直径看作 $(N+1)\mu m$。当偶尔有一根纤维的直径正好处于微米整数时，那么这根纤维既可算作 $(N-1)\mu m$ 组，也可算作 $(N+1)\mu m$ 组。在这种情况出现时，要把它们交替记作 $(N+1)\mu m$ 组和 $(N-1)\mu m$ 组计算。

(5) 试验纤维根数的确定。一般一个试验样品中被测量的纤维比例很小，因此试验样品平均值存在随机抽样误差，95%置信水平下的试验根数按下式计算：

$$n = \left(\frac{t \times CV}{E}\right)^2 \tag{2-30}$$

式中：n 为测量根数；E 为允许误差率，%；t 为95%置信水平下的取值(1.96)；CV 为变异系数，%。

通常，95%置信水平下的允许误差率和纤维测量根数近似值见表2-7。

表2-7　允许误差率及纤维测量根数

纤维细度/直径	变异系数	不同允许误差率下的纤维测量根数			
		1%	2%	3%	4%
70^s/19.60 μm	22.45%	1 936	484	215	121
64^s/21.00 μm	23.70%	2 158	540	240	135
60^s/24.10 μm	25.30%	2 401	601	267	150
56^s/27.10 μm	26.57%	2 712	678	302	169
50^s/30.10 μm	26.58%	2 714	679	303	170
46^s/33.50 μm	26.87%	2 776	694	309	174
40^s/37.10 μm	26.69%	2 736	684	304	171
36^s/39.00 μm	25.89%	2 577	645	287	162

五、实验结果计算与修约

试样平均直径按式(2-31)计算，标准差按式(2-32)计算，变异系数按式(2-33)计算。

$$\overline{X} = \frac{\sum_{i=1}^{t}(A_i \times F_i)}{\sum_{i=1}^{t} F_i} \tag{2-31}$$

$$\sigma = \sqrt{\frac{\sum_{i=1}^{t} F_i \ (A_i - \overline{X})^2}{\sum_{i=1}^{t} F_i}} \tag{2-32}$$

$$CV = \frac{\sigma}{\overline{X}} \times 100\% \tag{2-33}$$

式中：$\overline{X}$ 为纤维加权平均直径，μm；A_i 为第 i 组纤维的直径组中值，μm；F_i 为第 i 组纤维的测量根数；σ 为标准差，μm；CV 为变异系数，%；t 为总组数。

试验结果计算至小数点后第三位，修约至两位小数。数值修约按 GB/T 8170—2008 的规定进行。

思　考　题

1. 表示羊毛细度的指标有哪些？
2. 羊毛细度与毛纤维的性质有什么关系？

（本实验技术依据：GB/T 10685—2007《羊毛纤维直径试验方法　投影显微镜法》）

实验十三　化学短纤维长度中段称重法测试

一、实验目的与要求

通过实验，了解纤维牵切器的结构和工作原理，掌握中段称重法测试化学纤维长度的方法和操作步骤，实测一种化学纤维的长度并计算相关指标。

二、仪器用具与试样材料

天平（分度值为 0.01 mg、0.1 mg、0.1 g 各一台），切断器（10 mm、20 mm、30 mm，允许误差为±0.01 mm），钢梳，绒板（颜色与试验纤维颜色成对比色），限制器绒板，压板，一号夹子，钢尺，镊子。试样为试验用化学纤维一种。

三、实验原理与仪器结构

（一）实验原理

将纤维梳理整齐，切取一定长度的中段纤维。在过短纤维极少的情况下，纤维的平均长度与中段纤维长度成正比，比例系数为总质量与中段纤维质量之比。

（二）仪器结构

Y171 型纤维牵切器的结构如图 2-17 所示。

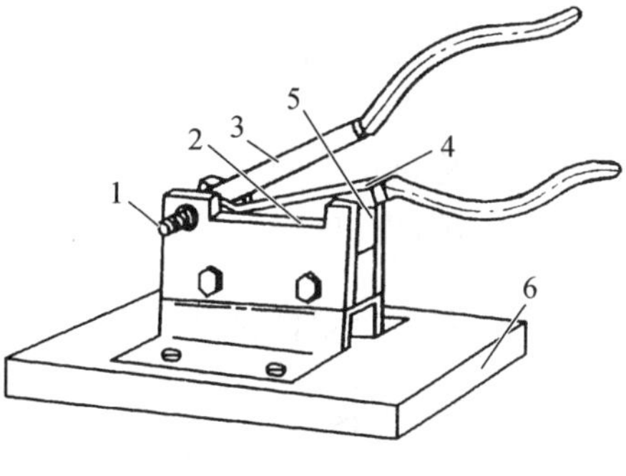

1—短轴　2，5—切刀
3—上夹板　4—下夹板　6—底座

图 2-17　Y171 型纤维牵切器

四、实验方法与操作步骤

(一) 取样

从已经调湿平衡的样品中随机均匀地抽取纤维50 g,精确至0.1 g。从50 g样品中抽取相当于5 000根纤维质量的试样,用于平均长度和超长纤维试验,均匀地铺放在绒板上。取出纤维的质量可按式(2-34)计算,精确到0.1 mg。

$$W = \frac{Tt_m \times L_m \times 5\,000}{10\,000} \tag{2-34}$$

式中: W 为纤维质量,mg; L_m 为纤维名义长度,mm; Tt_m 为纤维名义线密度,dtex。

(二) 操作步骤

(1) 将取出的纤维试样用手扯松,放在绒板上,再用手将倍长纤维(包括漏切纤维)挑出。

(2) 称取一份平均长度和超长纤维试验用的样品 W_0,精确到0.01 mg,进行手扯整理,用钢梳将游离纤维梳下。

(3) 将梳下的纤维加以整理,长于过短纤维界限的纤维仍归入纤维束中,再手扯一次,使纤维束一端较为整齐。

(4) 将手扯后的纤维束放在限制器绒板上整理,使其成为一端整齐的纤维束,并梳去游离纤维。

(5) 将梳下的游离纤维整理后仍归入纤维束中,并对过短纤维进行整理,量出最短纤维的长度 L_{ss}(mm),并称量过短纤维的质量 W_s,精确到0.01 mg。

(6) 从纤维束中取出超长纤维并称量 W_{op},精确到0. 01 mg,仍并入纤维束中。

(7) 操作者双手各持纤维束的一端,对纤维束施加适当的力,使纤维伸直但不伸长,将纤维束放在切断器上。纤维束应与切断器刀口垂直,并保证纤维束整齐的一端靠近切断器刀口,操作切断器切取中段纤维。切取中段纤维长度 L_c 的规定见表2-8。注意,切断纤维时,操作者应先用下颚下压切断器的上刀柄,确认纤维压紧后松开握持纤维的双手,用一手压紧切断器的上刀柄,抬起下颚,再用手操作切断器的手柄,切断纤维。

表2-8 切取中段纤维长度取值表

纤维名义长度 L_m(mm)	$25 \leqslant L_m < 38$	$38 \leqslant L_m < 65$	$L_m \geqslant 65$
切断中段长度 L_c(mm)	10	20	30

注:有过短纤维时切取长度建议为10 mm。

(8) 称量切下的中段纤维质量 W_c 和两端纤维质量 W_t,精确到0.1 mg。

(9) 测试长度时如发现倍长纤维,拣出后并入倍长纤维一起称量 W_{sz},精确到0.01 mg。

五、实验结果计算与修约

1. 平均长度

$$L = \frac{W_0}{\dfrac{W_c}{L_c} + \dfrac{2W_s}{L_s + L_{ss}}} \tag{2-35}$$

式中：L 为纤维平均长度，mm；W_0 为测试平均长度的纤维质量，mg；W_c 为中段纤维质量，mg；L_c 为中段纤维长度，mm；W_s 为过短纤维界限以下的纤维质量，mg；L_s 为过短纤维界限，mm；L_{ss} 为最短纤维长度，mm。

当无过短纤维或过短纤维含量极少，可以忽略不计时，平均长度按下式计算：

$$L = \frac{L_c W_0}{W_c} = \frac{L_c(W_c + W_t)}{W_c} \tag{2-36}$$

式中：W_t 为两端纤维质量，mg。

2. 长度偏差率

$$D_L = \frac{L - L_m}{L_m} \times 100\% \tag{2-37}$$

式中：D_L 为长度偏差率，%；L_m 为纤维名义长度，mm。

3. 超长纤维率

$$Z = \frac{W_{op}}{W_0} \times 100\% \tag{2-38}$$

式中：Z 为超长纤维率，%；W_{op} 为超长纤维质量，mg。

4. 倍长纤维含量

$$B = \frac{W_{sz}}{W_z} \times 100\% \tag{2-39}$$

式中：B 为倍长纤维含量，mg/100 g；W_{sz} 为倍长纤维质量，mg；W_z 为试样纤维总质量，g。

试验结果按 GB/T 8170—2008 的规定修约至小数点后一位。

思　考　题

1. 化学短纤维按长度可以分为哪几种？
2. 化学纤维长度测试中应注意哪些问题？

（本实验技术依据：GB/T 14336—2008《化学纤维　短纤维长度试验方法》）

实验十四　化学短纤维线密度中段称重法测试

一、实验目的与要求

通过实验，了解纤维切断器的结构和工作原理，掌握中段称重法测试化学短纤维细度的方法和操作步骤，实测一种化学纤维的线密度并计算相关指标。

二、仪器用具与试样材料

天平（分度值为 0.01 mg），切断器（10 mm、20 mm、30 mm，允许误差为±0.01 mm），梳子，投影仪，绒板（与试验纤维颜色呈对比颜色），镊子，玻璃片。试样为试验用化学纤维一种。

三、实验原理

在试验用标准大气条件下，从伸直的纤维束上切取一定长度的纤维束，测定该中段纤维束的质量和根数，计算线密度的平均值。线密度用分特克斯(dtex)表示。

四、实验方法与操作步骤

(一) 取样

从试样中随机取出 10 g 左右作为线密度测定样品，按规定进行预调湿和调湿，使线密度测定样品达到吸湿平衡(每隔 30 min 连续称量的质量递变量不超过 0.1%)。

对丝束试样，从批样中取得代表性样品后，剪取 10 段适宜长度的试验样品，随机取出 10 g 左右的试样作为线密度测定样品。

(二) 操作步骤

(1) 从已调湿平衡的线密度测定样品中取一定根数的纤维束，手扯整理几次，使之成为一端平齐、伸直且不延伸的试样束。

(2) 纤维束取样根数的规定：纤维名义线密度<10.00 dtex，取 2 000 根左右；纤维名义线密度≥10.00 dtex，可适当减少取样根数。共整理 3～5 束平行试样，当中段长度为 10 mm 时，平行试样应为 5 束。根据试样的规格，按式(2-40)计算每束纤维的取样量。

$$M = \frac{\mathrm{Tt_m} \times L_m}{5} \tag{2-40}$$

式中：M 为试样质量，mg；$\mathrm{Tt_m}$为试样名义线密度，dtex；L_m 为试样名义长度，mm。

(3) 在能消除卷曲所需要的最小张力下，从经过整理的试样束的中部，用切断器切下一定长度的试样束中段，切下的中段试样中不得有游离纤维，切断时试样束应与刀口垂直。切取中段的长度规定见表 2-9。

表 2-9　切断中段长度规定

纤维名义长度 L_m(mm)	$25 \leqslant L_m < 38$	$38 \leqslant L_m < 65$	$L_m \geqslant 65$
切断中段长度 L_c(mm)	10	20	30

(4) 用镊子夹取一小束中段试样，平行排列在玻璃片上，盖上玻璃片，用橡皮筋扎紧，在投影仪上逐根计数，也可以用其他方法准确计数。纤维计量根数规定：切 10 mm 时，每片不少于 400 根；切 20 mm 时，每片不少于 350 根；切 30 mm 时，每片不少于 300 根。

(5) 将数好的试样束放在试验用标准大气下进行调湿，平衡后将试样逐束称量(精确至 0.01 mg)。

五、实验结果计算与修约

1. 线密度

$$\mathrm{Tt} = 10\,000 \times \frac{m}{n \times L_c} \tag{2-41}$$

式中：Tt 为试样实际线密度，dtex；m 为所数根数的试样质量，mg；n 为试样根数；L_c 为试样中段切断长度，mm。

2. 线密度偏差

$$D_T = \frac{Tt - Tt_m}{Tt_m} \times 100\% \qquad (2\text{-}42)$$

式中：D_T 为试样线密度偏差，%；Tt 为试样实际线密度，dtex；Tt_m为试样名义线密度，dtex。

各试验结果按 GB/T 8170—2008 的规定进行修约，线密度修约到小数点后两位，线密度偏差修约到小数点后一位。

思　考　题

中段称重法能否测试天然纤维的细度，为什么？

（本实验技术依据：GB/T 14335—2008《化学纤维　短纤维线密度试验方法》）

实验十五　纤维拉伸性能测试

实验操作视频

一、实验目的与要求

通过实验，了解电子式单纤维强力仪的结构原理，熟悉测定方法和操作要领，掌握有关指标，并了解影响实验结果的因素。

二、仪器用具与试样材料

$YG001N^+$ 型电子单纤维强力仪，镊子，黑绒板，预加张力夹，校验用砝码。试样为化学纤维若干种。

三、实验原理与仪器结构

（一）实验原理

电子式单纤维强力仪的工作原理是步进电机通过二级同步带变速驱动丝杆螺纹旋转，其中上夹持器挂在力传感器上，下夹持器固定于丝杆螺母体处；由于丝杆螺纹带动下夹持器向下匀速运动，从而使夹在上、下夹持器之间的纤维断裂，并由力传感器采集力值信号，经放大后得到与受力大小成正比的信号，显示负荷值及断裂强力。另外，通过一定机构产生与试样变形成正比的数字脉冲，通过计数电路显示试样的变形量。

（二）仪器结构

$YG001N^+$ 型电子式单纤维强力仪的结构如图 2-18 所示。

四、实验方法与操作步骤

（一）取样

从实验室样品中随机均匀取出 10 g 作为试验试样，进行调湿和预调湿处理；从已达平衡

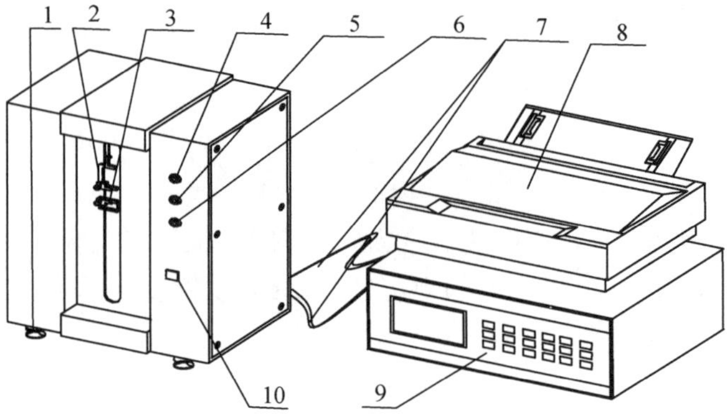

1—水平调节螺脚　2—上夹持器　3—下夹持器　4—电源指示灯　5—向上指示
6—向下指示　7—连接电缆　8—打印机　9—控制箱　10—启动按钮

图 2-18　YG001N$^+$型电子式单纤维强力仪

的试验试样中随机取出约 500 根纤维，均匀铺放于绒板上，以备测定。

（二）仪器调整

（1）接通电源，开机后预热 30 min。

（2）调节仪器的夹持器距离。在工作状态下，按设定键（SET）进入“功能设置主菜单”，按“↓”键使光标指向“自动隔距校正”项，按“设定”键（SET）进行确认。在自动隔距校正状态下，下夹持器首先向上移动，遇到上基准位，下夹持器停止片刻后向下移动，当到达设定的隔距后，下夹持器停止，界面回到“功能设置主菜单”。

（3）力值校正。在“功能设置主菜单”状态下，按“↓”键使光标指向“力值校正（用 100 cN 标准拉力砝码）”一项，按“设定”键（SET）确认；在上夹持器上放上与屏幕显示一致的砝码，等上夹持器稳定后，按“设定”键（SET）确认。标定时注意上夹持器上无其他重物。

（三）操作步骤

1. 设置试验参数

按“设定”键（SET）进入设置状态，光标指向选定的项目，光标在某数据或文字处闪动。如想改变某数据或文字，应按“→”键移动光标，用“数字”键修改该位数值后，光标会自动移动到下一位数值下；如光标已在最后一位，会移动到第一位数字下。光标如在文字下，文字项会变化。例如：显示“是”时，按“→”键，“是”变为“否”，在文字项下，光标不移动。每设置完一项参数后，可按“↑”或“↓”键来选定将要设置的项目。

（1）夹持器距离。当纤维名义长度≥38 mm 时为 20 mm；纤维名义长度为 15～38 mm 时为 10 mm；当纤维名义长度＜15 mm 时，可采用 10 mm 或协议双方认可的夹持长度。但必须说明的是，双方认可的夹持长度的测试结果会有偏离，检验结果仅供参考。

（2）拉伸速度。当试样的平均断裂伸长率＜8％时，拉伸速度为每分钟 50％名义隔距长度；当试样的平均断裂伸长率≥8％且＜50％时，拉伸速度为每分钟 100％名义隔距长度；当试样的平均断裂伸长率≥50％时，拉伸速度为每分钟 200％名义隔距长度。

（3）试样的单位线密度预加张力。线密度按试样的名义线密度设置，预加张力按试样的纤维种类设置：

涤纶：(0.15±0.03) cN/dtex。锦纶、丙纶、维纶、腈纶：(0.10±0.03) cN/dtex。纤维素纤维：干态，(0.06±0.006) cN/dtex；湿态，(0.025±0.003)cN/dtex。

(4) 试验次数。每个实验室样品测试 50 根纤维。

2. 实操步骤

(1) 校正仪器水平状态。

(2) 检查、设置仪器。分别连接好主机和打印机的电源线及主机与打印机的电缆，确认无误后，接上电源。开启打印机并装好打印纸，开启主机电源，此时仪器进入自检，自检过程从0%开始至100%结束。自检过程完成后，按“设定”键(SET)进入设置状态，设置试验参数。试验参数设置完成后，按两次“↵”键，回到工作界面。

(3) 取下上夹持器，将纤维一端夹到上夹持器中，另一端夹到预加张力夹中，挂好上夹持器和拧紧下夹持器，按“启动”键启动，下夹持器向下移动，跟踪力值显示实时的力值。

(4) 当纤维断裂后，下夹持器稍作停顿后自动回到设定的隔距处。当接有打印机时，打印机打印测试报表，“强力”显示一栏中显示最大的强力。

(5) 重复上述步骤，测试第二根纤维，直到本组试验完毕，由打印机打印统计报表。

思　考　题

1. 试述电子式单纤维强力仪的工作原理。
2. 影响单纤维强力测试结果的因素有哪些?

(本实验技术依据：GB/T 14337—2008《化学短纤维拉伸性能试验方法》)

实验十六　纤维卷曲性能测试

一、实验目的与要求

通过实验，了解 YG362A 型卷曲弹性仪的结构原理，掌握测定纤维卷曲弹性的试验方法和有关指标的计算。

二、仪器用具与试样材料

YG362A 型卷曲弹性仪，镊子，绒板，小螺丝刀，打印纸。试样为天然纤维或化学纤维若干。

三、实验原理与仪器结构

(一) 实验原理

在卷曲弹性仪上，根据纤维的粗细，在规定的张力条件下和一定的受力时间内，测定纤维在不同负荷条件下长度的变化，确定纤维的卷曲数、卷曲率、卷曲弹性率及卷曲回复率。

(二) 仪器结构

YG362A 型卷曲弹性仪主要由四个部分组成：张力加载器、操作盒、打印机和电器控制部分。其结构如图 2-19 所示。

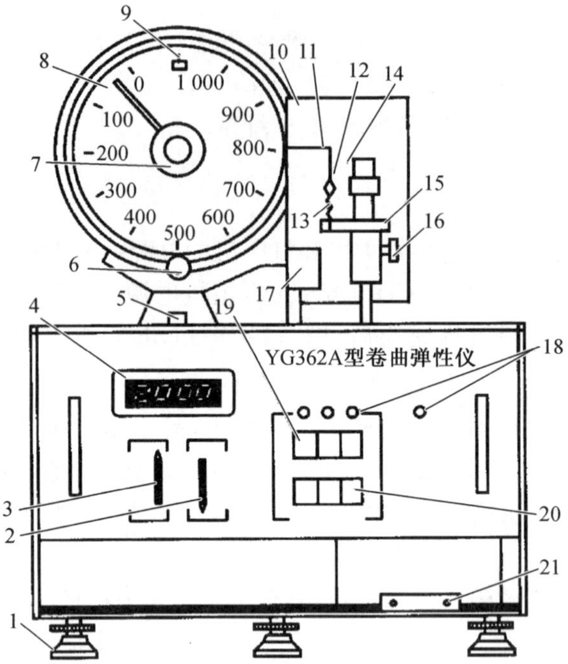

1—水平调节脚 2—定时开关 3—功能开关 4—伸长显示器 5—水准仪 6—制动旋钮 7—读数旋钮 8—读数指针 9—平衡指针 10—操作盒 11—横臂 12—上夹持器 13—纤维 14—25 mm 读数指针 15—下夹持器 16—锁紧螺钉 17—放大镜片 18—“上升”“下降”“停止”“平衡”灯 19—“上升”“下降”“停止”键 20—“复位”“定时”“校/打”键 21—打印机

图 2-19 YG362A 型卷曲弹性仪

四、实验方法与操作步骤

(一) 取样

从实验室样品中随机均匀地抽取卷曲未被损坏的若干纤维，将其排列于绒板上，再从中随机取 20 根进行测试。每个实验室样品测 20 次，每次测 1 根纤维。

(二) 仪器调整

(1) 调节仪器水平。调节仪器水平调节脚 1，直至水准仪的水泡处于圆形正中处。

(2) 调节张力加载器零位平衡。开启电源，挂上上夹持器 12，转动读数旋钮 7，使读数指针 8 对准零位；然后转动制动旋钮 6，开启天平，观察张力加载器平衡指针 9 与刻度盘上的检验线是否重合。若不重合，须轻轻拔开读数旋钮 7 中间的塑料盖，然后用小螺丝刀转动中间的螺丝校正偏差。零位调节完毕，转动制动旋钮 6，关闭天平。

(3) 检查仪器运转是否正常。首先将功能开关置于“校/打”键位置，然后按“校/打”键。如仪器运转正常，按“停止”键，再按“复位”键。

(4) 纤维预夹持长度的调整。按“上升”键使下夹持器 15 上升至预置位置，将长为 20 mm 的预置棒放在下夹持器的钳口平面上，开启张力加载器制动旋钮 6，使上夹持器 12 与预置棒接触且“平衡”灯亮，即张力加载器平衡状态和预置长度两个要求同时满足。如果预置棒顶住上夹持器 12 或预置棒与上夹持器之间的间隙过大，应松开下夹持器锁紧螺钉 16，并调整预置调节螺杆、下夹持器15，使其升高或降低，重复纤维预夹持长度调整，直至满足要求。

（三）操作步骤

（1）把功能开关3拨到J位置，测试卷曲数和卷曲率。用纤维张力夹在纤维中部夹取一根纤维悬挂于张力加载器上，然后用镊子将纤维的另一端置于下夹持器钳口中部夹持住，此时使纤维呈松弛状态。

（2）开启张力加载器制动旋钮，加轻负荷（0.02±0.002）mN/dtex，这时张力加载器横臂上翘。

（3）按“下降”键，“下降”指示灯亮，下夹持器15平稳下降，同时牵引张力加载器横臂下降。当张力加载器平衡时，“平衡”指示灯亮，步进电机自动停止，下夹持器停止下降，此时显示管显示读数 L_0。

L_0应在26～30 mm，否则按“停止”键，重新夹持另一根纤维，重复步骤(1)～(3)。

（4）转动下夹持器顶部25 mm长度指针14，通过放大镜，按图2-20分别读取25 mm长度内纤维左右侧的波峰数，并记录。

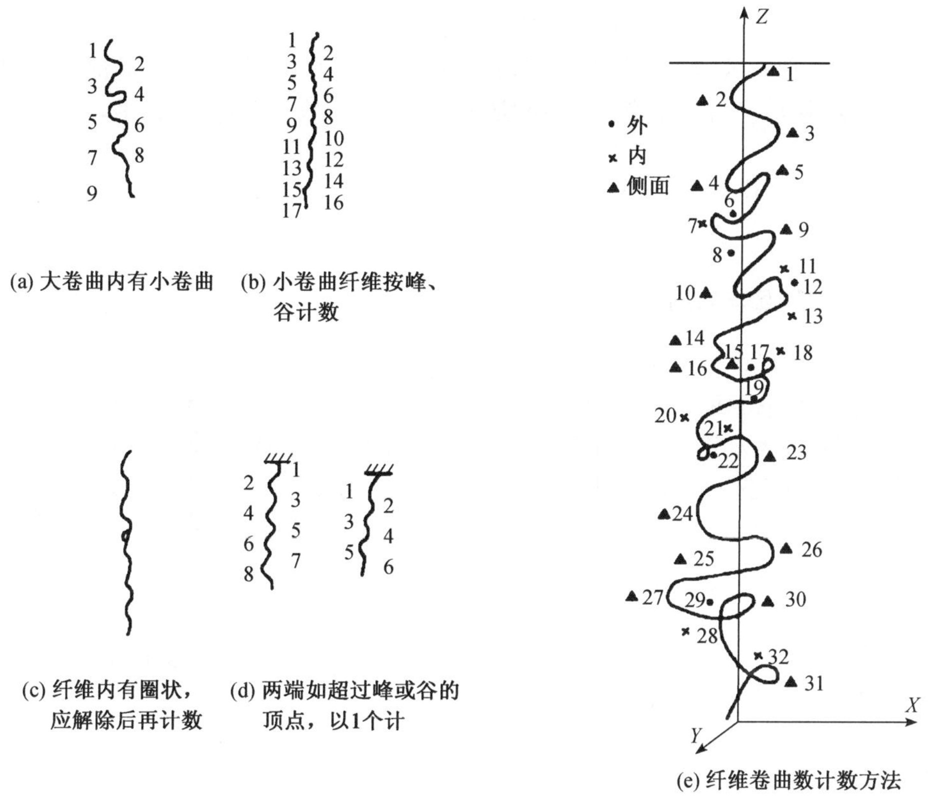

图2-20 纤维卷曲数计数方法

（5）转动张力加载器读数旋钮7，加重负荷，维纶、锦纶、丙纶、氯纶、纤维素纤维为（0.5±0.05）mN/dtex，涤纶、腈纶为（0.75±0.075）mN/dtex。此时，张力加载器横臂上翘。

（6）按“下降”键，“下降”指示灯亮，使下夹持器牵引横臂下降。当“平衡”灯亮时，步进电机自动停止，下夹持器停止下降，此时显示器显示读数 L，并马上显示卷曲率 J。

如果认为该数据有效、需打印的话，则需按“校/打”键，打印机自动打印出被测纤维的卷曲率 J 值。打印结束，下夹持器自动上升至预置长度 20.00 mm 处。关闭天平，取下张力夹与纤维。至此单根纤维测试结束，等待下一根纤维的测试。

如果认为该数据无效，或发现中途有操作错误，则按“停止”键，下夹持器上升至预置位置，等待下一根纤维的测试。

(7) 重复步骤(1)～(6)，进行下一根纤维的测试，直到 20 根纤维全部测试完毕，打印机自动打印出 20 根纤维的统计值。

(8) 如果测卷曲回复率、卷曲弹性率，则将功能开关拨至 J_d、J_w位置，重复步骤(1)～(6)。不同之处在于读取 L_1的同时，不关闭张力加载器，仪器自动进入 0.5 min 定时状态，显示管从 30 s逐步减小。

(9) 当 0.5 min 定时到达后，下夹持器自动上升，同时转动张力加载器读数旋钮 7，去掉重负荷，加轻负荷张力(0.02±0.002) mN/dtex 。当下夹持器上升至预置位置时，仪器自动进入 2 min定时状态，显示管从 120 s 逐步减小。

(10) 当 2 min 定时到达后，下夹持器自动下降，当张力加载器平衡时“平衡”灯亮，步进电机自动停止，显示管显示读数 L_2，并马上轮流显示 J、J_d、J_w值。

如果认为该数据有效，则按“校/打”键，打印机自动打印出被测纤维的卷曲率 J、卷曲弹性率 J_d和卷曲回复率 J_w。打印结束，下夹持器自动上升到预置位置，关闭天平，取下张力夹与纤维。

(11) 重复步骤(1)～(10)分别进行测试，直到测完 20 根纤维结束，打印机自动打印出它们的统计值。

五、实验结果计算与修约

在测试过程中，有些指标如 J、J_d、J_w可以从显示管上直接读出，也可将不同状态下的长度值代入相应公式进行计算。L、L_0、L_1、L_2之间的关系如图 2-21 所示，图中：L 为纤维在自由状态下的长度值；L_0为纤维在轻负荷张力下的长度值；L_1为纤维在重负荷张力下的长度值；L_2为去掉重负荷，经 2 min 定时回复，再在轻负荷下测得的长度值。

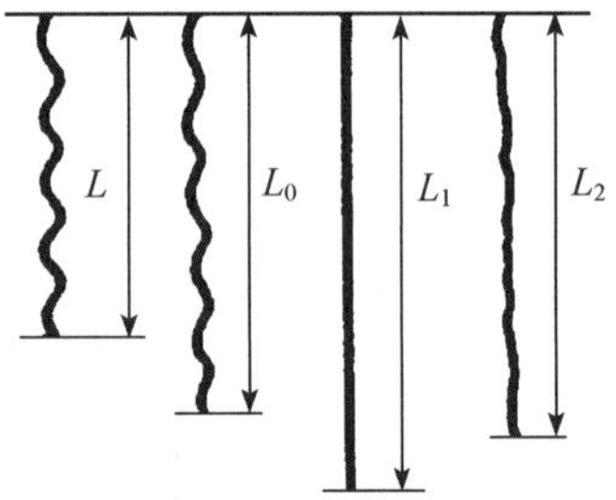

图 2-21 四种不同状态下的长度值

1. 卷曲率 J

$$J=\frac{L_1-L_0}{L_1}\times 100\% \tag{2-43}$$

2. 卷曲回复率 J_w

$$J_w=\frac{L_1-L_2}{L_1}\times 100\% \tag{2-44}$$

3. 卷曲弹性率 J_d

$$J_d=\frac{L_1-L_2}{L_1-L_0}\times 100\% \tag{2-45}$$

4. 卷曲数 J_n

$$J_n=\frac{n_f+n_g}{2} \tag{2-46}$$

式中：J_n为卷曲数，个/25 mm；n_f为右侧波峰数；n_g为左侧波峰数。

以上各个指标的测定结果均以 20 次测定结果的算术平均值表示。卷曲数计算到小数点后一位，按 GB/T 8170—2008 修约到整数；其他指标计算到小数点后两位，修约到小数点后一位。

思　考　题

表示化纤卷曲性能的指标有哪些？各指标的物理意义是什么？
（本实验技术依据：GB/T 14338—2008《化学纤维　短纤维卷曲性能试验方法》）

实验十七　纤维摩擦因数测试

一、实验目的与要求

通过实验，了解 Y151 型纤维摩擦因数仪的结构原理，掌握仪器的使用和动、静摩擦因数的测试方法。

二、仪器用具与试样材料

Y151 型纤维摩擦因数仪及其附件，黑绒板，镊子，小螺丝刀。试样为化纤试样若干。

三、实验原理与仪器结构

（一）实验原理

将被测纤维或挂丝两端夹上同等质量的张力钳 100 mg（或 200 mg），然后绕在摩擦辊上，使外边的一个张力钳骑挂在扭力天平秤钩上，另一张力钳自由悬垂，并使纤维或挂丝之间的包角成 180°，扭力天平秤钩充分受力。测出扭力天平受力 m(mg)，代入欧拉公式可得：

$$\mu=\frac{\ln f_2-\ln f_1}{\pi}=\frac{\ln f_2-\ln(f_2-m)}{\pi}=0.733[\ln f_2-\ln(f_2-m)] \tag{2-47}$$

式中：μ 为摩擦因数；f_1为张力钳质量 f_2 与 m 之差，mg；f_2为张力钳质量，mg。

（二）仪器结构

Y151 型纤维摩擦因数仪主要由三大部分组成，即测力部分、摩擦部分和传动部分，如图 2-22所示。测力部分是一台最大称量为 250 mg 的扭力天平。摩擦部分由螺钉、辊芯、手柄等测力部分组成，可以用来调节摩擦辊和扭力天平秤钩之间上下、左右、前后的相对位置。传动部分由电动机和变速箱组成，变速箱上有三个速度旋钮，可用来调节辊芯的转速。

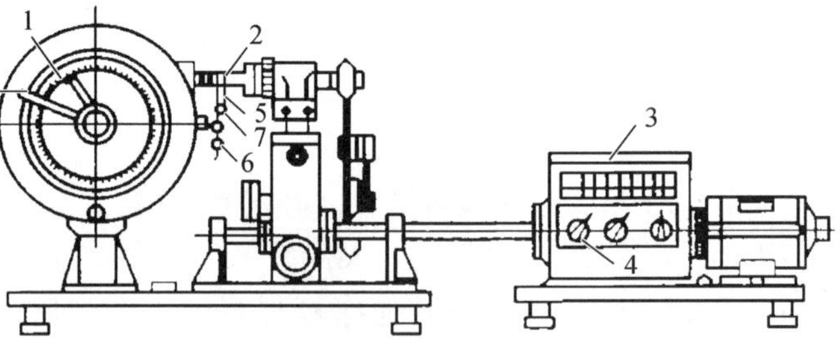

1—扭力天平　2—摩擦辊　3—变速箱　4—调速旋钮　5—纤维挂丝　6,7—张力钳　8—扭力天平手柄

图 2-22　Y151 纤维摩擦系数仪

四、实验方法与操作步骤

（一）制作纤维辊

若测试纤维与纤维之间的动、静摩擦因数，还须制作 5 个纤维辊，具体制法如下：

(1) 将试样先在标准状态下调湿，达到水分平衡后，再将试样制成纤维辊。纤维辊制作得好坏是试验结果是否准确的关键。纤维辊的表面要求光滑，不得有毛丝，不能沾有汗污；纤维要平行于金属芯轴，均匀地排列在芯轴的表面。

(2) 从试样中任意取出 0.5 g 左右的纤维，用手整理成大致平行整齐的纤维束(注意手必须洗净，防止手中油污污染纤维)。然后用手夹持纤维束的一端，用梳子梳理另一端，将纤维束中的纤维结和乱纤维去掉；梳理完后再倒过来梳另一端。纤维片的宽度约为 30 mm，厚度约为 0.5 mm。

(3) 用镊子将纤维片夹到纤维成型板上，并使纤维片超出成型板上端边 20 mm，将此超出部分折入成型板的下侧，并用夹子夹住。

(4) 将成型板上的纤维片用金属梳子梳理整齐后，再用塑料透明胶带在成型板前端(即不夹夹子的一端)将纤维片粘住；胶带两端各留出 5 mm 左右，粘在试验台上。

(5) 去掉夹子，抽出成型板，将弯曲的纤维剪掉，使留下的纤维片长度在 30 mm 左右。揭起粘在试验台上的塑料透明胶带右端，将其粘在金属芯轴顶端，旋紧芯轴，这样用塑料透明胶带粘住的纤维片就卷绕在芯轴的表面。将露出辊芯上端(约 2～3 mm)的胶带和粘住的纤维折入端孔，然后再用金属梳子梳理不整齐的一端，使纤维平行于金属芯辊，均匀地排列在芯轴的表面，并用剪刀剪齐。从金属芯轴的右端套入螺母，从金属芯轴的左端套入螺钉拧紧(注意拧紧时只转动螺母而不能转动螺钉)。检查纤维辊表面是否平滑，如有毛丝时则用镊子夹去。最后将做好的纤维辊插入辊芯架内。重复以上步骤，共做 5 个纤维辊。

测试短纤维时，若纤维长度不够时，可用黏接法粘贴接长，一般 38 mm 长的纤维用两根黏接即可。具体方法是：用镊子将两根纤维在绒板上头尾对齐放好，用剪刀将塑料胶带剪成 1.5 mm 见方的小方块，用镊子夹住粘贴两根纤维的头尾相接处，并将塑料带对折，把纤维夹紧并粘牢。

（二）仪器调整

(1) 调整仪器水平。

(2) 调整软轴的歪斜程度,使软轴伸直。

(3) 调节扭力天平零位。

(4) 调节摩擦辊的转速,一般采用 30 r/min。

(三) 操作步骤

1. 静摩擦因数的测定

(1) 旋转螺母使之向右移至极限位置,将准备好的摩擦辊(金属辊、橡胶辊或纤维辊)插入仪器主轴孔内,并旋紧右侧螺钉。打开扭力天平及秤盒,调整摩擦辊与天平秤钩的相对位置,使摩擦辊大致在扭力天平秤钩的正上方。

(2) 取 1 根被测纤维,在其两端夹上同等质量的张力钳 100 mg 或 200 mg,然后将其挂在摩擦辊上。调整摩擦辊与扭力天平秤钩之间的相对位置,使外面的一个张力钳上下铅垂地骑挂在扭力天平的秤钩上,另一张力钳自由悬垂,并使纤维与摩擦辊的夹角成 180°。

(3) 右手拉动传动带,使之向扭力天平一侧拉转,则天平指针向右偏过,左手匀速(约 7 s 加 100 mg 的速度)转动扭力天平手柄,至扭力天平指针突然向左滑动为止,读取扭力天平的读数 m。

(4) 将天平手柄复位,每根挂丝测 2 次,记录读数。

(5) 每个摩擦辊测 6 根挂丝。若是纤维辊,5 个纤维辊各测 6 根挂丝,共得 30 个数值(可根据需要增减测定数量)。

2. 动摩擦因数的测定

(1) 重复静摩擦因数测定的步骤(1)～(2)。

(2) 右手拉动传动带,使扭力天平指针向右偏过。

(3) 插上电源,打开电动机开关,使摩擦辊转动。

(4) 旋转扭力天平手柄,使扭力天平的平衡指示针在平衡点中心左右等幅度摆动,读取这时扭力天平的读数 m,并记录。

(5) 将天平手柄复位,每根挂丝测 2 次,记录读数。

(6) 试验次数与静摩擦因数相同。

(7) 试验完毕,将仪器复原。

五、实验结果计算与修约

求出扭力天平读数 m 的平均值,保留整数。

按式(2-47)计算或根据扭力天平读数 m 查表 2-10 得摩擦因数 μ。

表 2-10　摩擦因数 μ 与扭力天平读数 m 对照表

张力钳质量 f_2=100 mg									
m	μ	m	μ	m	μ	m	μ	m	μ
20	0.071 0	34	0.132 3	48	0.208 2	62	0.308 0	76	0.454 3
21	0.075 1	35	0.136 4	49	0.214 3	63	0.316 5	77	0.467 9
22	0.079 1	36	0.142 1	50	0.220 6	64	0.325 2	78	0.482 0
23	0.083 2	37	0.147 1	51	0.227 1	65	0.334 2	79	0.496 8
24	0.087 4	38	0.152 2	52	0.233 7	66	0.343 4	80	0.512 4

（续　表）

张力钳质量 f_2=100 mg									
25	0.091 6	39	0.157 4	53	0.240 4	67	0.352 9	81	0.528 6
26	0.095 9	40	0.162 6	54	0.247 2	68	0.362 8	82	0.545 9
27	0.100 2	41	0.167 9	55	0.254 2	69	0.372 8	83	0.564 1
28	0.104 6	42	0.173 4	56	0.261 3	70	0.383 3	84	0.583 4
29	0.109 0	43	0.178 9	57	0.268 6	71	0.394 1	85	0.603 9
30	0.113 5	44	0.184 6	58	0.276 2	72	0.405 2	86	0.625 9
31	0.118 2	45	0.190 3	59	0.283 8	73	0.416 8	87	0.649 5
32	0.122 8	46	0.196 2	60	0.291 7	74	0.428 8	88	0.674 9
33	0.127 5	47	0.202 0	61	0.299 8	75	0.441 3	89	0.702 6
								90	0.733 0

张力钳质量 f_2=200 mg									
30	0.051 7	61	0.115 9	92	0.196 2	123	0.303 9	154	0.467 9
31	0.053 6	62	0.118 2	93	0.199 2	124	0.308 1	155	0.474 9
32	0.055 5	63	0.120 5	94	0.262 1	125	0.312 3	156	0.482 1
33	0.057 4	64	0.122 8	95	0.205 2	126	0.316 6	157	0.489 4
34	0.059 3	65	0.125 2	96	0.208 2	127	0.320 9	158	0.496 9
35	0.061 3	66	0.127 5	97	0.211 3	128	0.325 3	159	0.504 6
36	0.063 2	67	0.129 9	98	0.214 4	129	0.329 7	160	0.512 4
37	0.065 1	68	0.132 3	99	0.217 5	130	0.334 3	161	0.520 5
38	0.067 1	69	0.134 7	100	0.220 7	131	0.348 8	162	0.528 8
39	0.069 1	70	0.137 9	101	0.223 9	132	0.343 5	163	0.537 3
40	0,071 1	71	0.139 6	102	0.227 1	133	0.348 2	164	0.546 0
41	0.073 0	72	0.142 1	103	0.230 4	134	0.353 0	165	0.555 0
42	0.075 1	73	0.144 6	104	0.233 7	135	0.357 9	166	0.564 2
43	0.077 7	74	0.147 1	105	0.237 0	136	0.362 8	167	0.573 7
44	0.079 1	75	0.147 9	106	0.240 4	137	0.367 8	168	0.583 5
45	0.081 2	76	0.152 2	106	0.243 8	138	0.372 9	169	0.593 6
46	0.083 2	77	0.154 8	108	0.247 2	139	0.378 1	170	0.604 0
47	0.085 3	78	0.157 4	109	0.250 7	140	0.383 3	171	0.614 8
48	0.087 4	79	0.160 0	110	0.254 2	141	0.388 7	172	0.626 0
49	0.089 5	80	0.162 7	111	0.257 8	142	0.394 1	173	0.637 6
50	0.091 6	81	0.165 3	112	0.261 4	143	0.399 7	174	0.649 6
51	0.093 7	82	0.168 0	113	0.265 0	144	0.405 3	175	0.662 1
52	0.095 9	83	0.170 7	114	0.268 7	145	0.411 1	176	0.675 1
53	0.098 0	84	0.173 4	115	0.272 4	146	0.416 9	177	0.688 6
54	0.100 2	85	0.176 2	116	0.276 2	147	0.422 8	178	0.702 6
55	0.102 4	86	0.179 0	117	0.280 0	148	0.428 9	179	0.717 6
56	0.104 6	87	0.181 8	118	0.283 9	149	0.435 1	180	0.733 1
57	0.106 8	88	0.184 6	119	0.287 8	150	0.441 4		
58	0.109 1	89	0.177 5	120	0.291 7	151	0.447 8		
59	0.111 4	90	0.190 4	121	0.295 8	152	0.454 4		
60	0.113 6	91	0.193 3	122	0.299 8	153	0.461 1		

思　考　题

1. 试分析影响纤维动、静摩擦因数测试结果的因素。
2. 在相同的测试过程中，涤纶与黏胶纤维的摩擦因数，哪个大？

（本实验技术依据：《纤维摩擦因数测试仪说明书》）

实验十八　纤维比电阻测试

一、实验目的与要求

通过实验，了解 YG321 型纤维比电阻测试仪的结构原理，掌握测量纤维比电阻的方法。

二、仪器用具与试样材料

YG321 型纤维比电阻仪及附件，镊子，天平（精度为 0.01 g）。试样为化学纤维若干。

三、实验原理与仪器结构

（一）实验原理

根据欧姆定律，把一定质量的纤维放入一定容积的测试盒里，盖上盒盖后一并放入箱体内，使其具有一定密度，两端加上一定电压，通过表头测出被测纤维的电阻值，代入公式计算出纤维的质量比电阻和体积比电阻。

（二）仪器结构

YG321 型纤维比电阻仪主要有测试盒和高阻值的测量箱体两部分组成，如图 2-23 所示。测试盒是一个长方形的金属盒，盒内壁两侧是两块电极板，两电极板间距为 2 cm，盒的一端开口，用于放置被测纤维。高阻值测量箱体面板上的表头相当于一个欧姆表，单位为 Ω。

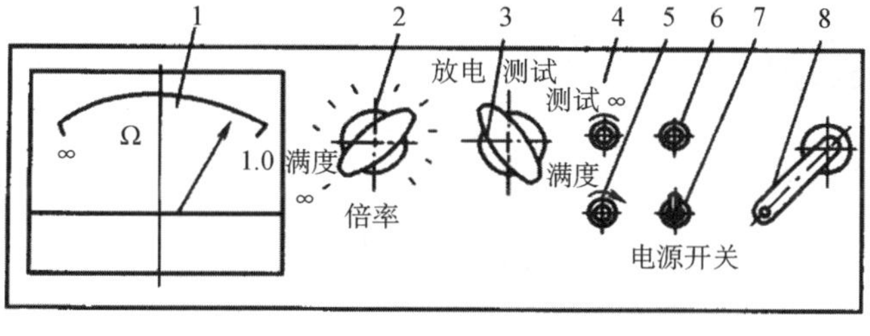

1—表头　2—倍率选择开关　3—放电测试开关　4—∞调节旋钮　5—满度调节旋钮
6—电源指示灯　7—电源开关　8—加压手柄

图 2-23　YG321 型纤维比电阻仪

四、实验方法与操作步骤

（一）试样准备

从实验室样品中随机均匀取出 30 g 以上的纤维，用手扯松后置于规定的温湿度条件下进行调湿和预调湿。从已达吸湿平衡的样品中，随机称取两份 15 g 纤维试样，作比电阻测定用。

（二）仪器调整

（1）仪器在使用前，面板上各开关的位置：电源开关应在“关”的位置，倍率开关置于“∞”处，“放电测试”开关置于“放电”位置。

（2）将仪器接地端用导线妥善接地。

（3）接通电源，合上电源开关，将“放电-测试”开关拨至“100 V 测试”档，待仪器预热 30 min后慢慢调节“∞”旋钮，使表头指针指在“∞”处。

（4）将“倍率”开关拨至“满度”位置，调节“满度”调节旋钮，使表头指针指在“满度”位置。

（5）将“倍率”开关再拨至“∞”处和“满度”位置，检查表头指针是否在“∞”和“满度”处，这样反复几次，直至把仪器调好为止。注意：调试时不能把测试盒放入箱体内。

（三）操作步骤

（1）用无水乙醇将测试盒内清洗干净，盖上盒盖。将电阻仪测试极接到测试盒的两电极上，并施加 100 V 电压，测试其绝缘电阻，不低于 10^{14} Ω 后或不低于纤维电阻预计值的 10 倍后待用。

（2）用镊子将称好的 15 g 试样，均匀地填入测试盒内，盖上盒盖，使纤维在 6 cm×4 cm×2 cm 的空间内。

（3）将“放电-测试”开关拨至“放电”，待极板上因填装纤维产生的静电散逸后，再将“放电-测试”开关拨至“100 V”或“1 V”测试档。

（4）拨动“倍率”开关，使表头指针稳定在一定读数上，这时表头读数×倍率，即为被测纤维在一定密度下的电阻值。电阻值测量范围在 10^2～10^7 Ω 时，一般选择 1 V 测试档。电阻值测量范围在 10^6～10^{14} Ω 时，一般选择 100 V 或 50 V 测试档；为了减少读数误差，提高读数精度，可选择 50 V 测试档。注意：此时被测纤维电阻值的大小为表头读数×倍率×1/2，但在实验结果中要特别注明。

（5）测试过程中指针有不断上升现象时，以通电后 1 min 的读数作为被测纤维的电阻值。

（6）将“放电-测试”开关拨至“放电”位置，倍率选择开关拨至“∞”位置，取出纤维测试盒，进行第二份试样的测试。

五、实验结果计算与修约

1. 体积比电阻

$$\rho_v = R \times \frac{m}{l^2 d} \tag{2-48}$$

式中：ρ_v 为纤维的体积比电阻，Ω · cm；R 为纤维的电阻值，Ω；l 为两极板之间的距离，2 cm；m 为纤维的质量，15 g；d 为纤维的密度，g/cm^3。

2. 质量比电阻

$$\rho_m = R \times \frac{m}{l^2} \tag{2-49}$$

式中：ρ_m 为纤维的质量比电阻，Ω · g/cm^2。

常见纤维的密度见表 2-11。

表 2-11　常见纤维的密度

纤维品种	涤纶	腈纶	锦纶	丙纶	维纶
密度(g/cm^3)	1.39	1.19	1.14	0.91	1.21

思考题

1. 在测试过程中注意观察表头上指针的变化，为什么表头上的指针一直在运动？
2. 影响化学纤维质量比电阻测试结果的因素有哪些？

（本实验技术依据：GB/T 14342—2015《合成短纤维比电阻试验方法》）

实验十九　纤维含油率测试

一、实验目的与要求

通过实验，了解 YG981B 型纤维油脂快速抽出器的结构原理，掌握快速测定化纤油剂含量的操作要领，熟悉油剂指标的计算方法。

二、仪器用具与试样材料

YG981B 型纤维油脂快速抽出器，干燥器，移液管，天平（最小分度值为 0.1 mg），镊子，甲醇（分析纯）。试样为化学纤维若干。

三、实验原理与仪器结构

（一）实验原理

在纤维油脂快速抽出器中加入一定量的有机溶剂（甲醇等），将试样上的油脂萃取出来，蒸发溶剂，称量残留油剂的质量及试样质量，计算得到试样的含油率。

（二）仪器结构

YG981B 型纤维油脂快速抽出器是由加压重锤、压杆、提油桶、蒸发皿、加热装置和控制面板等组成，其结构外形如图 2-24 所示。

四、实验方法与操作步骤

（一）试样准备

从在标准温湿度条件下经过调湿平衡的实验室样品中，随机均匀取出 50 g 以上的纤维，用手扯松后，取 2 份约 2 g 纤维试样并准确称取其质量(m_1)，精确至 0.1 mg。

（二）操作步骤

（1）接通电源，开启电源开关。

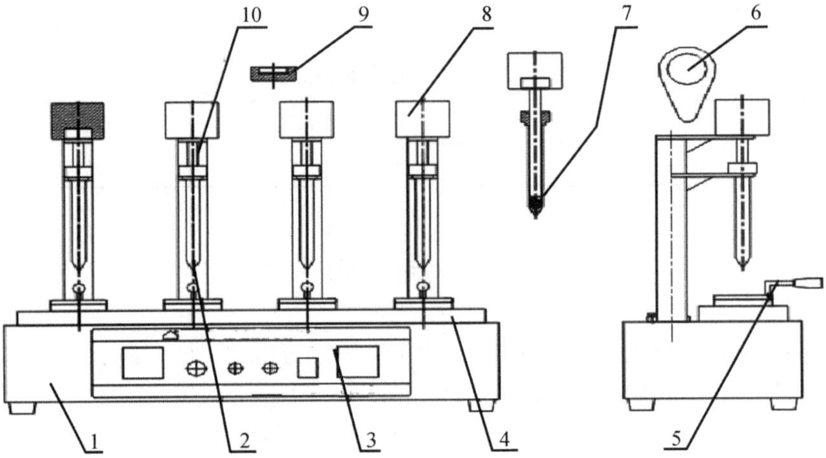

1—底座　2—提油桶　3—控制面板　4—加热装置　5—压圈
6—蒸发皿　7—试样　8—加压重锤　9—压块　10—压杆

图 2-24　YG981 型纤维油脂快速抽出器

（2）加热温度的设定（设定温度要高于溶剂沸点）

① 单击设定键（SET），下排个位字符闪烁设置值，此时仪表已进入设定状态。

② 通过移位键（◀）、减值键（▼）、增值键（▲），可设置试验温度值。

③ 设定结束后，单击设定键（SET），设置参数被存储，温控仪进入工作状态。此时上排显示值为加热实际温度值。

（3）试验时间的设定（推荐试验时间在 45 min～1 h 左右）

① 中间按钮位置在“h”时，定时范围：1 min～99 h 99 min；

② 中间按钮位置在“m”时，定时范围：1 s～99 min 99 s；

③ 中间按钮位置在“s”时，定时范围：0.01～99.99 s。

注意：时间继电器需先预置时间，再上电运行，运行中不得打开面罩改变设定。

（4）把试样用镊子放入提油桶内，用压杆稍加压实。

（5）用天平称取清洗干净、烘至恒重（即前后两次称量差异不超过后一次称量的 0.05%）并冷却至室温的蒸发皿质量（m_2），精确至 0.1 mg，然后把蒸发皿放在加热装置上，并压好压圈。

（6）用移液管移取 15 mL 萃取溶剂，缓慢加入到提油桶内盖上压盖，浸泡 10 min。

（7）去掉压盖，使油脂提取筒中的溶液缓慢滴入蒸发皿中，注意防止液体溢出、飞溅、过沸。

（8）待提油桶内溶剂不再流出时，将压杆放入提油桶内，放上加压重锤，挤至无液滴流出。

（9）将被挤压的试样用镊子翻动、扯松，移取约 10 mL 萃取溶剂，重复浸泡、缓流、加压过程。

（10）当第二次蒸发皿上萃取溶剂蒸发完成后，将蒸发皿继续加热 10 min，结束后放入干燥器中冷却至室温，称取其质量（m_3），精确至 0.1 mg。

五、实验结果计算与修约

试样含油率按下式计算：

$$Q = \frac{m_3 - m_2}{m_1(1 - M)} \times 100\% \quad (2\text{-}50)$$

式中：Q 为试样含油率，%；m_1 为纤维质量，g；m_2 为处理前蒸发皿干燥质量，g；m_3 为处理后蒸发皿干燥质量，g；M 为根据所用纤维公定回潮率折算的含水率，%。

含油率以两个试样的算术平均值表示，两次平行测试的相对误差大于 20%时，应重新试验。计算至小数点后三位，按 GB/T 817—2008 的规定修约至小数点后两位。

思　考　题

测定化学纤维含油率时应注意的事项有哪些？

（本实验技术依据：GB/T 6504—2017《化学纤维含油率试验方法》）

实验二十　短纤维热收缩率测试

一、实验目的与要求

通过实验，掌握短纤维热收缩仪的结构及工作原理，实测涤纶、锦纶、腈纶、维纶、丙纶等短纤维的热收缩率。

二、仪器用具与试样材料

YG364 型短纤维热收缩仪或 XH-1 型纤维热收缩测试仪，黑绒板，镊子，张力弹簧夹等。试样为化学短纤维一种。

三、实验原理与仪器结构

（一）实验原理

根据短纤维遇热空气及热水发生收缩，长度发生变化现象，用光学投影放大的原理来测量纤维收缩前后的长度变化。

（二）仪器结构

1. YG364 型短纤维热收缩仪

该仪器主要由试样夹持、试样热处理、试样测长、光学投影放大等部分组成，适用于束纤维热收缩率的测试，其结构如图 2-25 所示。

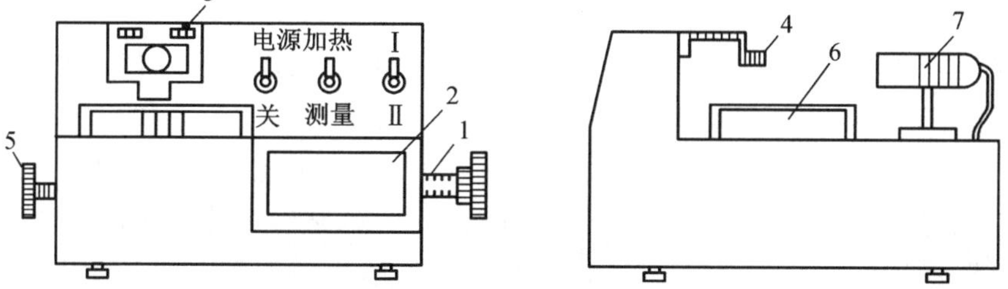

1—测长手轮　2—投影屏　3—试样夹持器　4—边柜钩　5—升降手轮　6—铝加热锅　7—光源

图 2-25　YG364 型短纤维热收缩仪

(1) 试样夹持部分:采用两个偏心凸轮式左右夹持器。根据纤维的线密度可选取负荷夹,负荷夹质量为 200 mg、500 mg 等几种。

(2) 试样热处理部分:由铝加热锅升降装置及加热控制系统组成。加热锅内注入蒸馏水时,可做沸水收缩试验;加热锅内不注入水时,可做热空气收缩试验。

(3) 测长部分:由测长手轮及铝加热锅光学投影放大两个部分组成。测长手轮分度值为 0.05 mm;由于光学投影放大 5 倍,实际手轮分度值为 0.01 mm。

本仪器适用于长度为 32 mm 以上的短纤维测试。

2. XH-1 型纤维热收缩测试仪

该仪器采用图像法测量纤维热收缩性能,适用于单根纤维热收缩率的测试。仪器采用封闭式机箱,可以避免环境光线强弱对测试结果的影响,其外形如图 2-26 所示。操作时打开上罩盖,放入试样圆筒架(图 2-27),然后合上罩盖,在封闭条件下进行纤维长度测试。试样圆筒架沿圆周可装 35 个试样,由计算机发出脉冲信号,经脉冲分配器送入步进电机,带动试样圆筒架转动,CCD 摄像头对试样圆筒架上的纤维试样依次进行长度测量。试样圆筒架的起始测量位置处装有一个计量标准块,用于仪器测量值的标定。仪器测量分辨率为 0.01 mm。仪器测量时,试样圆筒转动一周得到 35 个测试结果数据,实际热收缩率平均值按规定取 30 个试样的测试结果计算,多余的 5 个试样数据作为必要时剔除异常值后的补充数据。

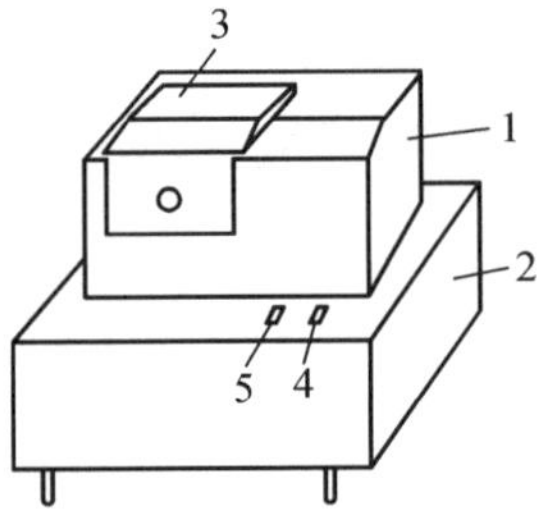

1—上机箱 2—下机箱 3—上罩盖
4—电源开关 5—定位开关

图 2-26 XH-1 型纤维热收缩测试仪外形图

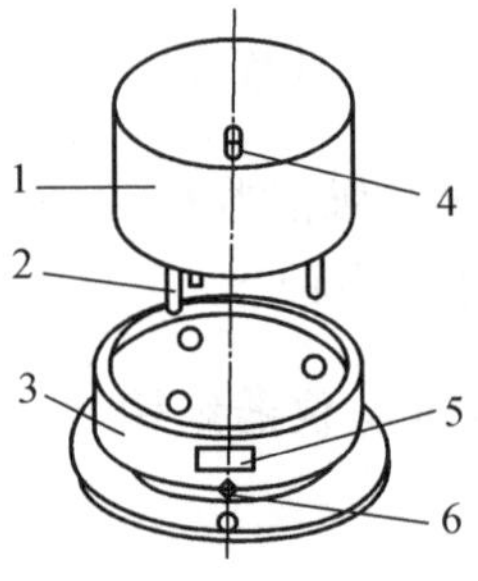

1—圆筒架 2—三个销钉 3—转盘
4—上部标记 5—转盘标记 6—定位指针

图 2-27 试样圆筒架、转盘及机座定位安置图

四、实验方法与操作步骤

(一) YG364 型短纤维热收缩仪

1. 干热空气法

(1) 选取有代表性的、未经人工处理的样品 10 小束左右,用镊子从每小束中小心夹取 1~2 根纤维,在黑绒板上将其一端排列整齐。

(2) 用平口夹夹好纤维整齐一端,用镊子夹好另一端,手托住张力装置,用夹持器将纤维夹紧,使平口夹自然下垂,按 0.108 cN/tex 的负荷选取预加张力(此负荷包括平口夹在内),挂在平口夹下端。

(3) 打开仪器测量开关,转动读数手轮,使投影屏上的标志线与平口夹相切时,记下读数手轮上的示值(检查 L_1 时,尽量保证 20 mm,一般不宜短于 19.5 mm),取下负荷。

(4) 用弹簧夹将平口夹固定在边柜钩上，使被测纤维保持充分的松弛状态。

(5) 把加热槽升起，将试样夹全部放在加热槽内，盖上盖子，把开关从“测量”换成“加热”；然后再打开加热开关Ⅰ，使加热槽的温度升至 180 ℃，开始恒温计时 30 min。

(6) 关闭电源，降下加热槽，使纤维冷却至室温后按步骤(3)读取示值 L。

2. 沸水收缩法

(1)～(4)同上述实验中的步骤(1)～(4)。

(5) 在加热槽内注满蒸馏水，升起加热槽，使试样浸没在水中，开启加热开关Ⅱ使水加热至沸腾，保持微沸 30 min。

(6) 关闭电源，降下加热槽，使纤维阴干后，按上述步骤(3)读取示值 L。

(二) XH-1 型纤维热收缩测试仪

(1) 开启热收缩仪电源和计算机电源，预热 30 min(此时定位开关应关闭)。

(2) 从经过吸湿平衡的试样中随机取出 6 小束纤维，每束取 5 根纤维。将纤维试样逐根挂在试样圆筒架上，试样一端为试样圆筒架上的上夹持器所夹持，试样下端悬挂张力夹，张力夹的质量参照纤维单强试验时的张力。

(3) 将试样圆筒架 1 放置在转盘 3 上，注意圆筒架下部的三个销钉 2 对准插入转盘的三个孔眼中，并且使试样圆筒架的上部标记 4 与转盘标记 5 相对齐，两者安装配合时应轻放。转动试样圆筒架 1，使转盘标记 5 的刻度与机座定位指针 6 对齐，接通定位开关进行定位，然后合上仪器上罩盖，准备试样测试。

(4) 双击电脑桌面上“XH-1”热收缩仪图标，输入密码，按回车键，出现测试信息输入窗口。输入测试员、测试批号、圆筒编号，测试区分中选择“烘前测试”项，点击“开始测试”按钮，出现测试窗口。

(5) 点击“监视”按钮，再点击“测试”按钮，仪器开始进入烘前测试，待 35 根纤维测试完毕后，点击“退出”按钮。

(6) 转动试样圆筒架上方的升降旋钮，使张力夹被升降圆环托起，纤维松弛，然后将试样圆筒架从转盘上取下，放入烘箱内进行热烘处理。到达热烘处理规定时间(30 min)后，从烘箱中取出试样圆筒架，放在恒温恒湿环境下，进行温湿度平衡 30 min。

(7) 将试样圆筒架轻轻放在转盘上，但要注意试样圆筒架上方的标记、转盘的标记刻度与机座定位指针三者对齐，然后旋转试样圆筒架上方的旋钮，使张力夹脱离升降圆环支持，纤维自然伸直，并注意张力夹下端要被挡靠住，不能自由转动。

(8) 在测试信息输入窗口上测试区分中选择“烘后测试”项，点击“开始测试”按钮，出现测试窗口。点击“监视”按钮，再点击“测试”按钮，仪器自动进行烘后测试。

(9) 测试完 35 根纤维后，点击“数据过滤”按钮，出现数据过滤框，点击过滤框中“退出”按钮。如遇异常数据需要删除，可选中要删除的数据，点击“删除”按钮即可。

(10) 如进行存储和打印，可点击“数据存储”按钮和“打印”按钮。

(11) 测试结束后，点击“退出”按钮，可进行下一批试样测试。

五、实验结果计算与修约

纤维热收缩率按下式计算：

$$S = \frac{L_1 - L}{L} \times 100\% \tag{2-51}$$

式中：S 为纤维热收缩率，%；L_1 为热处理前的纤维长度，mm；L 为热处理后的纤维长度，mm。

计算结果保留至小数点后一位。

思　考　题

测试短纤维热收缩率时应注意什么问题?

（本实验技术依据：FZ/T 50004—2011《涤纶短纤维干热收缩率试验方法》）

实验二十一　纺织纤维切片的制作

一、实验目的与要求

通过实验，掌握纺织纤维切片的制作方法，并用普通生物显微镜认识各种纤维的纵、横向形态特征。

二、仪器用具与试样材料

生物显微镜，Y172 型哈氏切片器，刀片，火棉胶，甘油，擦镜纸，载玻片，盖玻片。试样为纤维若干种。

三、实验原理与仪器结构

（一）实验原理

切片时，转动精密螺丝，推杆将纤维从底板的另一面推出，推出的距离（即切片的厚度）由精密螺丝控制。若切片的厚度小于或等于纤维直径，则可避免纤维倒伏。切好后，将切片放在载玻片上，盖上盖玻片，放在显微镜下观察，就可清晰地看到纤维的截面形态。

（二）仪器结构

Y172 型哈氏切片器的结构如图 2-28 所示。它主要有两块金属底板，左底板上有凸舌，右底板上有凹槽。两块底板啮合时，凸舌和凹槽之间留有一定大小的空隙，试样就放在空隙中。空隙的正上方，有与空隙大小相一致的小推杆，由精密螺丝控制推杆的位置。

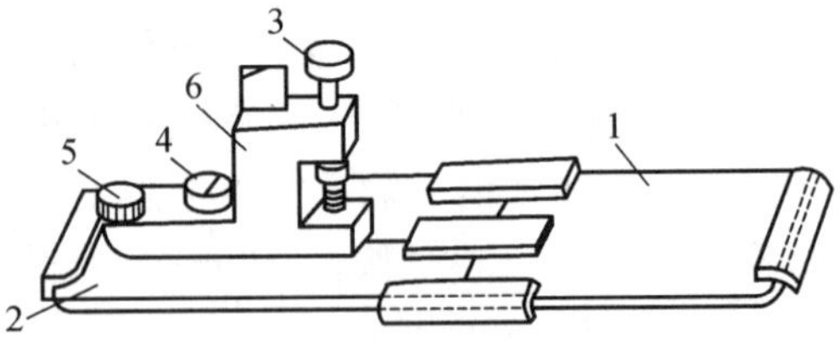

1—金属板（凸舌）　2—金属板（凹槽）　3—精密螺丝　4—螺丝　5—销子　6—螺座

图 2-28　Y172 型哈氏切片器

四、实验方法与操作步骤

（一）纤维纵向片子的制作

取试样一束，用手扯法将纤维整理平直，用右手拇指与食指夹取纤维，将纤维均匀地排在载玻片上，用左手覆上盖玻片，使夹取的纤维平直地排在载玻片上。然后，在盖玻片的两端涂上胶水，使盖玻片黏着，并增加视野的清晰度。

（二）纤维截面切片的制作

（1）取哈氏切片器，旋松定位螺丝，并取去定位销，将螺座转到与右底板成垂直的定位（或取下），将左底板从右底板上抽出。

（2）取一束纤维试样，用手扯法整理平直，把一定量的纤维放入左底板的凹槽中，将右底板插入，压紧纤维，放入的纤维数量以轻拉纤维束时稍有移动为宜。

（3）用锋利的刀片切去露出底板正、反两面的纤维。

（4）转动螺座恢复到原来位置，用定位销加以固定，旋紧定位螺丝。此时，精密螺丝下端的推杆应对准放入凹槽中的纤维束的上方。

（5）旋转精密螺丝，使纤维束稍稍伸出金属底板表面，然后在露出的纤维束上涂上一层薄薄的火棉胶。

（6）待火棉胶凝固后，用锋利刀片沿金属底板表面切下第一片切片。切片时，刀片应尽可能平靠金属底板（即刀片和金属底板间夹角要小），并保持两者间夹角不变。由于第一片切片的厚度无法控制，一般舍去不用。从第二片开始做正式试样切片，切片厚度可由精密螺丝控制（大概旋转精密螺丝刻度上的 1 格）。用精密螺丝推出试样，涂上火棉胶，进行切片，选择好的切片作为正式试样。

（7）把切片放在滴有甘油的载玻片上，盖上盖玻片，在载玻片左角上贴上试样名称标记，然后放在显微镜下观察。

切片制作时，羊毛切取较为方便，其他细纤维切取较为困难，因此，可把其他纤维包在羊毛纤维内进行切片，这样容易得到好的切片。

（三）显微镜观察纤维

（1）按操作方法正确调节显微镜。

（2）将切片逐片放入显微镜观察，用铅笔将纤维截面形态描绘在纸上，并说明其特征。

（3）观察纤维纵向形态，并将其描绘在纸上，说明其特征。

（4）实验完毕后，将镜头取下放入镜头盒内，将显微镜揩干净，镜臂恢复垂直位置，镜筒降到最低位置，罩上罩子，放入仪器盒里。

五、实验结果

描绘纤维的纵向和横截面形态。

思　考　题

纤维切片制作时有哪些注意事项？

（本实验技术依据：FZ/T 01057.3—2007《纺织纤维鉴别试验方法　显微镜观察法》）

第三章　纱线结构性能测试

本章知识点：

1. 纱线实验各项目的实验要求和实验原理。
2. 纱线实验各种测试仪器的结构和操作使用方法。
3. 纱线实验各项目的取样方法、实验程序和步骤。
4. 纱线实验各项指标的计算方法。

实验操作视频

实验一　纱线线密度测试

一、实验目的与要求

通过实验，掌握纱线线密度的测试方法和实验数据的处理方法，巩固纱线线密度指标的含义，掌握测试仪器的使用方法，了解纱线线密度测试原理和影响实验结果的因素。

二、仪器用具与试样材料

缕纱测长器，烘箱，天平(精度为 0.01 g)。试样为纱线及有支持的卷装丝(筒装高弹丝除外)。

三、实验原理与仪器结构

(一) 实验原理

线密度是纱线单位长度的质量，以特克斯或其倍数单位和分数单位表示。纱线线密度的测试就是通过测定一定长度纱线的干燥质量，通过计算来获得试样的线密度及线密度偏差。

在线密度计算中，国家标准 GB/T 4743—2009《纺织品　卷装纱　绞纱法线密度的测定》与常规纺织材料学教材有所不同，主要在于用于计算的质量规定不同，具体见表 3-1。

标准推荐采用方法 1、3 和 7，为与常规教材相一致，本实验采用方法 3，商业回潮率采用公定回朝率。

表 3-1　线密度计算中纱线质量的规定

方法	纱线类别	纱线质量
1	未洗净纱线	标准大气条件调湿平衡质量
2		烘干质量
3		烘干质量结合商业回潮率质量
4	洗净纱线	标准大气条件调湿平衡质量
5		烘干质量
6		烘干质量结合商业回潮率质量
7		烘干质量结合商业允贴质量

（二）仪器结构

YG086 型缕纱测长器的结构如图 3-1 所示。

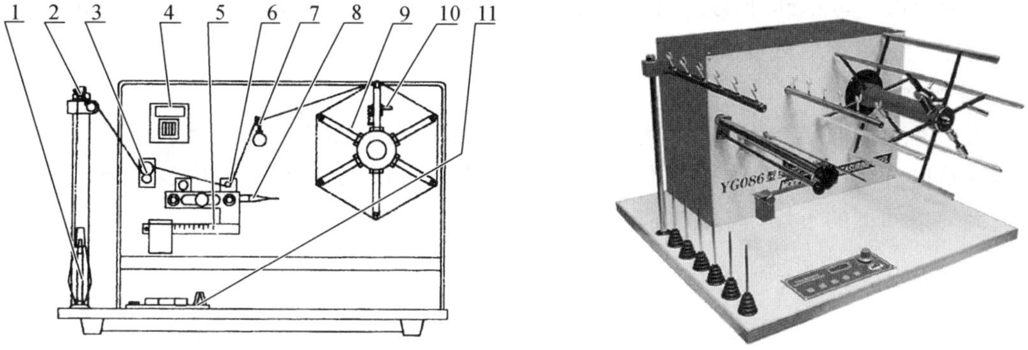

1—纱锭杆　2—导纱钩　3—张力调整器　4—计数器　5—张力秤　6—张力检测棒
7—横动导纱钩　8—指针　9—纱框　10—手柄　11—控制面板

图 3-1　YG086 型缕纱测长器

四、实验方法与操作步骤

（一）取样

按产品标准或协议规定方法抽取实验室样品。各类纱线用于常规试验的卷装数：长丝纱至少为 4 个，短纤纱至少为 10 个；每个卷装取 1 缕绞纱。测试线密度变异系数至少应测 20 个试样。

当试样回潮率大于标准平衡回潮率时，试样进行预调湿[温度为(45±5)℃、相对湿度为 10%～25%]，卷装纱样品或绞纱样品预调湿时间至少 4 h；然后暴露在标准大气中 24 h 或暴露于标准大气中，连续间隔至少 30 min 称重时质量变化不大于 0.1%。

（二）操作步骤

1. 缕纱摇取

(1) 连接电源，仪器进入待机状态。

(2) 在待机状态下，进行缕纱测长器绞纱定长、张力秤张力、摇纱速度的设置。

缕纱长度：绞纱长度为 200 m(线密度＜12.5 tex)或 100 m(线密度为 12.5～100 tex)或

10 m(线密度>100 tex)。

摇纱张力:(0.5±0.1)cN/tex。

摇纱速度:200 r/min。

(3) 将纱管插在纱锭上,并引入导纱钩,经张力调整器、张力检测棒、横动导纱钩,然后把纱线头端逐一扣在纱框夹纱片上(纱框应处在起始位置)。注意:将活动叶片拉起。

(4) 计数器清零,按启动按钮开始摇取绞纱。

(5) 将绕好的各缕纱头尾打结接好,接头长度不超过 2.5 cm。

(6) 将纱框上活动叶片向内档落下,逐一取下各缕纱后,将其回复原位。

(7) 重复上述动作,摇取其他批次缕纱。

(8) 操作完毕,切断电源。

注意:在纱框卷绕缕纱时,特别要注意张力秤上的指针是否指在面板刻线处,即卷绕时张力秤是否处于平衡状态。如指示位置不对,先调整张力调整器,使指针指在刻线处附近,少量的调整可通过改变纱框转速来达到。卷绕过程中,指针在刻线处上下少量波动是正常的。张力秤不处在平衡状态下摇取的缕纱要作废。

2. 缕纱称重

用天平逐缕称取缕纱质量(g),精确至 0.01 g,然后将全部缕纱在标准大气条件下用烘箱烘至恒定质量(即干燥质量)m_d。如果干燥质量是在非标准大气条件下测定的,则需将其修正到标准大气条件下的干燥质量。如果已知回潮率,可不经烘燥。

五、实验结果计算与修约

1. 纱线的线密度

$$\mathrm{Tt} = \frac{1\,000 \times m_{\mathrm{d}} \times (1 + W_{\mathrm{k}}/100)}{L} \tag{3-1}$$

式中:Tt 为线密度,tex;L 为试样长度,m;W_{k}为试样公定回潮率,%;m_{d}为试样干燥质量,g。

2. 纱线的线密度偏差

$$\Delta\mathrm{Tt} = \frac{T - T'}{T'} \times 100\% \tag{3-2}$$

式中:ΔTt 为线密度偏差,%;T' 为线密度名义值,tex;T 为线密度测定值,tex。

3. 纱线线密度变异系数(即百米质量变异系数)

$$CV = \frac{1}{\bar{x}}\sqrt{\frac{\sum_{i=1}^{n} x_i^2 - \frac{\left(\sum_{i=1}^{n} x_i\right)^2}{n}}{n-1}} \times 100\% \tag{3-3}$$

式中:CV 为线密度变异系数,%;x_i 为第 i 个试验绞纱的质量,g;$\bar{x}$ 为 x_i 的平均值,g;n 为试验绞纱数。

计算结果按数值修约规则进行修约,线密度保留三位有效数字,线密度偏差保留两位有效数字,变异系数保留至整数位。

思　考　题

1. 影响纱线线密度测定的因素有哪些?
2. 线密度偏差偏大表示纱线偏粗还是偏细?线密度偏差与织物质量和数量有什么关系?

(本实验技术依据:GB/T 4743—2009《纺织品　卷装纱　绞纱法线密度的测定》)

实验二　纱线捻度测试

实验操作视频

一、实验目的与要求

通过实验,掌握纱线捻度的测试方法和实验数据的处理方法,巩固纱线捻度指标的概念,掌握测试仪器的使用方法,了解纱线捻度测试原理和影响实验结果的因素。

二、仪器用具与试样材料

纱线捻度仪,挑针,剪刀。试样为单纱、股线各若干。

三、实验原理与仪器结构

(一) 实验原理

纱线捻度测试的方法主要有两种,即直接计数法(或称直接退捻法)和退捻加捻法。

(1) 直接计数法。该方法多用于测定长丝纱和股线的捻度。使纱线在一定的张力下,用纱夹夹持已知长度的纱线试样的两端,使纱线退捻,直至单纱中的纤维或股线中的单纱完全平行分开为止。退去的捻回数 n 即为纱线的捻回数,根据 n 及试样长度即可求得纱线的捻度。

(2) 退捻加捻法。该方法多用于测定短纤维纱的捻度。用纱夹夹持已知长度的纱线试样的两端,使纱线退捻,待纱线捻度退完后,继续回转,直到纱线长度与试样原始长度相同时,纱夹停止回转。这时纱线的捻向与原纱线相反,但捻回数与原纱线相同,读取的捻回数是原纱线捻回数 n 的 2 倍,根据 n 及试样长度求得纱线的捻度。

(二) 仪器结构

Y331A 型纱线捻度仪的结构如图 3-2 所示。

四、实验方法与操作步骤

(一) 取样

按产品标准或协议规定方法抽取批量样品。如果产品标准或协议中没有规定,实验室样品从批量样品中抽取 10 个卷装。

如果从同一卷装中取 2 个及以上的试样,各个试样之间至少有 1 m 以上的随机间隔。如果从同一卷装中取 2 个以上的试样时,则应把试样分组,每组不超过 5 个,各组之间应有数米间隔。

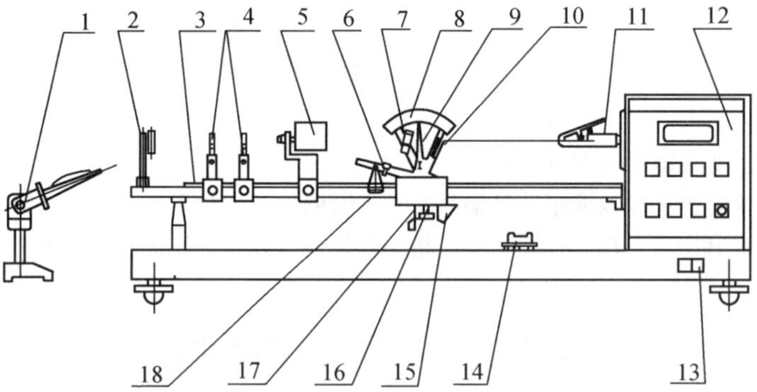

1—插纱架　2—导纱钩　3—定长标尺　4—辅助夹　5—衬板　6—张力砝码　7—伸长限位
8—伸长弧标尺　9—伸长指针　10—移动纱夹　11—解捻纱夹　12—控制箱　13—电源开关
14—水平泡　15—调零装置　16—锁紧螺钉　17—定位片　18—重锤盘

图 3-2　Y331A 型纱线捻度仪

相对湿度的变化并不直接影响捻度，但湿度的改变会造成某些材料的长度变化，因而需将试样在标准大气条件下进行平衡和测定。通常不需要对样品进行预调湿。

（二）操作步骤

1. 直接计数法——股线捻度检测

（1）检查仪器各部分是否正常（仪器水平、指针灵活等）。

（2）设定实验参数。

实验方式选择“直接计数法”。

根据纱线捻向选择退捻方向（如纱线为 Z 捻，则退捻方向为 S）。捻向的确定，可握持纱线的一端，并使其一小段（至少 100 mm）呈悬垂状态，观察此垂直纱段的构成部分的倾斜方向，与字母“S”的中间部分一致的为 S 捻，与字母“Z”的中间部分一致的为 Z 捻。

选择转速为Ⅰ（约 1 500 r/min）或Ⅱ（约 750 r/min）或Ⅲ（慢速可调）。

左右纱夹距离和预加张力等根据表 3-2 确定。如果被测纱线在规定张力下伸长达到或超过 0.5%，则应调整预加张力，使伸长不超过 0.1%，需在报告中注明。

表 3-2　直接计数法实验参数

纱线材料类别		试样长度(cm)	预加张力(cN/tex)	试验次数
棉纱		10±0.2(或 25±0.5)	0.5±0.1	50
毛纱		25(或 50)±0.5	0.5±0.1	50
韧皮纤维		100(及 250)±0.5	0.5±0.1	50
股线和复丝	名义捻度 ≥1 250 捻/m	250±0.5	0.5±0.1	20
	名义捻度 <1 250 捻/m	500±0.5	0.5±0.1	20

(3) 放开伸长限位。

(4) 设置预置捻回数(要比实测的小)。

(5) 装夹试样。将移动纱夹(左纱夹)用定位片刹住,使伸长指针对准伸长弧标尺"0"位;先弃去试样始端数米,在不使纱线受到意外伸长和退捻的条件下,将试样的一端夹入移动纱夹内,再将另一端引入解捻纱夹(右纱夹)的中心位置;放开定位片,纱线在预加张力下伸直,当伸长指针指在伸长弧标尺"0"位时,用右纱夹紧纱线,用剪刀剪断露在右纱夹外的纱尾。

(6) 使右夹头旋转开始解捻,至预置捻数时自停,使用挑针从左向右分离,观察解捻情况。使用点动解捻,或用手动旋钮,直至完全解捻,即股线中的单纱全部分开,此时仪器显示的是该段纱线的捻回数。

(7) 重复以上操作,进行下一次试验,直至全部试样测试完毕。

2. 退捻加捻法——单纱捻度检测

(1) 检查仪器各部分是否正常(仪器水平、指针灵活等)。

(2) 设定试验参数。

试验方式选择"退捻加捻法"。

调节转速调节钮使转速为(1 000±200)r/min。

左右纱夹距离、预加张力、限制伸长等根据表 3-3 确定。

表 3-3　退捻加捻法试验参数

纱线材料类别		试样长度(mm)	预加张力(cN/tex)	试验次数	限制伸长(mm)
非精纺毛纱		500±1	0.50±0.10	16 或 $0.154v^2$	25%最大伸长值
精纺毛纱	$\alpha<80$	500±1	0.10±0.02	16 或 $0.154v^2$	25%最大伸长值
	$\alpha=80\sim150$	500±1	0.25±0.05	16 或 $0.154v^2$	25%最大伸长值
	$\alpha>150$	500±1	0.50±0.05	16 或 $0.154v^2$	25%最大伸长值

注:① α 为捻系数。
② v 为试验结果变异系数,是已往大量试验的统计数。
③ 最大伸长值指 500 mm 长度试样捻度退完时的伸长量,以 800 r/min 或更慢的速度预试测定。一般实验室实验限制伸长推荐值:棉纱 4.0 mm;其他纱线 2.5 mm。

(3) 装夹试样方法同直接计数法。

(4) 开始试验,使右夹头按设定转向开始旋转,当左夹头伸长指针离开零位又回到零位时,仪器自停,此时仪器显示的是本次测试的捻回数。

(5) 重复上述步骤,进行下一次试验,直至全部试样测试完毕。

五、实验结果计算与修约

1. 平均捻度 T_{tex}或 T_{m}

$$T_{\text{tex}}=\frac{\sum_{i=1}^{n}x_i}{nL}\times 10;\ T_{\text{m}}=T_{\text{tex}}\times 10 \tag{3-4}$$

式中:T_{tex}为特克斯制捻度,捻/(10 cm);T_{m} 为公制捻度,捻/m;x_i为各试样测试捻回数(退捻加捻法测得的捻回数,即仪器读数,需除 2);L 为试样长度,cm;n 为试样数。

国家标准采用 T_{m}。

2. 捻度变异系数

$$CV = \frac{1}{\bar{x}} \times \sqrt{\sum_{i=1}^{n} (x_i - \bar{x})^2 / (n-1)} \times 100\% \tag{3-5}$$

式中：x_i为第 i 个试样的测试捻度；$\bar{x}$ 为试样的平均捻度；n 为试样数。

3. 捻系数 α_{tex}或 α_m

$$\alpha_{tex} = T_{tex}\sqrt{Tt};\ \alpha_m = T_m/\sqrt{N_m} \tag{3-6}$$

式中：Tt 为试样线密度，tex；N_m为试样公制支数。

国家标准采用 α_m。

4. 退捻长度变化率

用于测试化纤长丝、股线，不用于短纤纱，以伸长率或收缩率报出。

$$\Delta L = \frac{L_u - L}{L} \times 100 \tag{3-7}$$

式中：L_u为退捻后试样长度，mm；L 为试样原始长度，mm。

如果 ΔL 为正值，退捻伸长率为 $|\Delta L|$，%；如果 ΔL 为负值，退捻收缩率为 $|\Delta L|$，%。

按数值修约规则进行修约，捻度、捻缩率修约到小数点后一位，捻度变异系数修约到小数点后两位，捻系数修约到整数位。

思　考　题

1. 试述退捻加捻法测定单纱捻度的原理。
2. 影响捻度测量的因素有哪些？
3. 股线的捻度测定通常采用什么方法？
4. 退捻加捻法测定单纱捻度时为何要限制伸长？
5. 用捻度仪测量捻度时，要注意哪几个参数的调节？

（本实验技术依据：GB/T 2543.1—2015《纺织品　纱线捻度的测定　第 1 部分：直接计数法》，GB/T 2543.2—2001《纺织品　纱线捻度的测定　第 2 部分：退捻加捻法》）

实验三　纱线强伸度测试

一、实验目的与要求

通过实验，掌握纱线强伸度的测试方法、表达指标和实验数据的处理方法，巩固纱线强伸度指标的概念，掌握测试仪器的使用方法，了解纱线强伸度的测试原理和影响实验结果的因素。

二、仪器用具与试样材料

电子强力仪（CRE 型）。试样为卷装纱或管纱若干。

三、实验原理

等速伸长(CRE)方式就是采用恒定速度拉伸试样至断裂，从而获得纱线的强伸性能指标，是国家标准规定使用的形式。

电子强力仪对力的测量是采用测力传感器，将被测试样所受的力转换成电信号，经放大转换后得到与受力大小成正比的信号，显示负荷值及断裂强力；对伸长的测量是通过一定机构产生与试样变形量成正比的数字脉冲，再通过计数电路显示试样的变形量及断裂伸长。

四、实验方法与操作步骤

(一) 取样

1. 抽样数量

(1) 按产品标准或协议规定抽取实验室样品。试验试样数量最少为短纤维纱 50 根，其他纤维纱线 20 根。试样应均匀地从 10 个卷装中采集。

(2) 如果同时需要测定平均值和变异系数，应从实验室样品中抽取 20 个卷装，每个样品至少测 100 根。

(3) 从织物中抽取的纱线试样，织物样品应充分满足试样的数量和长度要求。在抽取过程中，应避免捻度损失。同时取样要有代表性，如机织物的经向试样应取不同的经纱，纬向试样应从不同区域随机抽取。针织物试样，应尽量抽取有代表性的纱线。

2. 试样准备

试样准备方式包括：A 法——从调湿的卷装上直接取样；B 法——从调湿的松弛绞纱(从卷装上摇取)上取样；C 法——采用浸湿的试样。B 法测定的伸长率相对于 A 法可能更加准确(和较高)。B 法一般在纱线断裂伸长率有争议时采用。

试样应按规定要求进行预调湿、调湿处理，绞纱试样调湿需 8 h 以上，卷装紧密的试样至少 48 h，并在标准大气中测试，湿态试样不调湿。若实验在非标准大气条件下进行快速测试，需对测试值进行修正。

(二) 操作步骤

(1) 打开强力仪，进行实验准备。

(2) 设置实验参数。

① 隔距长度：通常为 500 mm，特殊情况(如试样的平均断裂伸长率大于 50%)为 250 mm。

② 拉伸速度：采用每分钟 100% 伸长(相对于试样原长)的恒定拉伸速度，即当隔距为 500 mm时，拉伸速度为 500 mm/min；隔距为 250 mm 时，拉伸速度为 250 mm/min。

③ 纱线线密度：如需仪器提供强度指标，需对线密度进行测定，卷装纱线密度测定具体步骤见本章实验一《纱线线密度测试》。

(3) 完成各测试参数设置后，进入测试状态。

(4) 将试样一端固定在上夹持器上，另一端加上预张力后固紧在下夹持器上。

预加张力设置：调湿试样为(0.5±0.1)cN/tex；湿态试样为(0.25±0.05)cN/tex 。变形丝施加既能消除纱线卷曲又不使其伸长的预张力，根据纱线的名义线密度计算，具体建议：聚酯纱和聚酰胺纱为(2.0±0.2)cN/tex；醋酯纱和黏胶纱为(1.0±0.1)cN/tex；双收缩纱和喷气膨体纱为(0.5±0.05)cN/tex。

(5) 使下夹头按规定速度拉伸试样，直至断裂。

(6) 待下夹持器复位后，重复步骤(4)和(5)，直至测完全部试样。实验过程中，检查钳口之间的试样滑移不能超过 2 mm，如果多次出现滑移现象，须更换夹持器。舍弃出现滑移时的实验数据，并且舍弃纱线断裂点在距钳口或闭合器 5 mm 以内的实验数据，并补做相应次数的实验。

(7) 待全部实验结束，仪器完成所有计算功能，打印出完整的测试报告。

五、实验结果计算与修约

电子式强力仪能直接显示和打印单纱断裂强力、断裂强度、断裂伸长率、断裂功等指标及它们的变异系数。若是快速试验，则根据测试时温度及纱线回潮率查修正系数表(FZ/T 10013)进行断裂强力修正。

要求断裂强力平均值(cN)和断裂伸长率平均值(%)按数值修约规则修约至两位有效数字，断裂强力和断裂伸长率变异系数修约至 0.1%，断裂强度修约至 0.1 cN/tex。

思　考　题

1. 强伸度测试时，夹持距离(试样长度)与拉伸速度(断裂时间)的大小与测试结果有什么关系？为何要做规定？影响纱线强伸度实验结果的外因有哪些？

2. 温湿度高低与测试结果有何关系？对于棉纱线，若测试条件为非标准大气条件，温度为 20 ℃，相对湿度为 80%，则修正系数应大于 1 还是小于 1，为什么？

(本实验技术依据：GB/T 3916—2013《纺织品　卷装纱　单根纱线断裂强力和断裂伸长率的测定(CRE 法)》，FZ/T 10013.1—2011《温度与回潮率对棉及化学纯纺、混纺制品断裂强力的修正方法　本色纱线及染色加工线断裂强力的修正方法》)

实验四　纱线外观质量黑板检验法测试

一、实验目的与要求

通过实验，掌握纱线外观质量黑板检验法，了解黑板检测纱线均匀度的测试原理，对纱线粗节、细节、棉结的界定有一个感性认识。

二、仪器用具与试样材料

摇黑板机，评等台，黑板(25 cm×18 cm×0.2 cm)，纱线条干均匀度标准样照，浅蓝色底板纸，黑色压片。试样为管纱。

三、实验原理与评等规定

(一) 实验原理

黑板检验法又称目光检验法，是纱线宽度(直径投影)的均匀度评定方法。它是将纱线按规定密度均匀地绕在规定规格的黑板上，然后将黑板放在标准照明条件下，间隔规定距离，用目光与相应的标准样照进行对比，确定纱线的品等。

该法检测的是纱线的外观质量。不同种类的纱线，其外观质量的内涵略有不同。评等以纱线的条干总均匀度（粗节、阴影、严重疵点、规律性不匀）和棉结杂质程度为主要依据。

（二）评等规定

标准样照按纱线品种分成两大类：纯棉及棉与化纤混纺，化纤纯纺及化纤与化纤混纺。纯棉类有六组标准样照，化纤类有五组标准样照，每组三张，分设 A、B、C 三等。各种不同类型及粗细纱线按表 3-4 选用标准样照。

表 3-4 标准样照选用表

<table>
<tr><td rowspan="3">纱线类别</td><td rowspan="3">线密度（tex）</td><td rowspan="3">样照组别</td><td rowspan="3">绕纱密度（根/cm）</td><td colspan="4">标准样照类型</td></tr>
<tr><td>A 等</td><td>B 等</td><td>B 等</td><td>C 等</td></tr>
<tr><td>优等条干</td><td>一等条干</td><td>优等条干</td><td>一等条干</td></tr>
<tr><td rowspan="6">纯棉及棉与化纤混纺</td><td>5～7</td><td>1</td><td>19</td><td colspan="2" rowspan="6">精梳纯棉纱
精梳与化纤混纺纱
梳棉股线
棉与化纤混纺股纱</td><td colspan="2" rowspan="6">梳棉纯棉纱
梳棉与化纤混纺纱
维纶纯纺纱</td></tr>
<tr><td>8～10</td><td>2</td><td>15</td></tr>
<tr><td>11～15</td><td>3</td><td>13</td></tr>
<tr><td>16～20</td><td>4</td><td>11</td></tr>
<tr><td>21～34</td><td>5</td><td>9</td></tr>
<tr><td>36～98</td><td>6</td><td>7</td></tr>
<tr><td rowspan="5">化纤纯纺及化纤与化纤混纺</td><td>8～10</td><td>1</td><td>15</td><td colspan="2" rowspan="5">化纤纯纺纱
化纤与化纤混纺股线</td><td colspan="2" rowspan="5">化纤与化纤混纺纱</td></tr>
<tr><td>11～15</td><td>2</td><td>13</td></tr>
<tr><td>16～20</td><td>3</td><td>11</td></tr>
<tr><td>21～34</td><td>4</td><td>9</td></tr>
<tr><td>36～98</td><td>5</td><td>7</td></tr>
</table>

纱线的条干等级评定分为四个等级，即优等、一等、二等和三等。评等时以黑板的条干总均匀度与棉结杂质程度对比标准样照，作为评等的主要依据，具体如下：

(1) 对比结果好于或等于优等样照（无大棉结）评为优等；好于或等于一等样照评为一等；差于一等样照评为二等。

(2) 黑板上的粗节、阴影不可互相抵消，以最低一项评定；棉结杂质和条干均匀度不可互相抵消，以最低一项评定；优等板中棉结杂质总数多于样照时，即降等；一等板中棉结杂质总数显著多于样照，即降等。

(3) 粗节从严、阴影从宽，但针织用纱粗节从宽、阴影从严；粗节粗度从严，数量从宽；阴影深度从严，总面积从宽；大棉结从严，总粒数从宽。

应考核实际纱线粗细和标准样照上纱线粗细的差异程度，根据实际纱线粗细极差与标准样照上纱线粗细极差比较评定。纱线各类条干不匀类别、具体特征及规定见表 3-5。

表 3-5 纱线条干不匀评等规定

<table>
<tr><td>不匀类别</td><td>具体特征</td><td>评等规定</td></tr>
<tr><td rowspan="3">粗节</td><td rowspan="3">纱线投影宽度比正常纱线直径粗</td><td>粗节部分粗于样照，即降等</td></tr>
<tr><td>粗节数量多于样照时，即降等；但普遍细、短于样照时，不降等</td></tr>
<tr><td>粗节虽少于样照，但显著粗于样照时，即降等</td></tr>
</table>

（续 表）

不匀类别	具体特征	评等规定
阴影	较多直径偏细的纱线在板面上形成较阴暗的块状	阴影普遍深于样照时，即降等
		阴影深浅相当于样照，若总面积显著大于样照，即降等；阴影总面积虽大，但浅于样照，则不降等
		阴影总面积虽小于样照，但显著深于样照，即降等
严重疵点	严重粗节	直径粗于原纱 1～2 倍，长 5 cm 及以上粗节，评为二等
	严重细节	直径细于原纱 0.5 倍，长 10 cm 及以上细节，评为二等
	竹节	直径粗于原纱 2 倍及以上，长 1.5 cm 及以上节疵，评为二等
规律性不匀	一般规律性不匀	纱线条干粗细不匀并形成规律，占板面 1/2 及以上，评为二等
	严重规律性不匀	满板呈规律性不匀，其阴影深度普遍深于一等样照最深的阴影，评为三等
阴阳板	板面上纱线有明显粗细的分界线	评为二等
大棉结	比棉纱直径大 3 倍及以上的棉结	一等纱的大棉结根据产品标准另做规定

四、实验方法与操作步骤

（一）取样

每个品种纱线检验一份试样，每份试样取 10 个卷装，每个卷装摇一块黑板，共检验 10 块黑板。

（二）操作步骤

(1) 调整摇黑板机，根据纱线品种及粗细，调节黑板机的绕纱间距，参照表 3-4，使绕纱密度达到规定要求，密度允差±10%。

(2) 把黑板装入摇黑板机的左右夹内，将纱线从纱管中引出，经导纱装置、张力机构，缠绕在黑板侧缝中。

(3) 按启动按钮，纱线均匀地绕在黑板上，取下黑板。若绕纱密度不均匀，可用挑针手工修整。

(4) 在检验室内，将黑板与标准样照放在规定位置，检验者站在距离黑板(1±0.1)m 处，视线与黑板中心应水平。

(5) 将试样黑板与标准样照对比，根据样板总体外观情况初步确定对比的样照级别，再结合表 3-5 评等规定条文，逐块评定纱线外观质量等级。

五、实验结果计算

列出 10 块黑板优等、一等、二等、三等的比例，按不低于 70%的比例确定该批试样外观质量等级。如某批试样的 10 块黑板的评定结果为优等∶一等∶二等＝4∶3∶3，则该批试样的外观质量等级评定为一等。

思 考 题

1. 黑板条干均匀度检验法与切断称重法、电容式条干均匀度仪法相比有何优缺点?
2. 黑板条干不匀与电容式条干不匀有何异同?
3. 黑板条干等级评定的依据是什么?

(本实验技术依据:GB/T 9996.1—2008《棉及化纤纯纺、混纺纱线外观质量黑板检验法 第1部分:综合评定法》)

实验五 纱线条干均匀度电容法测试

一、实验目的与要求

通过实验,掌握电容法检测纱线条干均匀度的方法,学会测试仪器的使用,了解不匀率曲线、波谱图的含义及作用,并初步学习分析波谱图出现异常的原因。

二、仪器用具与试样材料

电容式条干均匀度仪及附件。试样为细纱、粗纱或条子若干。

三、实验原理

电容式条干均匀度仪由检测装置、信号处理单元、打印机及纱架附件组成,其主要的检测机构是由两块平行金属板组成的电容器。当通过介质的介电常数不变时,其电容量的变化率与介质质量的变化率呈线性关系。当纱线以一定速度通过电容器时,纱线线密度的变化就转换为电容量的变化。将检测机构输出的电信号,经过运算处理即可提供表示纱线条干不匀特征的各种结果。细纱的片段长度一般为8 mm,粗纱12 mm,条子20 mm。注意:当测试纱线的纤维组成比例因混合不匀发生变化时,会导致材料介电常数发生相应变化,从而影响纱线条干均匀度的测试结果。

四、实验方法与操作步骤

(一)取样

条子:3个卷装;粗纱:4个卷装;短纤维纱:10个卷装;长丝纱:5个卷装。在未规定的情况下,每个卷装各测试1次。

试样应按规定进行预调湿和调湿,一般非卷装纱调湿24 h,筒装纱48 h。测试也应在标准大气条件下进行。

(二)操作步骤

(1)打开稳压电源、显示器、打印机、主机开关,预热仪器30 min。

(2)设定实验参数。设定初始参数(包括材料名、厂名、测试者、测试号、试样线密度、纤维长度、纤维线密度);设定试样类型(棉型或毛型);预加张力大小应使纱条无伸长,保证试样无跳动地通过电容检测区;根据纱线粗细和仪器面板上纱线粗细与槽号的对应关系表确定槽号;其他实验参数选择见表 3-6。

表 3-6 实验参数选择

材料	试样长度(m)	测试速度(m/min)	测试时间(min)	量程(%)
条子	50	25	1	±25
粗纱	100	50	2	±50
短纤维纱	400	400	1	±100
长丝纱	400	400	1	±10 或 12.5

(3) 确认各项参数无误后,引纱并使设备进入测试状态。引纱是将试样材料从纱架上引出,经过导纱装置(成 45°)、张力装置,引入电容器极板及胶辊中。

(4) 按屏幕提示,取出测量槽中的试样,然后按任意键,进行无料调零。

(5) 无料调零结束后,按照屏幕提示,把试样放入测量槽中,开始进行试样测试。测试时应注意控制纱线张力,使试样在测量槽中无抖动。

(6) 每一次测试完成后,屏幕显示图形,可打印图形或选择退出该图形。图形显示或打印后,自动进入下一次测试。

(7) 批次测试完成后,退出测试,输出统计结果,打印报表。

(8) 所有试样测试结束后,关闭主机电源开关,然后关闭稳压器总电源开关。

五、实验结果计算与修约

电容式条干均匀度仪的输出结果主要有:

(1) 条干不匀变异系数。当测试一批试样时,可计算平均值和标准差。

(2) 不匀曲线。该曲线是纱条的试样长度与其对应的不匀率关系图,它能直观地反映纱条不匀的变化,并给出不匀的平均值,但要从不匀曲线判断纱线不匀的结构特征有困难。

(3) 波谱图。即以条干不匀波波长(对数)为横坐标、振幅为纵坐标的图形,可用来分析纱条不匀的结构和不匀产生的原因。

(4) 变异-长度曲线。即纱条的细度变异与纱条片段长度间的关系曲线。

(5) 偏移率-门限图。即纱条上粗细超过一定界限的各段长度之和与取样长度之比的百分数。

(6) 千米疵点数。疵点通常分为以下几档:

棉结:+400%、+280%、+200%、+140%;粗节:+100%、+70%、+50%、+35%;细节:-60%、-50%、-40%、-30%。

当测试一批试样时,可计算平均值和标准差。

按数值修约规则进行修约,千米疵点数为整数,其余均保留两位小数。

思 考 题

1. 电容式条干均匀度仪的检测原理是什么?

2. 电容式条干均匀度仪的功能有哪些？可以测出哪些指标及图形？

3. 根据波谱图可以为纱线质量控制提供哪些依据？

4. 混纺纱线如果纤维分布不匀会对纱线条干电容法测试产生什么影响？对黑板法有没有影响？为什么？

（本实验技术依据：GB/T 3292.1—2008《纺织品　纱条条干不匀试验方法　第1部分：电容法》）

实验六　纱线毛羽测试

一、实验目的与要求

通过实验，熟悉纱线毛羽的测试指标、测试方法及实验数据处理方法，学会测试仪器的使用，了解其测试原理，观察纱线毛羽的空间分布特征。

二、仪器用具与试样材料

纱线毛羽测试仪。试样为各种短纤维纱。

三、实验原理

毛羽数是指单位长度纱线内，单侧面上伸出长度超过某设定长度的毛羽根数累计数，单位为“根/m”。纱线的四周都有毛羽伸出，单一侧面的毛羽数与纱线实际存在的毛羽数成正比，因此可以用毛羽数来表示纱线的毛羽数。利用光电原理，当纱线连续通过检测区时，凡长于设定长度的毛羽，就会遮挡光线，使光敏元件产生信号而计数，并按不同的设定长度分类统计毛羽数。

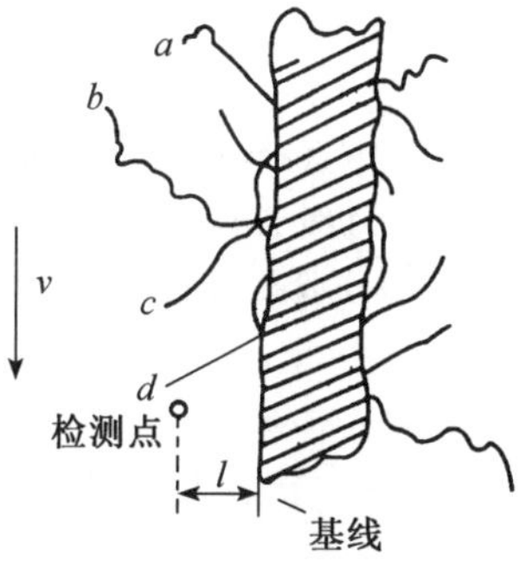

图 3-3　单侧毛羽计数法测试原理

检测点至纱线表面的距离或称设定长度是可以调节的，毛羽数是设定长度的函数，由于纱线表观直径存在不匀，且直径边界有一定的模糊性，所以设定长度的基线是纱线表观直径的平均值，且设定长度一般不小于0.5 mm，如图3-3所示。

四、实验方法与操作步骤

（一）取样

按产品标准或协议规定方法抽取实验室样品。各类纱线最少取10个卷装，每个卷装测试次数至少10次，试样的测试片段长度为10 m。

调湿及测试在标准大气条件下进行，试样应暴露在标准大气中至少24 h以上。

（二）操作步骤

（1）连接好主机及打印机电源，仪器进入待机状态，预热20 min。

（2）在待机状态下，设定测试速度为30 m/min，试样片段长度为10 m，毛羽仪设定长度见表3-7。根据需要设定测试次数。

表 3-7　毛羽仪设定长度

纱线种类	设定长度(mm)	纱线种类	设定长度(mm)
棉纱线及棉型混纺纱	2	绢纺纱线	2
毛纱线及毛型混纺纱	3	苎麻纱线	4
中长纤维纱线	2	亚麻纱线	2

(3) 将试样按正确的引纱路线装上仪器，拉出纱线 10 m 左右舍弃之，使试验片段不含有表层及缠纱部分。

(4) 开动仪器，用纱线张力仪校验，并调节预加张力至纱线抖动尽可能小。一般规定，毛纱线张力为(0.25±0.025)cN/tex，其他纱线为(0.5±0.1)cN/tex。

(5) 管纱逐个进行测试，直至完成所有试样。

五、实验结果计算与修约

纱线毛羽测试仪自动打印实验结果，包括毛羽数平均值、变异系数即 *CV* 值、直方图(横坐标为毛羽长度，纵坐标为毛羽数)等。毛羽数平均值和变异系数即 *CV* 值按数值修约规则修约至三位有效数字。

思　考　题

1. 测试纱线毛羽有何实际意义?
2. 纱线毛羽对产品风格有何影响?

(本实验技术依据：FZ/T 01086—2020《纺织品　纱线毛羽测定方法　投影计数法》)

实验七　纱线摩擦性能测试

一、实验目的与要求

通过实验，熟悉纱线摩擦性能的测试指标与测试方法，学会测试仪器的使用，了解其测试原理，掌握实验数据处理的方法与技巧。

二、仪器用具与试样材料

纱线摩擦因数测定仪。试样为待测管纱若干。

三、实验原理与仪器结构

(一) 实验原理

将纱线绕在摩擦棒(摩擦角为 α)上，纱线输入端的张力为 t_2，输出端的张力为 t_1，由于纱线与摩擦棒之间存在摩擦阻力，故 $t_1>t_2$，且 $t_1/t_2=e^{\alpha f}$。通过测量头 T_1 和测量头 T_2，分别测出纱线的张力 t_1 和 t_2，根据欧拉公式 $f=(\ln t_1-\ln t_2)/2$，即可算出纱线的摩擦因数 f。

（二）仪器结构

由 R-1183 纱线摩擦因数仪和 R-1183 纱线卷取装置组成，如图 3-4 和图 3-5 所示。

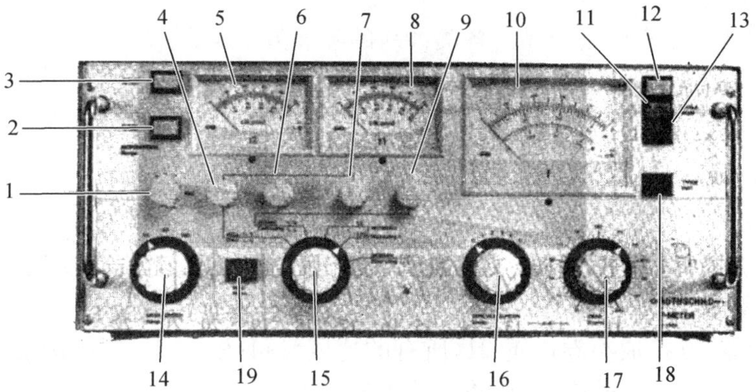

1—单通道记录仪记录 t_1、t_2 和 f 的选择开关　2—“测量范围太小”指示灯
3—“测量范围太大”指示灯　4—测量头 T_2 的调零电位计　5—纱线输入张力 t_2 的电流计
6—测量头 T_2 的标定电位计　7—测量头 T_1 的调零电位计　8—纱线输入张力 t_1 的电流计
9—测量头 T_1 的标定电位计　10—摩擦因数 f 的电流计
11—刻度范围 f=0～0.33 的指示灯（黄）　12—刻度范围 f=0～1 的指示灯（白）
13—刻度范围 f=0～0.166 的指示灯（红）　14—纱线张力的范围选择开关
15—方式开关　16—绕摩擦体的“圈数”调节旋钮　17—绕摩擦体的“度数”调节旋钮
18—设置“INERT”测量的旋钮　19—总开关旋钮

图 3-4　R-1183 纱线摩擦因数仪面板图

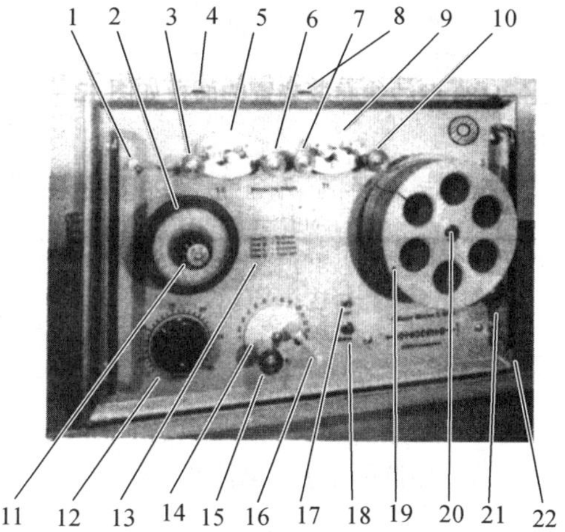

1—导纱器　2—滞后阻力盘　3，6，7，10，15—导纱辊　4—测量头 T_2 的装配螺栓　5—测量头 T_2
8—测量头 T_1 的装配螺栓　9—测量头 T_1　11—滞后阻力盘的刻度盘　12—速度刻度盘　13—速度量程
14—设置摩擦角的转向盘　16—摩擦棒　17—自动保护装置（0.7A）　18—卷取装置运行按钮（带灯）
19—大卷曲辊　20—大卷曲辊中心装卸螺钉　21—小卷曲辊　22—支撑搬运手柄

图 3-5　R-1183 纱线卷取装置面板图

四、实验方法与操作步骤

(一) 取样

根据测试需要抽取实验室样品。各类纱线的卷装数至少为 10 个,每个卷装测试次数至少 10 次。

试样调湿及测试应在标准大气条件下进行,试样调湿至少 24 h 以上。

(二) 操作步骤

1. 卷取装置参数设定(图 3-5)

(1) 导纱速度。按下按钮 18 使卷取装置开始运行,再利用速度刻度盘 12 来设定或改变基准速度,其比例为 1∶15。共有四种基准速度(m/min):20～300,4～60,0.1～1.5,20～30。若将大卷取辊 19 换成小卷取辊 21,所有的速度又可按 1∶10 的比例细分。纱线速度一旦设定,测试过程中就不能改变,否则将影响测试结果。

(2) 纱线张力。输入张力 t_2,通过滞后阻力盘 2(刻度范围 1～10)设置,张力设置范围为 3～14 g。

(3) 摩擦角。摩擦角的设置就是确定纱线绕过摩擦体的角度。摩擦角的选取见表 3-8,其值不能低于 90°。较小的摩擦因数建议设置较大的摩擦角。摩擦角的具体设定方法见表 3-9。

表 3-8 摩擦角的选择

摩擦因数 f	最大允许摩擦角(°)	摩擦因数 f	最大允许摩擦角(°)
0.01	6 圈(6×360°)	0～0.33	2.5 圈(2×360°+180°)
0～0.16	4 圈(4×360°)	0～0.75	300°

表 3-9 摩擦角的设定方法

摩擦角	180°或 540°	90°～180°	180°～360°
绕纱方法	绕过摩擦棒 16	依次绕过导纱辊 15、摩擦棒 16,间隔 15°调节设置摩擦角的转向盘 14	依次绕过摩擦棒 16、导纱辊 15

2. 摩擦因数仪参数设定(图 3-4)

(1) 摩擦角。根据卷曲装置上设定的摩擦角,设置主机上摩擦角测量位置。可通过圈数调节旋钮 16(设定圈数)和度数调节旋钮 17(设定低于 360°的摩擦角)来设置。圈数调节器与实际刻度相连,用于读取摩擦因数 f 的值,并通过信号灯颜色表示,摩擦因数与摩擦角、指示灯的关系见表 3-10。

表 3-10 摩擦因数 f 与摩擦角、指示灯的关系

摩擦角刻度	指示灯	摩擦因数范围
0 和 1	白灯	0～1
2 和 3	黄灯	0～0.33
4 和 5	红灯	0～0.166

(2) 仪器设定。通过方式开关 15,将仪器设置在各种标定和测量位置上。方式开关 15 有五个设定位置:"t_1、t_2的调零";"t_1、t_2的标定";"测量 f1∶1";"测量 f1∶10";"测量 t_1和 t_2"。

在打开摩擦因数仪之前，需要检查 t_1 的电流计 8、t_2 的电流计 5 和 f 的电流计 10 是否处于“0”位。如不是，则用每个电流计下的调节螺钉进行校准。

方式开关 15 的五个设定位置的具体操作如下：

① “t_1、t_2 的调零”，用于测量头 T_1 和测量头 T_2 的调零。将摩擦因数仪打开，测量头必须与仪器连接好，并固定在测量位置上，纱线试样未插入。轻压测量头的测量棒，然后让弹簧回复到初始位置，接着用电位计 4 和 7 分别将电流计 5 和 8 置“0”。

② “t_1、t_2 的标定”，用于测量头 T_1 和测量头 T_2 的标定。将标定重锤系在纱线上，再将纱线插入测量头 T_2，使纱线向下缓慢滑动，通过调节标定电位计 6，使 T_2 的电流计 5 达到满刻度。T_1 的标定类似，只不过纱线向上拉起，对应电位计 9 和电流计 7。当范围选择开关 14 为“100”时，满刻度即为“100”。测量头上的张力释放后，电流计 5 或 7 应回复到“0”，否则要重新调零。

③ “测量 f1∶1”，对摩擦因数测量值 f 进行定值。f 值可以从电流计 10 直接读出，对应刻度范围由调节旋钮 16 决定，由有色指示灯指示，具体见表 3-10。

测量过程中，应根据表 3-11 进行参数调整。

表 3-11 摩擦因数仪参数调整

信号类型	正常状态	异常状态调整
“测量范围太小”指示灯 2	不得亮起	测量范围选择开关调到“100”或“50”位置；若未奏效，更换更低灵敏度测量头。也可以采用“INERT”测量方式
“测量范围太小”指示灯 3	不得亮起	测量范围选择开关调到“50”或“25”位置；若未奏效，更换更高灵敏度测量头
t_1 的电流计 8、t_2 的电流计 5	$t_1 \leqslant 100$，$t_2 \geqslant 20$	减少摩擦角。重新设置“圈数”调节旋钮 16 和“度数”调节旋钮 17

纱线张力对应的测试频率为 400 Hz，摩擦因数对应的测试频率为 100 Hz。如果按“INERT”旋钮，则对应测试频率均减少到 1 Hz，对于测量纱线振荡时的张力及摩擦因数的平均值是适当的。INERT 测量值由“INERT”旋钮的指示值表示。

如果摩擦因数的 INERT 测量值与标准值有区别，最好用 INERT 值。

④ “测量 f1∶10”，对摩擦因数测量值 f 进行定值。如果输入纱线张力 t_2 很小时（电流计 5 的指示刻度小于 5 个刻度），应采用“1∶10” 的位置。通过采用灵敏度高 10 倍的测量头，使电流计 5 的指示值为实际值的 10 倍。本方式对摩擦因数 f 的读数无影响。本方式的测量头组合为：t_1＝10 cN、40 cN、100 cN；t_2＝ 100 cN、400 cN、1 000 cN。

⑤ “测量 t_1 和 t_2”。本方式可同时测量两种相互独立的纱线张力，此时电流计 10 不显示 f 的测量值。

3. 测试样品

（1）根据设定的摩擦角所规定的引纱路线，引出纱线。

纱线引出→穿过导纱器 1→绕过滞后阻力盘 2，越过导纱辊 3→经过测量头（T_2）5，越过导纱辊 6→绕过摩擦棒 16，或绕过导纱辊 15 和摩擦棒 16→越过导纱辊 7→经过测量头（T_1）9→越过导纱辊 10→卷绕到大卷取轴 19 上。

（2）根据设定的摩擦角，设定“圈数”和“度数”调节按钮。

（3）根据设定的纱线张力，设定“纱线张力范围选择”开关。

（4）选定“方式开关”（“测量 f1∶1”或其他）的位置。

（5）开机进行测试。

五、实验结果计算与修约

纱线摩擦因数的测试结果直接由摩擦因数 f 的电流计显示。

思 考 题

测试纱线摩擦因数有何实际意义？

（本实验技术依据：R-1183 纱线摩擦因数仪和 R-1183 纱线卷取装置说明书）

实验八　筒子纱回潮率电测法测试

一、实验目的与要求

通过实验，掌握筒子纱回潮率的测试方法，学会测试仪器的使用，了解其测试原理及影响纱线回潮率的因素。

二、仪器用具与试样材料

YG201B 型多用纱线测湿仪及附件。试样为棉筒子纱若干。

三、实验原理

纺织材料是电的绝缘体。材料吸湿后，电阻发生明显变化，回潮率与质量比电阻之间成对数关系，可以通过测定纱线在一定条件下的电阻，来间接测量纱线的回潮率。仪器设计时，采用不同的表头专门测试一种纤维的纱线。温度等测试条件也会影响材料的导电性，因此要根据实际测试条件对读数进行温度修正。

四、实验方法与操作步骤

（一）取样

根据测试需要抽取实验室样品。各类纱线的卷装数至少为 10 个。

（二）操作步骤

1. 仪器调整

(1) 将仪器电源插头插好，检查并校正仪器机械零点。

(2) 开启测湿仪电源开关。

(3) 零位和满度调整。①零位调整：将测量选择开关打到“W”档，将量程开关打到（3～11）任一档，旋动“零位调节”旋钮，使指针与零刻度线重合；②满度调整：将量程开关打到红线档，旋动“调满”旋钮，使指针与满度线重合。零刻度线与满度线要反复调节。调整后，将测湿探头插入测湿仪中，指针应不偏离刻度线。

(4) 温度调整。将测量选择开关拨到“T1”档（当试样估计 0～20 ℃时）或“T2”档（当试样估计 20～35 ℃时），旋动调满旋钮，使指针与满刻度线重合。

2. 筒子纱温度测量

将测温探头插入筒子纱(下垫绝缘板)中,待温度计指针稳定时记录温度。每个筒子纱测试一次。第一个测试完毕,则将测温探头插入第二个筒子纱中。

3. 回潮率测定

将测量选择开关拨到"W"档,将测湿探头插入筒子纱(下垫绝缘板)中,插入方法如图 3-6 所示。

在距筒子边缘 1 cm 处插入测湿探头(两根针应沿筒子端面半径方向),拨动量程开关,使表头指针在刻度 0～1.0 之间。每一端面沿直径方向测试两点,测试完毕,将筒子纱翻转,在另一端面再测试两点,与原测试两点呈十字交叉。每个筒子纱测试四点,记录测试结果。测湿探头不插入筒子纱中时,表头指针应指在零刻度线;如不指在零刻度线,应重新进行零位调整和满度调整。

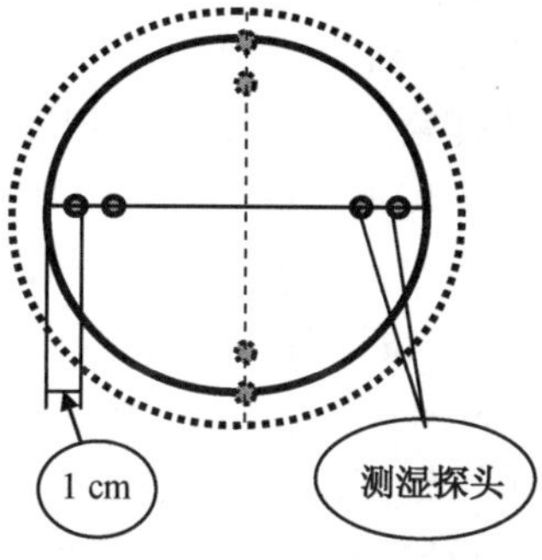

图 3-6　测湿探头插入筒子纱的方式示意图

五、实验结果计算与修约

根据温度读数、回潮率读数 W',查棉筒子纱回潮率温度修正系数表,得到温度修正系数 K,计算实际回潮率 $W = W' + K$。

计算至小数点后两位,按数值修约规则修约至小数点后一位。

思　考　题

1. 试对比烘箱法和电阻法测试纱线回潮率的不同。
2. YG201B 型多用纱线测湿仪是否可用来测试羊毛等其他原料的筒子纱? 为什么?

(本实验技术依据:YG201B 型多用纱线测湿仪说明书)

实验九　纱线疵点的分级

一、实验目的与要求

通过实验,在纱疵分级仪上测定纱线十万米各级疵数和十万米有害纱疵数,掌握纱线疵点的测试与分级方法。

二、仪器用具与试样材料

YG072A 型纱疵分级仪,络筒机,打印机等。试样为纯纺或混纺短纤维纱线。

三、实验原理与仪器结构

(一) 实验原理

纱线以一定速度连续通过由空气电容器组成的检测器,当相同的电介质连续通过检测器时,纱线质量(纱疵或条干不匀)的变化率与电容量的变化率呈一定关系,将其转化为电信号,经过运算处理后，即可输出表示各级纱疵的指标。

纱疵一般分为三类 23 级，其中：短粗节 16 级（A、B、C、D区），长粗节 3 级（E、F、G区），长细节 4 级（H、I区）。短粗节指的是纱疵截面比正常纱线粗 100%以上，长度在 8 cm以下者；长粗节（包括双纱）指的是纱疵截面比正常纱线粗 45%以上，长度在 8 cm 以上者；长细节指的是纱疵截面比正常纱线细30%～75%，长度在 8 cm 以上者。有害纱疵是根据纱线的结构和用途所规定的某些严重影响产品质量的纱疵范围。纱疵按截面大小与长度的不同，分级界限如图 3-7 所示。

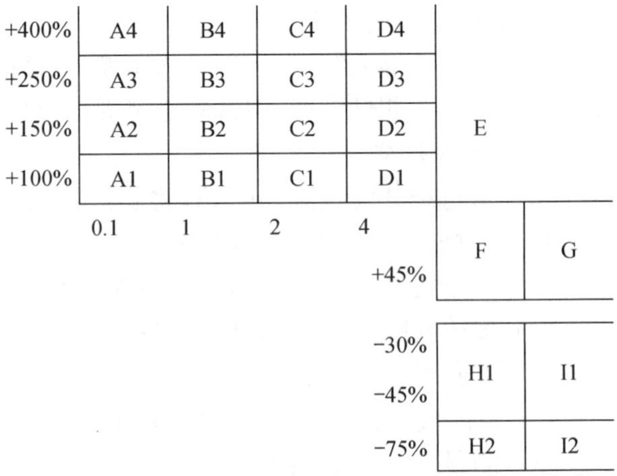

图 3-7　纱疵分级图

（二）仪器结构

电容式纱疵分级仪与络筒机组合使用（也可将纱疵仪装在络筒机上，至少应装 5 个检测器）。YG072A 型纱疵分级仪整套仪器由主控机、电源箱、打印机、处理盒、检测头、馈线等组成。主控机完成检测参数设定和测试数据处理与显示；检测头为电容式检测；处理盒由 6 块相同的处理器组成，处理器两端分别与主控机和检测头通过馈线连接，处理器根据主控机传送来的设定值处理分析检测头中的纱线信号，并将处理结果传至主控机。

四、实验方法与操作步骤

（一）取样

如样品为交货批，按表 3-12 随机地从整个货批中抽取一定的箱数，从每一箱中取 1 个卷装。如样品来自生产线，则随机地从机台上抽取 5～10 个筒子纱或能满足测试长度要求的若干个满管纱作为实验室样品。所取样品应均匀分配到各检测器上。在日常检验中，一组试验长度应不少于 10×10^4 m；其中毛纺纱可适当减少，但至少为 5×10^4 m。对于仲裁检验，应进行 4 组以上试验。

表 3-12　取样的箱数

货批中的箱数	取样箱数	货批中的箱数	取样箱数
5 箱及以下	全部	25 箱以上	10 箱
6～25 箱	5 箱	—	—

试样应在标准大气条件下调湿平衡 24 h 以上，大而紧的样品卷装或同一卷装需进行一次以上测试时应平衡 48 h 以上。

（二）操作步骤

1. 试验准备

开机，调整络筒机运转速度为 600 m/min，并检查测量槽是否清洁。

打开电源箱电源开关，启动计算机，系统正常加载后，启动纱疵分级仪数据分析软件。软件启动后应进行 30 min 的预热，预热完成后再进行操作。

进行试验参数设定，包括“试验参数”和“纱疵切除设定”两部分内容。

（1）设定“试验参数”。

① 试样长度：本次试验走纱的总长度（m）。测试过程中到达该设定长度时，系统自动切断纱线，停止本次试验。

② 纱线细度：按单位分“tex”“Ne”“Nm”三种，按其中任何一种单位设置均可。设定完成后，当选择其他单位制时，所设定的参数值会自动完成转换。

③ 纱线材料及材料值：先选择纱线材料的类型，选择确定的纱线材料类型之后，输入材料值；材料值是为了调节纱疵分级仪的灵敏度而设定的数值，其大小与测试材料和空气的相对湿度等因素有关。混纺纱应根据纤维成分的混合比例计算其材料值，例如涤/棉 65/35 的材料值 $=(0.65\times3.5)+(0.35\times7.5)=4.9$。表 3-13 中未列出的纱线，可以根据其回潮率，按类似纱线设定材料值。

表 3-13　材料值

纤维材料	棉、毛、黏胶、麻	天然丝	腈纶、锦纶	丙纶	涤纶	氨纶
材料值	7.5	6.0	5.5	4.5	3.5	2.5

（2）设定“有害纱疵切除”。系统默认状态是不切除纱疵，设定分级格呈现灰色。当需要切除时，首先选择“切除”，打开切除设定的开关，此时设定分级格变成红色。选择需要切除的格，相应的格变成蓝色，同时比此格门限高的格都跟着变色。当需要取消该格的设定时，只需再点该格恢复为红色即可。

（3）设定“分级清纱门限”。选择“分级清纱门限”子功能按钮，系统切换到“分级清纱门限”设定窗口，包括“分级门限”和“清纱门限”设定两部分内容。“分级门限”设定的参数用于完成对纱疵进行分级；“清纱门限”设定的参数用于对纱疵进行通道分类和切除设定以及画清纱曲线。

（4）系统设定。选择“系统设定”子功能按钮，系统切换到“系统设定”窗口，按照系统配置的实际情况如实设定即可。当所有参数设定完毕并检查无误后，用鼠标点击“保存参数设定”按钮。

（5）预加张力的选择。参照表 3-14 的具体规定，在保证纱条移动平稳且抖动尽量小的前提下选择适当的预加张力。

表 3-14　预加张力选择

线密度范围	10 tex 及以下	10.1～30 tex	30.1～50 tex	50 tex 以上
张力圈个数	0～1	1～2	2～3	3～5

2. 分级测试

（1）参数设定准备无误并保存后，选择“分级测试”主功能按钮，系统切换到分级测试对话窗口。

（2）点击“分级开始”按钮，系统弹出“请清洁检测槽”的提示框，清洁完毕并确认后，若为第一次测试的纱线品种，则会弹出“请在任意锭试纱”提示框，确认后在任意锭走纱，在主窗口的状态栏中显示“正在试纱……”。约几十秒后纱线被切断，仪器完成定标。若为已知品种，仪器自动定标。

(3) 各锭开始走纱测试，当络纱长度到达设定长度时，自动切断，进入到长状态。当试验结束时点击“分级结束”按钮，结束本次试验。

(4) 点击“文件打印”按钮，屏幕上将出现仪器可以输出的所有报表形式，在需要的报表前的方框中勾选，系统将按设定进行文件打印。

(5) 重复上述步骤，完成全部试样的测试。

五、实验结果计算与修约

实验结果用 10 万米纱疵数和 10 万米有害纱疵数表示。产品验收和仲裁检验时，取 4 组试样的平均值，必要时可计算其标准差(或变异系数)。实验结果按规定修约的方法进行，10 万米纱疵数保留整数，其余保留三位有效数字。

思　考　题

1. 纱疵分析仪分析的是偶发性疵点还是常发性疵点？它的危害是什么？
2. 纱疵分级仪的操作注意事项是什么？获得的测试数据有哪些？

(本实验技术依据：FZ/T 01050—1997《纺织品　纱线疵点的分级与检验方法　电容法》)

实验十　化纤长丝线密度测试

一、实验目的与要求

通过实验，掌握用绞纱法或单根法测试化纤长丝线密度的测试原理、测试方法及实验数据处理方法。

二、仪器用具与试样材料

绞丝法：缕纱测长仪，天平(最小分度值为 1 mg)；单根法：立式量尺(上端装有夹持器，长度为 1 m，分度值为 1 mm)，天平(最小分度值为 0.1 mg)。试样盛盘、秒表、剪刀、张力夹、黑绒板等。试样为化纤长丝或变形丝。

三、实验原理

在规定的条件下，测定已知长度试样的质量，根据线密度的计算公式算出线密度值，单位采用特克斯制，推荐用 dtex 表示。

参照本章实验一“纱线线密度测试”，使用表 3-1 中的方法 1。

四、实验方法与操作步骤

(一) 取样

散件实验室样品，每个卷装实验 2 次以上，且每批样品的实验总次数不低于 20 次；批量检验时，实验室样品抽取按 GB/T 6502 的规定，每个卷装实验 2 次。

当卷装丝回潮率大于公定回潮率时，需要进行预调湿，时间大于 30 min。试样需进行调湿平衡，涤纶、丙纶长丝推荐调湿 4 h，其他化学纤维长丝推荐调湿 16 h。

（二）操作步骤

1. 绞丝法

（1）调整测长仪预加张力。合成纤维牵伸丝、预取向丝、双收缩丝、空气变形丝、纤维素化学纤维：(0.05±0.005)cN/dtex；变形丝：(0.20±0.02)cN/dtex。预加张力按长丝及变形丝的名义线密度计算。

（2）将卷装丝引出丝头，拉去起始段的数米试样，经张力装置导入测长仪夹片。

（3）开启测长仪，在规定的预加张力下摇取规定的长度（卷装丝线密度小于或等于 500 dtex 为 100 m，线密度小于或等于 2 000 dtex 为 50 m，线密度大于 2 000 dtex 为 10 m），待测长仪停止转动后，把测长仪上的试样在头尾相对处剪断，取下成绞，依次放在盛盘内。

（4）将放在盛盘内的绞丝试样在天平上逐一称量并记录，精确至 1 mg。

2. 单根法

（1）拉去每个表层丝数米的长度，然后剪取单根长度合适（约 1.2 m）的松弛态试样。

（2）将试样一端夹入量尺上端夹持器中，另一端加规定的预加张力（计算方法同绞丝法），手托张力夹，使试样沿其轴线缓缓伸直，并使试样与量尺呈铅直位置。待 30 s 后，准确剪取规定长度(1.000±0.001)m 的试样，依次放在黑绒板上。

（3）将黑绒板上的试样在天平上逐一称量并记录，精确至 0.1 mg。

五、实验结果计算与修约

1. 线密度

$$\mathrm{Tt}_i = \frac{x_i}{L} \times 10\,000 \tag{3-8}$$

式中：Tt_i 为第 i 个试样的线密度测定值，dtex；L 为试样长度，m；x_i 为第 i 个试样的调湿质量，g。

2. 线密度偏差

$$D_\mathrm{d} = \frac{A-B}{B} \times 100\% \tag{3-9}$$

式中：D_d为线密度偏差，%；A 为线密度测定值，tex；B 为线密度名义值，tex。

3. 线密度变异系数（即百米质量变异系数）

$$CV = \frac{1}{\bar{x}} \sqrt{\frac{\sum_{i=1}^{n} x_i^2 - \frac{\left(\sum_{i=1}^{n} x_i\right)^2}{n}}{n-1}} \times 100\% \tag{3-10}$$

式中：CV 为线密度变异系数，%；x_i 为第 i 个试验绞纱的质量，g；$\bar{x}$ 为 x_i 的平均值；n 为试验绞纱数。

按数值修约规则进行修约，线密度、线密度偏差率修约到小数点后一位，线密度变异系数修约到小数点后两位。

思　考　题

1. 测试化纤长丝线密度的方法有几种？如何进行测试？
2. 准确测定化纤长丝的线密度，还需测定哪些参数？

（本实验技术依据：GB/T 14343—2008《化学纤维　长丝线密度试验方法》）

实验十一　化纤长丝捻度测试

一、实验目的与要求

通过实验，掌握用直接计数法测试化纤长丝捻度的基本原理、测试方法和数据处理方法。

二、仪器用具与试样材料

纱线捻度机，分析针。试样为加捻长丝。

三、实验原理与仪器结构

在一定张力下，夹住已知长度试样的两端，使一端固定，另一端转动，退去捻回，直到各部分完全平行为止。根据退去的捻回数计算捻度，单位为"捻/m"。

四、实验方法与操作步骤

（一）取样

1. 试样准备

散件实验室样品，每个卷装实验 2 次以上，且每批样品的实验总次数不低于 20 次；批量检验时，实验室样品抽取按 GB/T 6502—2008 的规定，合成纤维每个卷装实验 2 次，纤维素纤维每个卷装实验 5 次；仲裁检验，每个实验室样品实验 5 次。

试样根据需要进行预调湿和调湿，具体要求见本章实验十"化纤长丝线密度测试"。实验需在标准大气条件下进行。

2. 试样长度和预加张力

试样长度：变形丝，500 mm；其他化纤长丝，名义捻度≥1 250 捻/m 时为 500 mm，名义捻度＜1 250 捻/m 时为 250 mm。试样长度的测量精度为 1 mm。

按长丝的名义线密度确定预加张力。合成纤维牵伸丝、预取向丝、双收缩丝、空气变形丝、纤维素化学纤维为(0.05±0.005)cN/dtex，变形丝为(0.20±0.02)cN/dtex。

（二）操作步骤

(1) 测定捻向。取长约 100 mm 的试样，握持一端，使其悬垂，观察此垂直丝段的捻回螺旋线倾斜方向：与字母"S"中间部分一致的为 S 捻，与字母"Z"中间部分一致的为 Z 捻。

(2) 检查捻度仪各部分是否正常(包括机身水平)，根据试样长度调节好夹钳距离及预加张力。

(3) 测试时先弃去样品数米表层丝，在不使试样受到意外伸长和退捻的条件下，将试样一端夹入一个夹钳内，再将另一端引入另一个夹钳的中心位置，使试样受到预加张力后拉直，并使指针对准标尺零位，夹紧夹钳，切断多余丝尾。

(4) 将计数器清零，然后按下按钮进行反向退捻。若中途停转，则用分析针观察退捻情况，直至长丝内的纤维全部平行或股线中的长丝全部分开为止，记录捻回数，精确至最接近的整圈数，并按计数器上所显示方向核实捻向。

(5) 重复以上操作，直到全部试验完毕。同一卷装试验，试样之间至少有 2 m 以上的间隔。

五、实验结果计算与修约

1. 捻度

$$TL_i = \frac{T_i}{L_0} \times 1\,000 \tag{3-11}$$

式中：TL_i 为第 i 个试样的实测捻度，捻/m；T_i 为第 i 试样的捻回数，捻；L_0 为试样长度，mm。

2. 捻度偏差率

$$D_T = \frac{TL - T_0}{T_0} \times 100\% \tag{3-12}$$

式中：D_T 为捻度偏差率，%；T_0 为捻度名义值，捻/m。

3. 捻度标准差及变异系数

$$\sigma = \sqrt{\sum_{i=1}^{n} (TL_i - \overline{TL})^2 / n} \tag{3-13}$$

$$CV = (\sigma / \overline{TL}) \times 100\% \tag{3-14}$$

式中：TL_i 为第 i 个试样的实测捻度，捻/m；$\overline{TL}$ 为试样实测捻度的平均值，捻/m；σ 为捻度标准差；CV 为捻度变异系数。

按数值修约规则进行修约，捻度、捻度偏差率修约到小数点后一位，捻度变异系数修约到小数点后两位。

思　考　题

1. 影响化纤长丝捻度测试结果准确性的因素有哪些？
2. 涤纶、丙纶、黏胶纤维、Lyocell 纤维在非标准大气条件下测试，对测试结果有影响吗？为什么？

(本实验技术依据：GB/T 14345—2008《化学纤维　长丝捻度试验方法》)

实验十二　化纤长丝强伸度测试

一、实验目的与要求

通过实验，掌握化纤长丝断裂强度及断裂伸长率测试的基本原理和测试方法，了解影响化纤长丝强伸度大小的因素。

二、仪器用具与试样材料

电子强力机(CRE 型)。试样为化纤长丝。

三、实验原理

在规定条件下,用等速伸长型强力仪拉伸试样直至断裂,得到试样的强伸性能指标。

四、实验方法与操作步骤

(一) 取样

散件实验室样品,每个卷装实验 2 次以上,且每批样品的实验总次数不低于 20 次;批量检验时,实验室样品抽取按 GB/T 6502—2008 的规定,每个卷装实验 2 次。仲裁检验,每个实验室样品实验 5 次。

试样根据需要进行预调湿和调湿,具体要求见实验十“化纤长丝线密度测试”。实验需在标准大气条件下进行。

对于无捻工业用复丝,建议实验前对试样加捻,2 200 dtex 以下的施加(60±1)捻/m,2 200 dtex以上的施加(30±1)捻/m,以保证所有的单丝在实验初始阶段具有相同的张力,并防止实验过程中单丝在夹持器中打滑。

(二) 操作步骤

1. 确定预加张力

按长丝的名义线密度确定预加张力,合成纤维牵伸丝、预取向丝、双收缩丝、空气变形丝为(0.05±0.005)cN/dtex,变形丝为(0.20±0.02)cN/dtex;纤维素化学纤维为(0.05±0.005)cN/dtex,测定湿态强伸能力时预加张力为干态的一半。

2. 确定夹持距离和拉伸速度

根据试样断裂伸长率按表 3-15 确定。

表 3-15 拉伸速度和夹持距离

断裂伸长率(%)	隔距长度(mm)	拉伸速度	
		%(夹持距离百分率)	mm/min
<3	500±1.0	10	50
≥3~<8	500±1.0	50	250
≥8~<50	500±1.0	100	500
≥50	250±1.0	400	1 000

3. 确定强力和伸长的量程

应使断裂强力和断裂伸长落在所选满量程的 20%~90%范围内。

4. 夹持样品

将已调湿平衡的实验室样品,废弃卷装开头几米丝,一端夹入强力机的夹持器中,另一端加预张力,确保长丝定位于夹持器的钳口中心位置,夹紧试样。

5. 测试强伸性能

进行拉伸试验，得出试样强伸性能。使夹持器上升复位，松开夹持器，取出断裂后余纱。重复测试全部试样。

注意：在实验过程中注意观察，查明是否因滑移产生虚假伸长。废弃因打滑或在离夹头边 10 mm 内断裂的所有测试值。如废弃次数超过总次数的 10%，应检修或调换夹持器，并重新进行试验。

五、实验结果计算与修约

电子式强力机能直接显示和打印长丝的断裂强力、断裂强度、模量、断裂伸长率、断裂功等指标及它们的变异系数。

按数值修约规则进行修约，断裂强力、断裂强度、模量、断裂伸长率、变异系数等修约到小数点后两位，断裂伸长率修约到小数点后一位。

思　考　题

影响化纤长丝强力和伸长测定结果准确性的因素有哪些？试加以分析。

（本实验技术依据：GB/T 14344—2008《化学纤维　长丝拉伸性能试验方法》，GB/T 3916—2013《纺织品　卷装纱　单根纱线断裂强力和断裂伸长率的测定（CRE 法）》）

实验十三　化纤长丝沸水收缩率测试

一、实验目的与要求

通过实验，掌握化纤长丝沸水收缩率测试的基本原理和测试方法，了解影响化纤长丝热稳定性的因素。

二、仪器用具与试样材料

1 m 立式量尺（最小分度值为 1 mm），缕纱测长仪，预加张力重锤，金属挂钩，烧杯和电炉。试样为化纤长丝。

三、实验原理

沸水收缩率是指化纤试样经沸水收缩处理前后长度的差值对处理前长度的百分率。通过测定用收缩介质（100 ℃沸水）处理后的化纤长丝丝绞或单根样丝的收缩量对试样原长的百分比，从而算得沸水收缩率。

四、实验方法与操作步骤

（一）取样

散件实验室样品，每个卷装实验至少 2 次，且每批样品的实验总次数不低于 10 次；批量检验时，实验室样品抽取按 GB/T 6502—2008 的规定，每个卷装实验 1 次。仲裁检验，每个实验室样品测3 次。

试样根据需要进行预调湿和调湿，具体要求见本章实验十“化纤长丝线密度测试”。

（二）操作步骤

1. 绞丝法（适用于牵伸丝）

（1）试样制备。将实验室样品插在筒管架上，引出丝头，舍去表层丝数米，经张力装置，固定在测长仪纱框的夹片上，把丝均匀、平整地卷绕在纱框上，绕取 10 m（出厂检验采用 25 m），将头尾打结，小心地从纱框上退下，防止乱绞。

（2）沸煮前平衡。将试样丝绞放置在标准大气条件，按表 3-16 规定进行热处理前平衡。

表 3-16　平衡参数

品种	煮前平衡时间(h)	煮后平衡时间(h)
涤纶、丙纶	>2	>4
锦纶、纤维素纤维	>2	>16

（3）沸煮前长度测量。把每一个试样丝绞分别挂在立式量尺上端的钩子上，使丝绞内侧对准标尺刻度处，在丝绞下端挂上预张力重锤施加预加张力[牵伸丝、纤维素纤维为(0.05±0.005)cN/dtex，变形丝为(0.20±0.02)cN/dtex]，并防止丝绞扭转。待(30±3)s 后，视线对准标尺刻度，准确量出煮前长度 L_0，精确至 1 mm。

（4）沸煮处理。将各丝绞扭成 8 字形，再对折使之形成四层圈状，用纱布包好，然后放入 100 ℃的沸水中。使用含有 1 g/L 表面活性剂的去离子水或蒸馏水，水量至少是试样和样袋质量的 40 倍，并确保试样完全浸没和不能碰水槽壁。煮沸(30±5)min 后，将纱布包取出呈水平放置，取出试样，用吸水纸吸干，在温度为(55±5)℃的条件下烘干，约 60 min；或在标准大气条件下自然晾干。烘干过程中应保持无张力和松弛状态。

（5）沸煮后长度测量。取出试样，将试样松弛、去张力地挂起来，按表 3-16 的规定时间进行热处理后平衡。然后采用步骤(3)测量沸煮后长度 L_1，精确至 1 mm。

2. 单根法（适用于变形丝）

（1）制备试样。从每个实验室样品筒管(绞)上剪取 60～70 cm 长的试样 3 个，平放在绒板上。

（2）沸煮前平衡。将试样放置在标准大气条件下，按表 3-13 的规定进行煮前平衡。

（3）沸煮前长度测量。将试样逐根夹入立式量尺上端的夹持器中，在试样下端挂上预加张力重锤[牵伸丝、纤维素纤维为(0.05±0.005)cN/dtex，变形丝为(0.20±0.02)cN/dtex]，待(30±3)s 后，在零点(上夹持点)和 50 cm 处(M 点)做标记，即煮前长度 L_0 为50 cm，精确至 1 mm。

（4）沸煮处理。同绞丝法。

（5）沸煮后长度测量。同步骤(3)，测量两个标记点间长度，即 L_1，精确至 1 mm。

五、实验结果计算与修约

$$S = \frac{L_0 - L_1}{L_0} \times 100\% \qquad (3\text{-}15)$$

式中：S 为沸水收缩率，%；L_0 为煮前长度，cm；L_1 为煮后长度，cm。

实验结果取 10 次试验结果的算术平均值，计算至两位有效小数，舍入至一位有效小数。

思　考　题

1. 测试化纤长丝沸水收缩率的方法有几种？如何进行测试？
2. 测试化纤长丝沸水收缩率时应注意什么问题？

（本实验技术依据：GB/T 6505—2008《化学纤维　长丝热收缩率试验方法》）

实验十四　化纤长丝回潮率测试

一、实验目的与要求

通过实验，掌握用烘箱法测定回潮率的基本原理，掌握用箱内热称法和箱外冷称法测定化纤长丝干重的方法。

二、仪器用具与试样材料

热风式恒温烘箱，天平（箱内热称，最大称量为 200 g，分度值为 10 mg），天平（箱外冷称，最大称量为 200 g，分度值为 1 mg），试样容器（密封不吸湿），称量盒（密闭性好，质量已知），干燥器。待测化纤长丝。

三、实验原理

试样称量后，置于规定温度的烘箱内烘除水分至恒重，以试样烘前质量和烘后质量的差值与干重之比的百分数来表示试样的回潮率。

四、实验方法与操作步骤

（一）取样

抽取 20 个卷装，各卷装合并绕成 1 绞，均匀剪取 2 个试样（保证每个卷装都被取到），每个试样约 60 g，迅速放入密封的试样容器中，及时称取烘前质量，最迟不超过 24 h。每批样品应试验 2 次或 2 次以上。

（二）操作步骤

1. 箱内热称法

（1）称取试样 50 g，精确至 0.01 g。

（2）开启烘箱电源总开关、升温分源开关，升温至所需的温度（表 3-17），然后关闭升温分源开关。

（3）将试样放入烘篮内，待烘箱升至规定温度后，开始计时。烘至烘燥时间后开始称量，以后每隔 10 min 称量一次直至恒重（前后两次称量差异不超过后一次称量的 0.05%），将后一次称量质量记为烘后质量。称量须在关闭电源后约 30 s 内进行，每次称完 8 个试样的时间不应超过 5 min。

表 3-17 烘燥温度和烘燥时间

材料	烘燥温度(℃)	烘燥时间(h)	材料	烘燥温度(℃)	烘燥时间(h)
涤纶、锦纶、维纶	105±3	1	氯纶	65±3	4
涤纶(DTY)	65±3	1	黏胶纤维、莫代尔纤维、莱赛尔纤维	105±3	2
腈纶	110±3	2	其他纤维	105±3	1

2. 箱外冷称法

(1) 每个试样称取 10 g 以上,放入称量盒一起称量,精确到 0.001 g。

(2) 烘箱升温至所需的温度(表 3-17)。

(3) 将已装有试样的称量盒放入烘箱,打开称量盒盖,将试样烘至烘燥时间后,迅速盖上称量盒盖,移入干燥器,冷却至室温后称量。称量前应瞬时打开盒盖再盖上。

五、实验结果计算与修约

1. 回潮率

$$R_i = \frac{m_{i0} - m_{i1}}{m_{i1}} \times 100\% \tag{3-16}$$

式中:R_i 为第 i 个试样的回潮率,%;m_{i0} 为第 i 个试样的烘前质量,g;m_{i1} 为第 i 个试样的烘后质量,g。

2. 平均回潮率

$$R = \sum_{i=1}^{n} R_i / n \tag{3-17}$$

式中:R 为平均回潮率,%;n 为试样个数。

回潮率修约至小数点后两位。

思 考 题

1. 测定化纤长丝回潮率时应注意的事项是什么?
2. 烘箱法测回潮率时,箱内热称和箱外冷称在质量上有无差异?为什么?
3. 纺织材料在烘箱中烘干时,为什么最后还会保留少量水分?试样的干重应如何判定?

(本实验技术依据:GB/T 6503—2017《化学纤维 回潮率试验方法》)

实验十五 化纤长丝含油率测试

一、实验目的与要求

通过实验,了解化纤长丝含油率的测试方法,掌握索氏萃取法的基本原理和操作过程。

二、仪器用具与试样材料

脂肪抽出器(烧瓶、抽出筒和冷凝器),恒温水浴锅(室温至 100 ℃),恒温烘箱[(105±3)℃],天平(感量 0.1 mg、0.01 g 各一台),乙醚,机械振荡器(240 次/min),铝盒或不锈钢盒(直径 80 mm 左右,高 110 mm 左右,将其固定在振荡器上),涤纶长丝编织袋(脱脂,100 mm×140 mm,编号备用),中性皂片,离心脱水机,软水。试样为长丝。

三、实验原理与仪器结构

(一) 实验原理

化学纤维含油率测试分为萃取法和中性皂液洗涤法两种试验方法,适用于不同要求的化学纤维。为提高检验速度等目的,可以使用皂液洗涤法。但是,在质量或公量仲裁中,必须以萃取法为依据。

1. 萃取法

化纤油剂在特定的化学溶剂中能被很好地溶解分离而除去。利用化纤油剂的这一特点,使用化学溶剂,在脂肪抽出器中对纤维试样进行循环萃取,以达到测定试样含油率的目的。化学溶剂应对纤维无溶解和腐蚀作用,沸点不宜太高,毒性应小。若几种化学溶剂混合使用,必须相溶性好、沸点接近。含油率测试结果有争议时,采用本法。

2. 中性皂液洗涤法

化纤油剂本身含有表面活性剂,所以这些油剂具有形成水溶液的能力,同时皂液本身的有效成分主要也是表面活性剂。由于表面活性剂的作用,以及一定的机械洗涤力的作用,纤维上的非纤维物质会完全地转移到皂液中而被洗去。利用这一特点,将试样放在机械振荡器中,用皂液进行洗涤,即可测定试样含油率。

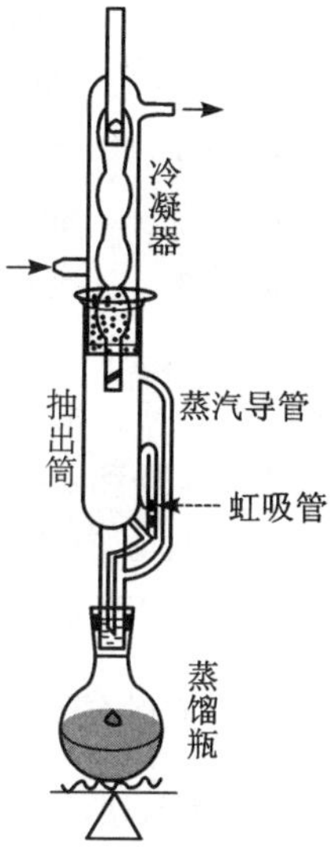

图 3-8 脂肪抽出器的结构

(二) 仪器结构

脂肪抽出器的结构如图 3-8 所示。

四、实验方法与操作步骤

(一) 取样

实验室样品按需取出,质量不得少于 50 g。制取 2 个试样。

短纤维每份称取 5 g,精确至 0.01 g。长丝合并成 1 绞,保证每个卷装均被取到,均匀剪取。预取向丝、牵伸丝称取 7 g,精确至 0.01 g;变形丝称取 4 g,精确至 0.01 g。

(二) 操作步骤

1. 萃取法

(1) 将蒸馏烧瓶(150 mL)洗净,置于(105±3)℃烘箱中,烘至恒重(前后两次称重相差不超过后一次称量的 0.05%);移入干燥器中冷却至室温,准确称量(m_1),精确至 0.1 mg。

(2) 将试样用定性滤纸包成圆柱状,置于脂肪抽出器的抽出筒内中,下接步骤(1)中的烧瓶,倒入乙醚(用量约抽出筒容量的 1.5 倍)。然后将装置放入水浴锅中。

(3) 调节水浴锅温度,使溶剂回流频率为每小时 6~8 次,总回流时间不少于 2 h。

(4) 用镊子将萃取后的试样取出，尽可能挤出试剂，溶剂回收利用。

(5) 将萃取后的纤维放入烘箱中，在(105±3)℃条件下烘至恒重，冷却，准确称量(m_2)，精确至 0.1 mg。

(6) 将萃取后蒸馏瓶放入烘箱中，在(105±3)℃条件下烘至恒重，冷却，准确称量(m_3)，精确至 0.1 mg。

2. 中性皂液洗涤法

(1) 洗涤液的制备。将中性皂片溶于软水(钙镁离子的含量≤5 mg/L)中，浓度为 5 g 皂片/L。

(2) 处理前试样质量测定。先称取试样袋质量，然后将试样放入试样袋中，再称取质量，前后相减后，获得洗涤前质量(m_1)，精确至 0.1 mg。

(3) 洗涤。将试样袋(内装试样)放入内存皂液的洗槽中，浴比至少为 1∶25，控制温度 70～75 ℃，搅动 30 min。再在洗槽中加入 70～75 ℃的水，确保除去所有的泡沫和污垢。若使用超声波洗槽，常温下操作。

(4) 漂洗。试样用 80～85 ℃的水洗涤 2 次，每次 5 min，保持试样袋在水中搅动。若使用超声波洗槽，以流水漂洗。洗涤后，最好用离心机脱水或绞干。

(5) 烘干。将脱水后的试样袋(内装试样)分别装入密闭的称量容器中，打开盖子，放入烘箱中，在(105±3)℃条件下烘至恒量。盖上盖子，在干燥器中冷却 30～45 min，称量容器质量，减去容器和试样袋质量，得到洗涤后每个试样的干燥质量(m_2)，精确至 0.1 mg。

(6) 取 2 个试样，每份试样约 5 g，精确到 0.01 g。按本书第三章实验十四测定含水率，取两个实验结果的平均值作为试样含水率 W。

五、实验结果计算与修约

1. 萃取法

$$Q = \frac{m_3 - m_1}{m_2 + m_3 - m_1} \times 100\% \tag{3-18}$$

式中：Q 为试样的含油率，%；m_1 为萃取前的蒸馏烧瓶烘干质量，g；m_2 为试验后的蒸馏烧瓶烘干质量，g；m_3 为萃取后的纤维烘干质量，g。

2. 中性皂液洗涤法

$$Q = \frac{m_1(1 - W) - m_2}{m_1(1 - W)} \times 100\% \tag{3-19}$$

式中：Q 为试样含油率，%；m_1 为试样洗涤前质量，g；m_2 为试样洗涤后质量，g；W 为纤维含水率。

实验结果以两个试样的测试结果的算术平均值表示。两次平行测试的相对差异大于 20%时，须重新试验。含油率修约至小数点后两位。

思　考　题

1. 测定化纤长丝含油率的原理是什么？测试方法有几种？
2. 测定化纤含油率对纺织加工有什么意义？

(本实验技术依据：GB/T 6504—2017《化学纤维　含油率试验方法》)

第四章　织物结构性能测试

本章知识点：

1. 织物实验各项目的实验要求和实验原理。
2. 织物实验各种测试仪器的结构和操作使用方法。
3. 织物实验各项目的取样方法、实验程序和步骤。
4. 织物实验各项指标的计算方法。

实验一　织物匹长、幅宽测试

一、实验目的与要求

通过实验，掌握织物匹长和幅宽的测试方法与计算方法，了解影响实验结果的因素。

二、仪器用具与试样材料

钢尺，测量桌，铅笔，剪刀等。试样为机织物若干种。

三、实验原理与仪器结构

在标准大气条件下，将松弛状态下的织物试样置于光滑平面上，使用钢尺测定织物的长度和幅宽。必要时织物长度可分段测定，各段长度之和即为试样总长度。

四、实验方法与操作步骤

试样应平铺于测量桌上。被测试样可以是全幅织物、对折织物或管状织物，在该平面内避免织物的扭变。

（一）织物长度测试

1. 方法一

整段织物首先放在标准大气中调湿，使织物处于松弛状态至少 24 h。测定的位置线为：对全幅织物，顺着离织物边缘 1/4 幅宽处的两条线进行测量，并用铅笔做标记；对中间对折的织物，分别在织物的两个半幅上，各顺着织物边缘与折叠线间约 1/2 部位的线进行测量，并做标记。要求每次的测量结果精确到 1 mm。

如果整段织物不能放在试验用标准大气中调湿时，也需使织物处于松弛状态，然后进行测量。短于 1 m 的试样，应使用钢尺，平行其纵向边缘测定(精确至 0.001 m)，在织物幅宽方向的不同位置重复测定试样全长，共 3 次。对于长于 1 m 的试样，在织物边缘处做标记，每隔 1 m 距离处做标记，连续标记整段试样，并用钢尺测定最终剩余的不足 1 m 的长度，试样总长度是各段织物长度的和。

2. 方法二

用钢尺测量折幅长度。对公称匹长不超过 120 m 的，应均匀地测量 10 次；公称匹长超过 120 m 的，应均匀地测量 15 次。测量精确至 1 mm。求出折幅长度的平均数，然后计数整段织物的折数，并测量其剩余不足 1 m 的实际长度，按下式计算匹长：

$$匹长(m) = 实际折幅长度 \times 折数 + 不足 1\ m 的实际长度$$

(二) 织物幅宽测试

织物幅宽为织物最靠外的两边间的垂直距离。对折织物幅宽为对折线至双层外端垂直距离的 2 倍。

整段织物放在试验用标准大气中调湿，使织物处于松弛状态至少 24 h。然后以接近相等的间隔(不超过 10 m)测量织物的幅宽。当试样长度小于等于 5 m 时，测量 5 次；当试样长度小于等于 20 m 时，测量 10 次；当试样长度大于 20 m 时，至少测量 10 次。测量间距为 2 m，求出平均值即为该织物的幅宽。测量位置至少离织物头尾端 1 m。

如果织物的双层外端不齐，应从折叠线测量到与其距离最短的一端，并在报告中注明。当管状织物是规则的且边缘平齐，其幅宽是两端间的垂直距离。

整段织物不能放在试验用标准大气中调湿时，也需使织物处于松弛状态，然后进行测量。

五、实验结果计算与修约

(一) 织物长度

织物长度用测试值的平均数表示，单位为米(m)，精确至 0.01 m。如果需要，计算其变异系数(精确至 1%)和 95%置信区间(精确至 0.01 m)；或者给出单个测试数据，单位为米(m)，精确至 0.01 m。

如果在普通大气条件下测量，需用修正方法加以修正。可在试验用标准大气条件下，对织物松弛的一部分(剪下或不剪下均可)进行测量，再按下式修正计算：

$$L_c = L_r \times \frac{L_{sc}}{L_s} \tag{4-1}$$

式中：L_c 为调湿后的织物长度，m；L_r 为普通大气条件下测得的织物长度，m；L_{sc} 为调湿后织物调湿部分所做标记间的平均尺寸，m；L_s 为调湿前织物调湿部分所做标记间的平均尺寸，m。

(二) 织物幅宽

织物幅宽用测试值的平均数表示，单位为米(m)，精确至 0.01 m。如果需要，计算其变异系数(精确至 1%)和 95%置信区间(精确至 0.01 m)。

如果在普通大气条件下测定，需用修正方法加以修正。可在试验用标准大气条件下，对织物松弛的一部分(剪下或不剪下均可)进行测量，再按下式修正计算：

$$W_c = W_r \times \frac{W_{sc}}{W_s} \tag{4-2}$$

式中：W_c为调湿后的织物幅宽，m；W_r为在普通大气下测得的织物幅宽，m；W_{sc}为调湿后织物标记处的平均幅宽，m；W_s为调湿前织物标记处的平均幅宽，m。

思 考 题

1. 机织物长度和幅宽的定义是什么?
2. 测定长度和幅宽时如何确定修正系数?

(本实验技术依据：GB/T 4666—2009《纺织品 织物长度和幅宽的测定》)

实验二 织物厚度测试

一、实验目的与要求

通过实验，了解织物厚度测试仪的结构与原理，掌握织物厚度的测试方法。

实验操作视频

二、仪器用具与试样材料

YG141 型织物厚度测试仪及附件，或 Y531 型织物厚度测试仪，剪刀。试样为机织物若干。

三、实验原理与仪器结构

(一) 实验原理

试样放置在参考板上，平行于该板的压脚将规定压力施加于试样规定面积上，规定时间后测定并记录两板间的垂直距离，即为试样厚度测量值。

(二) 仪器结构

YG141 型织物厚度测试仪采用电动升降、杠杆配重平衡、直接加压、自动计时、百分表读数，能自动地连续测量织物厚度。YG141 型织物厚度仪由指示百分表、压重块、压脚和基准板等组成，其结构如图 4-1 所示。

1—指示百分表 2—压重块
3—压脚 4—基准板

图 4-1 YG141 型织物厚度仪

四、实验方法与操作步骤

(一) 取样

试样取样时，测定部位应在距布边 150 mm 以上区域内按阶梯形均匀排布，各测定点都不在相同的纵向和横向位置上，且应避开影响试验结果的疵点和折皱。对易于变形或有可能影响试验操作的样品，如某些针织物、非织造布或宽幅织物等，应按表 4-1 裁取足够数量的试样，试样尺寸不小于压脚尺寸。

试验前，样品或试样应在松弛状态下于标准大气中调湿平衡，通常需调湿 16 h 以上，合成纤维样品至少平衡 2 h，公定回潮率为零的样品可直接测定。

表 4-1　压脚的主要技术参数参考表

<table>
<tr><th>样品类别</th><th>压脚面积（mm^2）</th><th>加压压力（kPa）</th><th>加压时间(s)</th><th>最小测定数量(次)</th><th>说明</th></tr>
<tr><td rowspan="3">普通类</td><td rowspan="4">200±20(推荐)、100±1、10 000±100（推荐面积不适宜时再从另两种面积中选用）</td><td>1±0.01</td><td rowspan="5">30±5(常规：10±2，非织造布按常规）</td><td rowspan="5">5(非织造布及土工布：10)</td><td rowspan="4">土工布在 2 kPa 时为常规厚度，其他压力下的厚度按需要测定</td></tr>
<tr><td>非织造布：
0.5±0.01</td></tr>
<tr><td>土工布：
2±0.01
20±0.1
200±1</td></tr>
<tr><td>毛绒类
疏软类</td><td>0.1±0.001</td></tr>
<tr><td>蓬松类</td><td>20 000±100
40 000±200</td><td>0.02±0.000 5</td><td>厚度超过 20 mm 的样品，也可使用蓬松类</td></tr>
</table>

注：① 不属毛绒类、疏软类、蓬松类的样品，均归入普通类。

② 选用其他参数，需经有关各方同意。例如，根据需要，非织造布或土工布压脚面积也可选用 2 500 mm^2，但应注明。另选加压时间时，其选定时间延长 20%后厚度应无明显变化。

（二）仪器调整

(1) 清洁仪器基准板和压脚测杆轴，使之不沾有任何灰尘和纤维，检查压脚轴的运动灵活性。

(2) 根据被测织物的要求，更换压脚，加上压重块（压脚面积和压重块按表 4-2 及表 4-3 选择）。对于表面呈凹凸不平花纹结构的样品，压脚直径应不小于花纹循环长度；如需要，可选用较小压脚分别测定，并报告凹凸部位的厚度。

表 4-2　织物测厚仪的压脚面积和直径

压脚面积(mm^2)	压脚直径(mm)	适用织物厚度(mm)	压脚面积(mm^2)	压脚直径(mm)	适用织物厚度(mm)
50	7.98	1.60	2 500	56.43	11.29
100	11.28	2.26	5 000	79.80	15.96
500	25.22	5.04	10 000	112.84	22.57
1 000	35.68	7.14	—	—	—

表 4-3　各类织物的压力推荐值

织物类型	压力(cN/cm^2)	织物类型	压力(cN/cm^2)
毡子、绒头织物	2, 5	丝织物	20, 50
针织物	10, 20	棉织物	50, 100
粗纺毛织物	10, 20	粗布、帆布类织物	100
精纺毛织物	20, 50	—	—

(3) 根据需要将压重时间开关拨至“5 s”或“30 s”，试验次数开关拨至“单次”或“连续”。

(4) 接通电源，电源指示灯亮，按“开”按钮，仪器动作。

(5) 调整百分表的零位，若零位差在 0.2 mm 以上，可用百分表下部露出的 $\phi 8$ 滚花螺钉进行调整，待差不多时，转动百分表外壳进行微调。调好零位，空试几次，待零位稳定后再正式测试织物。在空试零位时，零位漂移不超过±0.005 mm，即可进行测试。

（三）操作步骤

（1）按"开"按钮，当压脚升起时，把被测织物试样在无皱折、无张力的情况下放置在基准板上。

（2）在压脚压住被测织物试样 30 s（或 5 s）时，读数指示灯自动闪亮，尽快读出百分表上所示厚度数值，并做好记录。如指示灯不亮，则读数无效。

（3）采用"连续"测试时，读数指示灯熄灭后，压脚即自动上升，自动进行下一次测试。采用"单次"测试时，压脚不再往复运动。

（4）利用压脚上升和再落下的间隙时间，可调整被测织物试样的测试部位。测试部位离布边大于 150 mm，并按阶梯形均匀排布，各测试点都不在相同的纵向和横向位置。

（5）测试完毕，取出被测织物试样，在压脚回复至初始位置（即与基准板贴合）时，随即关掉电源。

五、实验结果计算与修约

计算所测织物厚度的算术平均值（修约至 0.01 mm）和变异系数 *CV*（%）（修约至 0.1%）。

思　考　题

织物厚度测试中应注意哪些问题？

（本实验技术依据：GB/T 3820—1997《纺织品和纺织制品厚度的测定》）

实验三　机织物密度与紧度测试

实验操作视频

一、实验目的与要求

通过实验，掌握机织物密度的测试方法和紧度的计算方法，并比较不同机织物的紧密程度。

二、仪器用具与试样材料

Y511 型织物密度分析器，钢尺，剪刀，分析针。试样为机织物若干。

三、实验原理与仪器结构

（一）实验原理

使用 Y511 型移动式织物密度分析器，测定织物经向或纬向一定长度内的纱线根数，并折算成 10 cm 长度内的纱线根数。

（二）仪器结构

Y511 型织物密度分析器由放大镜、转动螺杆、刻度线和刻度尺四个部分组成，其结构如图 4-2所示。

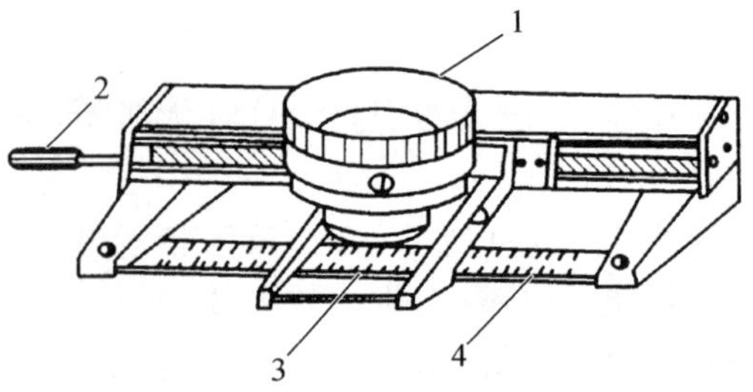

1—放大镜　2—转动螺杆　3—刻度线　4—刻度尺

图 4-2　织物密度分析器

四、实验方法与操作步骤

（一）取样

将要检测的试样放在标准大气中调湿 24 h，把试样放在测量平台上，在距头尾至少 5 cm 处选择测定位置。纬密在每匹不同经向至少测定 5 次，经密在每匹的全幅范围内同一纬向不同位置至少测定 5 处（离开布边至少 3 cm），以保证有足够的代表性。每一处的最小测定距离按表 4-4 进行。

表 4-4　每处的最小测定距离

密度（根/cm）	＜10	10～25	26～40	＞40
最小测定距离（cm）	10	5	3	2

（二）仪器调整

转动织物密度分析器的螺杆，使刻度线与刻度尺上的零位线对齐。

（三）操作步骤

1. 移动式织物密度镜测定法

将移动式放大镜平放在织物上所选测定部位处，刻度尺沿经纱或纬纱方向，将零位线放置在两根纱线的中间位置。用手缓慢转动螺杆，计数刻度线所通过的纱线根数，直至刻度线与刻度尺的 50 mm 处对齐，即可得出织物 5 cm 内的纱线根数，再折算成 10 cm 长度内所含纱线的根数。

计数经纱或纬纱需精确至 0.5 根，如终点落在纱线中间，则最后一根纱做 0.5 根计；如不足 0.25 根则不计；0.25～0.75 根做 0.5 根计；0.75 根以上做 1 根计。

2. 织物分解点数法

不能用密度镜数出纱线根数时，可按规定的测定次数，在织物的适当部位剪下长、宽略大于最小测定距离的试样。在试样的边部拆去部分纱线，再用钢尺测量，使试样长、宽各达规定的最小测定距离，允许误差 0.5 根纱。然后对准备好的试样逐根拆点根数，将测得的一定长度内的纱线根数折算成 10 cm 长度内所含纱线的根数，并分别求出算术平均值。密度计算精确至 0.01 根，然后按数值修约规则进行修约。

3. 织物分析镜法

织物分析镜的窗口宽度为（2±0.005）cm 或（3±0.005）cm，测试时将织物分析镜放在摊平的织物上，选择一根纱线并使其平行于分析镜窗口的一边，逐一计数窗口内的纱线根数；也可计数窗口内的组织循环个数，通过织物组织分析或分解该织物，确定一个组织循环的纱线根数，计算方法为：测量距离内纱线根数＝组织循环个数×一个组织循环的纱线根数＋剩余纱线根数。该方法适用于密度大、纱线线密度小的规则组织的织物。

五、实验结果计算与修约

根据所给织物试样中经、纬纱线的线密度和测得的经、纬向密度，计算织物紧度。

经向紧度：
$$E_t = \frac{d_t P_t}{100} \times 100\% \tag{4-3}$$

式中：E_t为经向紧度，%；d_t为经纱直径，mm；P_t为经密，根/(10 cm)。

纬向紧度：
$$E_w = \frac{d_w P_w}{100} \times 100\% \tag{4-4}$$

式中：E_w为纬向紧度，%；d_w为纬纱直径，mm；P_w为纬密，根/(10 cm)。

总紧度：
$$E = E_t + E_w - E_t E_w \tag{4-5}$$

式中：E为总紧度，%。

纱线直径：
$$d = 0.035\,7\sqrt{\frac{\mathrm{Tt}}{\gamma}} \tag{4-6}$$

式中：Tt为经(纬)纱线的线密度，tex；γ为经(纬)纱线的密度(表 4-5)，g/cm^3。

表 4-5 常用纱线的 γ 值

纱线类别	棉纱	精梳毛纱	粗梳毛纱	丝	绢纺纱	涤/棉纱(65/35)	涤/棉纱(50/50)
γ(g/cm^3)	0.8～0.9	0.75～0.81	0.65～0.72	0.8～0.9	0.83～0.95	0.85～0.95	0.74～0.76

思 考 题

1. 织物密度与紧度有何异同？两者的关系是什么？
2. 织物密度有几种测定方法？各自特点如何？
3. 密度测定中为什么要规定最小测量距离？

(本实验技术依据：GB/T 4668—1995《机织物密度的测定》)

实验四 针织物线圈密度和线圈长度测试

一、实验目的与要求

通过实验，了解仪器操作要领，掌握针织物线圈密度和线圈长度的测试方法。

二、仪器用具与试样材料

量尺，Y511B 型或 Y511C 型密度分析镜，或塑料玻璃板(内框边长 10 cm，外边长 15 cm)，纱线长度测量仪。试样为面积一般不小于 15 cm×15 cm 的针织物若干。

三、实验原理

测量针织物单位面积的线圈总数(圈数/100 cm^2)。针织物线圈长度是指每个线圈的纱线长度(mm)。

四、实验方法与操作步骤

(一) 取样

将要检测的试样放在标准大气下调湿 24 h,然后把试样无拉伸地平放在测量平台上。

(二) 操作步骤

1. 针织物密度测量

将移动式放大镜平放在织物上所选测定部位处,刻度尺沿横列或纵行方向。将零位线与线圈横列平行,用手缓慢转动螺杆,计数刻度线所通过的线圈数,直至刻度线与刻度尺的 50 mm 处对齐,即可得出织物 50 mm 内的线圈数,再折算成 10 cm 长度内所含线圈横列数(h),即为针织物横列密度。在试样不同位置上测量 5 次,求取平均值。用同样的方法对线圈纵行进行测量,得到纵行线圈数(Z)。

2. 针织物线圈长度测试

在试样的适当区域内数 100 个线圈纵行,并做好标记。将标记好的纱线逐根拆下,并在纱线长度测量仪上测量标记间的伸直长度,该长度与线圈横列数的比值即为线圈长度。

当编织该针织物的进线路数已知时,测试次数为进线路数的 3 倍,并且用同一路编织而成的线圈至少要测量 3 处;未知时,测试次数至少为一个完全组织各路进线的 3 倍。

测量伸直长度时的张力,短纤维纱采用相当于纱长 250 m 的重力,普通长丝为 2.94 cN/tex,变形丝为 8.82 cN/tex。

五、实验结果计算与修约

$$线圈密度 = h \times Z \tag{4-7}$$

要求计算 5 次测量的线圈密度的算术平均值(圈数/100 cm^2),或横列、纵行线圈数的算术平均值[圈数/(10 cm)]。

对于双罗纹等组织的针织物,横列、纵行线圈数应为实测圈数值的 2 倍。测量时,读数保留到 0.5 个线圈,最后计算结果精确到 0.5 个线圈。线圈长度值最后计算结果精确到一位小数。

思 考 题

1. 针织物基本组织有哪些? 各有什么特点?
2. 不同的线圈密度与织物风格有什么关系? 与用纱量有什么关系?

(本实验技术依据:FZ/T 70002—1991《针织物线圈密度测量法》)

实验五 织物单位面积质量测试

一、实验目的与要求

通过实验,熟悉织物单位面积质量的测试方法,掌握织物平方米质量的计算方法和影响因素。

二、仪器用具与试样材料

钢尺，剪刀，天平，工作台，切割器，通风式干燥箱，干燥器。试样为机织物若干。

三、实验原理

将织物按规定尺寸剪取试样，放入干燥箱内干燥至衡量后称重，计算单位面积干燥质量，再结合公定回潮率计算单位面积公定质量。

四、实验方法与操作步骤

（一）取样

试样在标准大气中调湿 24 h 使之达到平衡。把调湿过的样品放在工作台上，在适当的位置，使用切割器切割 10 cm×10 cm 的方形试样或面积为 10 cm^2 的圆形试样 5 块。对于大花型织物，当其中含有质量明显不同的局部区域时，要选用包含此花型完全组织整数倍的样品，然后测量样品的长度、宽度和质量，并计算单位面积质量。

（二）操作步骤

1. 干燥

将所有试样一并放入通风式干燥箱的称量容器内，在(105±3)℃下干燥至恒定质量(以至少 20 min 为间隔连续称量试样，直至两次称量的质量之差不超过后一次称见质量的 0.2%)。

2. 称量

称量试样的质量，精确至 0.01 g。

五、实验结果计算与修约

1. 单位面积干燥质量

$$m_{\mathrm{dua}} = \frac{m}{S} \tag{4-8}$$

式中：m_{dua} 为试样的单位面积干燥质量，g/m^2；m 为试样的干燥质量，g；S 为试样的面积，m^2。

通过计算求得 5 块试样的测试结果及其平均值。

2. 单位面积公定质量

$$m_{\mathrm{rua}} = m_{\mathrm{dua}}[A_1(1+R_1)+A_2(1+R_2)+\cdots+A_n(1+R_n)] \tag{4-9}$$

式中：m_{rua} 为试样的单位面积公定质量，g/m^2；A_1，A_2，…，A_n 为试样中各组分纤维按净干质量计算得到的质量分数；R_1，R_2，…，R_n 为试样中各组分纤维的公定回潮率，%。

思 考 题

1. 什么是织物单位面积质量？
2. 实验过程中影响织物单位面积质量的因素有哪些？

（本实验技术依据：GB/T 4669—2008《纺织品 机织物 单位长度质量和单位面积质量的测定》）

实验六　本色棉布疵点格率测试

一、实验目的与要求

通过实验，熟悉本色棉布棉结杂质的测试方法，掌握棉结疵点格率和棉结杂质疵点格率的计算方法。

二、仪器用具与试样材料

棉布疵点格率板（玻璃板上刻有 225 个小方格，每格面积 1 cm^2），斜面台（长 1 000～1 800 mm，宽 220 mm，倾斜角度 25.5°），日光灯照明装置[光照度（400±100）lx]。试样为本色棉布一种。

三、实验原理

棉结杂质用棉结疵点格率和棉结杂质疵点格率表示。用疵点格率板罩在样布的四个部位，计数其上的疵点格数。凡方格中有棉结的即为棉结疵点格，凡方格中有棉结杂质的即为棉结杂质疵点格，并分别计数。最后将棉结疵点格数与取样总格数相比，所得百分率即为棉结疵点格百分率。同样，将棉结杂质疵点格数与取样总格数相比，所得百分率即为棉结杂质疵点格百分率。

四、实验方法与操作步骤

（一）取样

试样在标准温湿度条件下调湿 16 h，把调湿过的样品放在斜面台上检验，每匹棉布在不同折幅、不同经向的布面上检验 4 次，检验位置应距布的头尾端 5 m、距布边 5 cm 的范围内。

（二）棉结的确定

棉结是由棉纤维、未成熟棉或僵棉，因轧花或纺织工艺过程处理不善集结成团（不论松紧）而形成。

（1）棉结不论其大小、形状、色泽，以检验者的视力能辨认为准。

（2）棉结上附有杂质的只算棉结，不算杂质。

（3）细纱接头、布机接头、飞花织入或附着、经缩、纬缩和松股（股线织物），不算棉结。

（三）杂质的确定

杂质是附有或不附有松纤维（或绒毛）的籽屑、碎叶、碎枝杆、棉籽软皮、麻、草、木屑、织入布内的色毛及淀粉等。

（1）杂质以检验者一般目力一看即能辨认为准。

（2）杂质下有松纤维附于布面但不成团的，只算杂质。

（3）油污纱、色纱及黄棉纺入纱身的，均不算杂质。

（4）附着的杂质，仍以杂质计。

（四）棉结杂质检验方法

（1）把试样放置在斜面台上，照明装置位于斜面台后面的上方，在斜面台中间放置玻璃板时，玻璃板中心位置的光照度为（300±100）lx。

（2）用疵点格率板罩在样布的四个部位上，计数其上的疵点格数。

① 1格有棉结杂质，不论大小和数量多少，即为1个疵点格。

② 棉结、杂质在2格的线上时，若线上下（或左右）2格均已为疵点格，则仍算2个疵点格；2格中有1格已为疵点格，仍算1个疵点格；2格均为空格，则线上的棉结、杂质即算1个疵点格。

③ 棉结、杂质在4格的交叉点上时，若4格均已为疵点格，则仍算4个疵点格；4格中任1格、2格或3格已为疵点格，仍算1个、2个或3个疵点格；4格均为空格，则交叉点上的棉结、杂质即算1个疵点格。

④ 1个或1条杂质延及数格（2格以上）时，只算1格；如延及的格子是疵点格，则不再计入。

五、实验结果计算与修约

$$P_t = \frac{D}{n \times 4 \times 225} \times 100 \tag{4-10}$$

式中：P_t 为棉结杂质疵点格率，%；D 为棉结、杂质疵点格总数，个；n 为取样匹数。

$$P_n = \frac{N}{n \times 4 \times 225} \times 100 \tag{4-11}$$

式中：P_n 为棉结疵点格率，%；N 为棉结疵点格总数，个；n 为取样匹数。

计算结果按GB/T 8170修约至整数。

思　考　题

1. 如何分辨布面的杂质和棉结？
2. 如何确定疵点格？疵点格率的计算公式是什么？

（本实验技术依据：FZ/T 10006—2017《本色布棉结杂质疵点格率检验方法》）

实验七　织物强伸度测试

实验操作视频

一、实验目的与要求

通过实验，熟悉织物强伸度的测试方法和织物强力试验机的结构与操作方法，了解影响实验结果的各种因素。

二、仪器用具与试样材料

HD026N型电子织物强力仪，钢尺，剪刀等。试样为织物试样一种。

三、实验原理与仪器结构

（一）实验原理

将一定规格尺寸的试样布条，按一定的方法夹在上、下夹持器上，下夹持器以恒定的速度下降，直到把试样拉断，得到最大强力和伸长率，并计算试样的最大强度。

（二）仪器结构

HD026N 型电子织物强力仪主要由主机（传动机构、强力测试机构、伸长测试机构）、控制箱、打印机等部分组成，如图 4-3 所示。

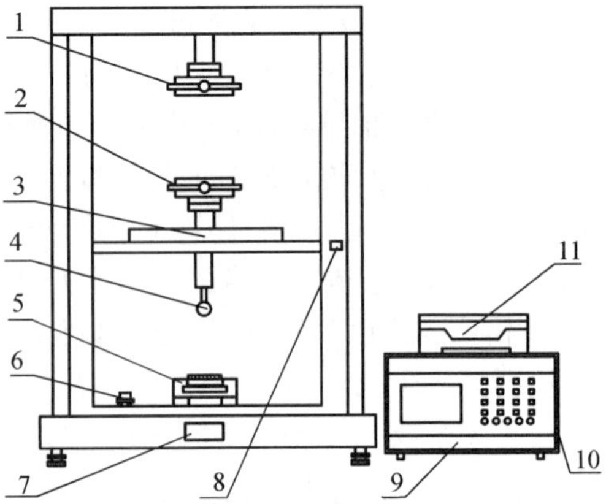

1—上夹持器　2—下夹持器　3—传感器
4—顶破金属球　5—顶破夹持器座　6—水平泡
7—产品铭牌　8—启动按钮
9—控制箱　10—电源开关　11—打印机

图 4-3　HD026N 型电子织物强力仪

四、实验方法与操作步骤

（一）取样

检验布样在每批棉本色布整理后成包前的布匹中随机取样，其数量不少于总匹数的 0.5%，并不得少于 3 匹。

在所取织物上进行试验布样的剪取，用剪刀剪取长度约 40 cm（上浆织物为 50 cm）。实验布条必须在进行试验时一次剪取，并立即进行试验，试验样布上不能存有表面疵点。用钢尺测量布样尺寸。

在试验样布上剪取试验布条，如图 4-4 所示。将试样剪成宽 6 cm（扯去边纱成为 5 cm）、长 30～33 cm 的试验布条，经向和纬向各 5 个试验布条。

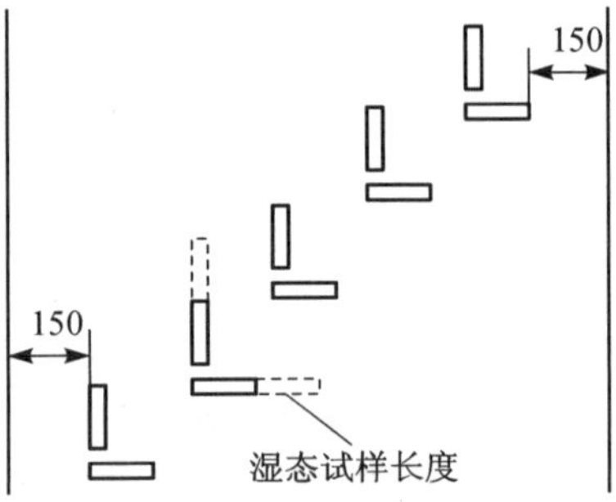

图 4-4　样品裁剪样图

（二）操作步骤

（1）校正仪器水平。

（2）检查、设置仪器。连接好主机与控制箱及打印机的连接线，打开电源开关。仪器自检正常后，按"设置"键，展开菜单，每进行一项参数设置，必须按一次"←"键加以确认，然后按"↓"键换下一屏。

实验方式选择"定速拉伸"，总次数为 5 次，预加张力按表 4-6 确定。

预试 1～2 条试样，根据织物的断裂伸长率，按表 4-7 设定拉伸试验仪的拉伸速度或伸长速率。

表 4-6　单位面积质量与预加张力的关系表

单位面积质量（g/m²）	≤200	200～500	＞500
预加张力（N）	2	5	10

表 4-7　断裂伸长率与拉伸速度或伸长速率的关系表

断裂伸长率（%）	＜8	8～75	＞75
隔距长度（mm）	200	200	100
拉伸速度（mm/min）	20	100	100
伸长速率（%/min）	10	50	100

撕破长度和取值伸长率不设置，日期、时间按当时做实验的时间确定，经、纬向按实验布条的经纬方向确定。

打印方式设置：移动光标“→”选择，然后按“设置”键，确认或取消该打印方式。“打印曲线”每次实验均自动打印拉伸曲线图形，“全打印”可打印出每次的测试结果，“结算打印”只打印平均值。一般选择“全打印”和“结算打印”。

以上设置工作结束后，按“←”键两次，回到“设置主菜单”，再按一次“←”键进入工作状态，进行实验操作，或按屏幕提示操作。

按屏幕提示，按“拉伸”键，仪器即能按预设置定长数值自动校正，使仪器上、下夹持器的实际位置和设置位置一致为止。结束后按“←”键返回主菜单。

(3) 测试。将剪好的试样按规定夹入上、下夹持器，按“拉伸”键，直到把试样拉断，显示屏上显示本次的测试结果。下夹持器自动返回原来的起始位置自停，打印机打印测试结果。在总次数拉伸结束后，仪器自动显示并打印强力平均值(N)、伸长率平均值(%)、断裂功平均值(J)、断裂时间平均值(s)、强力 CV 值(%)、伸长 CV 值(%)、断裂功 CV 值(%)等。若实验布条在夹持器的夹持线钳内断裂或从钳中滑脱，则实验结果无效。若在距钳口 5 mm 内断裂，如钳口断裂值大于 5 块试样的最小值，则保留；否则，则舍弃。

五、实验结果计算与修约

经向、纬向断裂强力各以其算术平均值作为结果，计算结果在 100 N 及以下，修约至 1 N；计算结果大于等于 100 N 且小于 1 000 N 的，修约至 10 N；计算结果在 1 000 N 以上的，修约至 100 N。

织物强伸度实验易受温湿度条件的影响，故实验室的温湿度应控制在标准状态下，在此条件下将试样展开平放 24 h 以上，达到一定回潮率再进行测试。但棉纺织厂通常为了迅速完成织物断裂强力的测试，可采用快速试验。快速试验时可以在一般温湿度条件下进行，将实测结果根据试样的实际回潮率和温度加以修正。棉布断裂强力修正公式如下：

$$P_0 = K \times P \tag{4-12}$$

式中：P_0 为织物修正后的断裂强力(相当于在标准大气条件下织物的断裂强力)，N；K 为温度与回潮率对织物断裂强力的修正系数(参见二维码和相关标准)；P 为在非标准大气条件下测得的织物实际断裂强力，N。

经向、纬向断裂伸长率各以其算术平均值作为结果，计算结果精确到小数点后一位。

棉本色布断裂强力的温度和回潮率修正系数

思 考 题

1. 取样时为什么采用扯边纱条样法？

2. 影响织物拉伸强度的因素有哪些？

(本实验技术依据：GB/T 3923.1—2013《纺织品 织物拉伸性能 第 1 部分：断裂强力和断裂伸长率的测定 条样法》，FZ/T 10013.2—2011《温度与回潮率对棉及化纤纯纺、混纺制品断裂强力的修正方法 本色布断裂强力的修正方法》)

实验八 织物拉伸弹性测试

一、实验目的与要求

通过实验，了解织物拉伸弹性的分类和测试方法，掌握定伸长弹性回复率和塑性变形率的计算方法。

二、仪器用具与试样材料

HD026N 型电子织物强力仪或 YG026-250 型织物强力试验机，钢尺，剪刀等。试样为机织物若干。

三、实验原理

织物经定伸长或定负荷拉伸产生形变，经规定时间后释去拉伸力，使其在规定时间内回复后测量其残留伸长，据此计算弹性回复率和塑性变形率，以表征织物的拉伸弹性。

四、实验方法与操作步骤

（一）取样

在距样品布边 10 cm 处剪取试样，每块试样不应含有相同的纱线。每个试样至少剪取经向、纬向各 3 块试样，试样长度应满足隔距长度 200 mm，宽度应满足有效宽度 50 mm。

取样应具有代表性，确保避开明显的折皱及影响实验结果的疵点部位，将取好的样品放在标准大气中调湿 24 h。

（二）操作步骤

1. 仪器调整

（1）实验前应校准仪器及记录装置的零位、满力。

（2）校正隔距长度为 200 mm，并使夹钳相互对齐和平行。

（3）设置拉伸速度。定伸长拉伸时，当伸长率≤8%时，拉伸速度为 20 mm/min；当伸长率>8%时，拉伸速度为 100 mm/min。定负荷拉伸时，根据预实验，达到规定力时的伸长率≤8%时，拉伸速度为 20 mm/min；当伸长率>8%时，拉伸速度为 100 mm/min。

2. 夹持试样

将试样夹持在夹钳中间位置，保证拉力中心线通过夹钳的中心。根据表 4-8 中的预加张力值，对织物施加一定的预加张力，如果产生的伸长率>2%，则减小预加张力值。

表 4-8 织物种类、单位面积质量与预加张力的关系表

织物种类	预加张力值		
	<200 g/m^2	200～500 g/m^2	>500 g/m^2
普通机织物	2 N	5 N	10 N
弹力机织物	0.3 N 或较低值	1 N	1 N

注：对于弹力机织物，预加张力是施加在弹力纱方向的力。

3. 测试

(1) 定负荷弹性的测定。启动仪器，拉伸试样至定负荷，读取试样长度 L_1，保持定负荷 1 min 后读取试样长度 L_2；然后以相同速度使夹钳回复零位，停置 3 min，再以相同速度拉伸试样至表 4-9 中规定的预加张力，读取试样长度 L_3。

(2) 定伸长弹性的测定。启动仪器，拉伸试样至定伸长值 L_5，读取对应的力，单位为牛顿(N)；停置 1 min，然后以相同速度使夹钳回复至零位，停置 3 min，再施加预加张力，读取预加张力对应的试样长度 L_4；再以相同速度拉伸试样至定伸长 L_5。

五、实验结果计算与修约

1. 定负荷弹性指标的计算

$$\text{定负荷伸长率} = \frac{L_1 - L_0}{L_0} \times 100\% \tag{4-13}$$

$$\text{定负荷弹性回复率} = \frac{L_2 - L_3}{L_2 - L_0} \times 100\% \tag{4-14}$$

$$\text{定负荷塑性变形率} = \frac{L_3 - L_0}{L_0} \times 100\% \tag{4-15}$$

式中：L_0 为隔距长度，mm；L_1 为试样拉伸至定负荷时的长度，mm；L_2 为试样拉伸至定负荷保持 1 min 后的长度，mm；L_3 为试样回复至零位停置 3 min 后再施加预张力时的长度，mm。

2. 定伸长弹性指标的计算

$$\text{定伸长弹性回复率} = \frac{L_5 - L_4}{L_5 - L_0} \times 100\% \tag{4-16}$$

$$\text{定伸长塑性变形率} = \frac{L_4 - L_0}{L_0} \times 100\% \tag{4-17}$$

式中：L_0 为隔距长度，mm；L_4 为试样回复至零位停置 3 min 后再施加预张力时的长度，mm；L_5 为试样拉伸至定伸长时的长度，mm。

思　考　题

1. 织物拉伸弹性分为哪两种？分别是怎样测试的？
2. 影响织物拉伸弹性的因素有哪些？

（本实验技术依据：FZ/T 01034—2008《纺织品　机织物拉伸弹性试验方法》）

实验九　织物撕破强力测试

实验操作视频

一、实验目的与要求

通过实验，观察织物的撕破特征，掌握舌形法和梯形法织物撕破强力的测试方法，了解影响织物撕破强力的各种因素。

二、仪器用具与试样材料

HD026N 型电子织物强力仪，YG033 型落锤式织物撕裂仪，钢尺，挑针，剪刀，张力夹，试样撕裂尺寸样板等。试样为织物试样一种。

三、实验原理与仪器结构

（一）实验原理

织物撕破强力测试可用两种仪器:落锤式织物撕裂仪和电子织物强力仪。

落锤式织物撕裂仪:试样固定在夹具上,将试样切开一个切口,释放处于最大势能位置的摆锤,可动夹具离开固定夹具时,试样沿切口方向被撕裂,把撕破织物一定长度所做的功换算成撕破力。

电子织物强力仪:将舌形试样的舌片和梯形试样的两条不平行的边分别夹持于上、下夹持器之间,用强力仪拉伸,试样内纱线逐根断裂,试样沿切口线撕破。记录织物撕裂到规定长度内的撕破强力,并根据撕裂曲线的峰值计算出最高撕破强力和平均撕破强力。

（二）仪器结构

YG033 型落锤式织物撕裂仪由小增重锤 A、扇形锤、大增重锤 B、撕破刀把、动夹钳、固定夹钳等组成,其结构如图 4-5 所示。

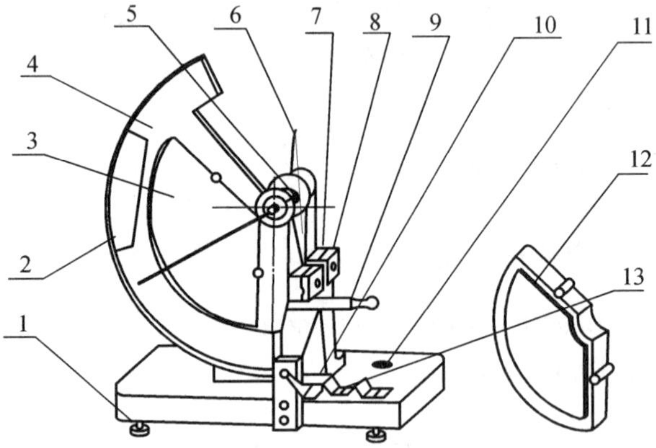

1—水平调节螺钉　2—力值标尺　3—小增重锤 A　4—扇形锤　5—指针调节螺钉　6—动夹钳　7—固定夹钳　8—止脱执手　9—撕破刀把　10—扇形锤挡板　11—水平泡　12—大增重锤 B　13—指针挡板

图 4-5　YG033 型落锤式织物撕裂仪

四、实验方法与操作步骤

（一）取样

按有关规定取好试样(每匹剪取长约 70 cm 样品 1 份),并进行预调湿、调湿处理。

在距布边 1/10 幅宽(幅宽 100 cm 以上的,距布边 10 cm)内,舌形法、梯形法、落锤法试样分别如图 4-6、图 4-7 和图 4-8 所示进行裁剪,裁取经向、纬向试样条各 5 条。试样条上除不得有影响测试结果的严重疵点外,还要求各试样条不含有同一根经纱或纬纱,并使试样条的长、短边线与布

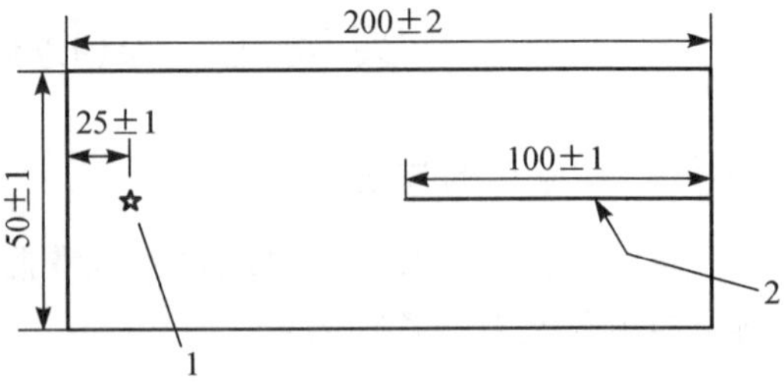

1—撕裂长度终点　2—切口

图 4-6　舌形法(单舌法)试样尺寸(单位:mm)

面的经纱或纬纱相平行，切口线与布面的经纱或纬纱相平行。

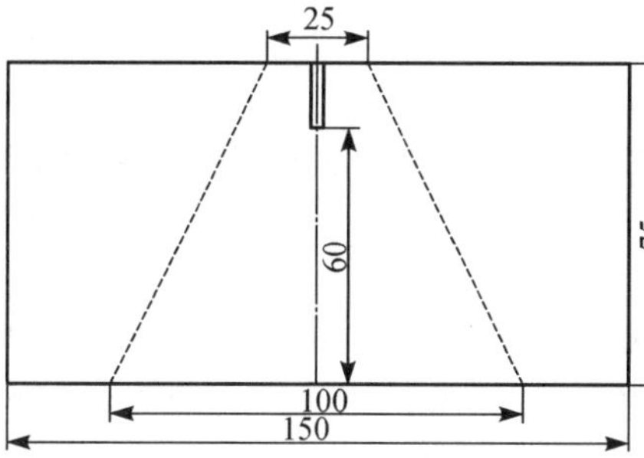

图 4-7 梯形法试样尺寸(单位:mm)

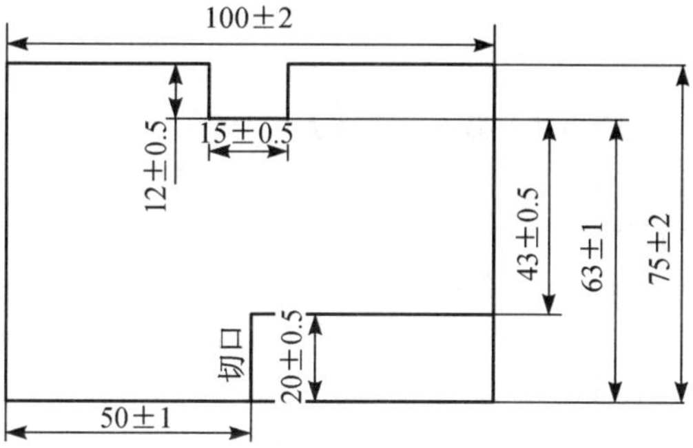

图 4-8 落锤法试样尺寸(单位:mm)

（二）操作步骤

1. 落锤式织物撕裂仪

(1) 仪器调整。选择摆锤的质量，使试样的测试结果落在相应标尺满量程的 15%～85% 范围内。校正仪器的零位，将摆锤升到起始位置。

(2) 安装试样。试样夹在夹具内，使试样长边与夹具的顶边平行。将试样夹在中心位置，轻轻将其底边放在夹具的底部，在凹槽对边用小刀切一个(20±0.5)mm 的切口，余下的撕裂长度为(43±0.5)mm。

(3) 测试。按下摆锤停止键，放开摆锤，当摆锤回摆时握住它，以免破坏指针的位置，从测量装置标尺分度值或数字显示器读出撕破强力，单位为牛顿(N)。

观察撕裂是否沿力的方向进行，以及纱线是否从织物中滑移而不是被撕裂。满足以下条件的实验为有效实验：

纱线未从织物中滑移；试样未从夹具中滑移；撕裂完全且撕裂一直在15 mm宽的凹槽内。

不满足以上条件的实验结果应剔除。如果某样品的 5 块试样中，有 3 块或 3 块以上被剔除，则此方法不适用。

2. 电子织物强力仪

(1) 仪器设置。实验方式：撕裂拉伸；撕裂长度：舌形法(150＋伸长值)mm，梯形法(85＋伸长值)mm；隔距长度：舌形法 100 mm，梯形法 25 mm；拉伸速度：100 mm/min。

(2) 安装试样。采用舌形法撕破时，将试样的两个舌片各夹入一只夹具中，切割线与夹具的中心线对齐，试样的未切割端处于自由状态，注意保证两个舌片固定于夹具中，使撕裂开始时平行于切口且在撕力所施的方向。采用梯形法撕破时，将试样不平行的两端分别沿夹持线夹紧于上、下夹持器正中间，使钳口线与夹持线相吻合，并注意在拧紧下夹持器前保持试样有切口的短边垂直。

(3) 测试。启动强力仪，至试样撕破到撕裂终端线为止，记录最高撕破强力值。

五、实验结果计算与修约

分别计算样品经向、纬向的平均撕破强力至小数点后两位，按数值修约规则修约至小数点后一位。在一般大气条件下测试的结果，应按温度、回潮率进行修正，修正系数同织物拉伸断裂强力的修正系数。

思 考 题

1. 织物撕破强力的测试方法有哪些？各有什么异同？

2. 用单舌法在 HD026N 型电子织物强力仪上测试织物的撕破强力时，撕破长度如何确定？如何计算织物的撕破强力？

3. 影响织物撕破强力的因素有哪些？

（本实验技术依据：GB/T 3917.1—2009《纺织品　织物撕破性能　第 1 部分：冲击摆锤法撕破强力的测定》，GB/T 3917.2—2009《纺织品　织物撕破性能　第 2 部分：裤形试样（单缝）撕破强力的测定》，GB/T 3917.3—2009《纺织品　织物撕破性能　第 3 部分：梯形试样撕破强力的测定》）

实验十　织物顶破强力测试

实验操作视频

一、实验目的与要求

通过实验，观察织物顶破的力学特征，掌握织物顶破强力的测试方法。

二、仪器用具与试样材料

HD026N 型电子织物强力仪，剪刀，圆形划样板，圆环试样夹。试样为机织物、针织物试样各一种。

三、实验原理

将裁剪好的圆形试样夹持在固定基座的圆环试样夹内，圆球形顶杆以恒定的移动速度垂直顶向试样，使试样变形直至破裂，测得顶破强力。

四、实验方法与操作步骤

（一）取样

将要检测的试样放在标准大气中调湿 24 h，并裁剪成规定的圆形试样（直径 6 cm）。试样应具有代表性，数量至少 5 块，试样区域应避免折叠、折皱，并避开布边。

（二）操作步骤

（1）仪器调整。选择直径为 25 mm 或 38 mm 的球形顶杆，将球形顶杆和夹持器安装在试验机上，保持环形夹持器的中心在顶杆的轴心线上。选择力的量程，使输出值在满量程的 10%～90%。设置实验方式为顶破拉伸，试验机速度为（300±10）mm/min，上、下夹持器间的距离为 450 mm。

（2）安装试样。将试样反面朝向顶杆，夹持在夹持器上，保证试样平整、无张力、无折皱。

（3）测试。启动仪器进行顶破实验，待试样完全顶破后，记录其最大值作为该试样的顶破强力，以牛顿（N）为单位。如果测试过程中出现纱线从环形夹持器中滑出或试样滑脱的现象，应舍弃该实验结果。

五、实验结果计算与修约

以 5 块试样的顶破强力平均值作为实验结果。

思　考　题

观察不同品种的织物破裂时裂口的形状，并分析影响织物顶破强力的因素。
（本实验技术依据：GB/T 19976—2005《纺织品　顶破强力的测定　钢球法》）

实验十一　织物耐磨性测试

一、实验目的与要求

通过实验，观察织物磨损现象，了解织物耐磨仪的基本结构，掌握其操作方法。

二、仪器用具与试样材料

Y522 型圆盘式织物平磨仪，马丁代尔耐磨试验仪，天平，米尺，划样板，剪刀。试样为织物若干。

三、实验原理与仪器结构

（一）实验原理

1. 圆盘式织物平磨仪

将圆形织物试样固定在工作圆盘上，工作圆盘匀速回转，在一定的压力下，砂轮对试样产生摩擦作用，使试样形成环状磨损。根据织物表面的磨损程度或织物物理性能的变化来评定织物的耐磨性能。

2. 马丁代尔耐磨试验仪

安装在试样夹具内的圆形试样，在规定的负荷下，以轨迹为李莎茹圆形的平面运动与磨料进行摩擦，试样夹具可绕其与水平面垂直的轴自由转动。根据试样磨损的总摩擦次数，确定织物的耐磨性能。

（二）仪器结构

Y522 型圆盘式织物平磨仪包括工作圆盘、砂轮、支架、吸尘管、计数器等，如图 4-9 所示。

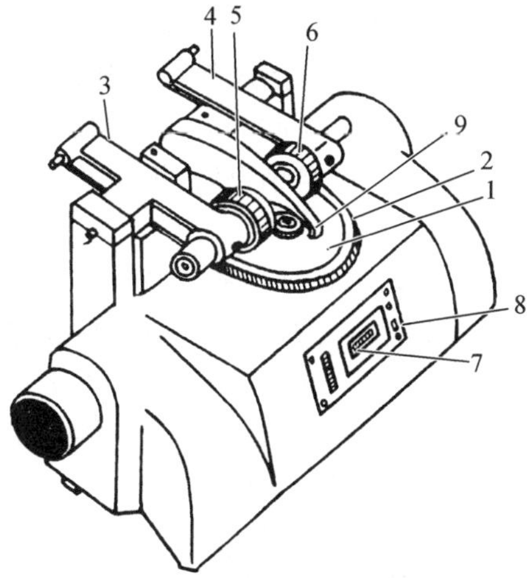

1—试样　2—工作圆盘　3—左支架
4—右支架　5—左砂轮　6—右砂轮
7—计数器　8—开关　9—吸尘管

图 4-9　Y522 型圆盘式织物平磨仪

四、实验方法与操作步骤

（一）取样

1. 圆盘式织物平磨仪

将样品在标准大气中调湿 18 h，将织物剪成直径为 125 mm 或其他方法或仪器所规定的圆形试样，在试样中央剪一个小孔，共裁 5 个试验试样，试样上不能有破损。

2. 马丁代尔耐磨试验仪

将样品在标准大气中调湿 18 h，在距布边至少 100 mm 处，在整幅实验室样品上剪取足够数量的试样，一般至少 3 块。从实验室样品上模压或剪切试样，要特别注意切边的整齐状况，以避免在下一步处理时发生不必要的材料损失。试样直径为(38.0+0.5) mm，磨料的直径或边长应至少为 140 mm，机织羊毛毡底衬的直径应为(140+0.5) mm，试样夹具泡沫塑料衬垫的直径应为(38.0+0.5) mm。

(二) 操作步骤

1. 圆盘式织物平磨仪

(1) 用天平称重并记录织物试样的磨前质量。

(2) 把试样放在工作圆盘上夹紧，并用六角扳手旋紧夹布圆环，使试样受到一定张力，表面平整。

(3) 选用适当的砂轮。轻薄型的织物用细号砂轮，中厚型的织物用中号砂轮，厚重型的织物用粗号砂轮(砂轮愈粗，号数愈小)，然后放下左右支架。

(4) 选择适当的压力。支架本身的质量为 250 g，其砂轮轴上可加装加压重锤，支架末端可加装平衡重锤或平衡砂轮。因此，砂轮对试样的加压质量为：250 g+加压重锤质量－平衡重锤或平衡砂轮质量。不同织物对加压质量有不同要求，见表 4-9。

表 4-9　不同织物的加压质量和适用砂轮种类

织物类型	砂轮种类(砂轮号数)	加压质量(不含砂轮质量)(g)
粗厚织物	A—100(粗号)	750(或 1 000)
一般织物	A—150(中号)	500(或 750、250)
薄型织物	A—280(细号)	125(或 250)

(5) 调节吸尘管高度，使之高出试样 1～1.5 mm。

(6) 将计数器转至零位。

(7) 吸尘管的风量，根据磨屑的多少，用平磨仪右侧的调压手轮调节。

(8) 开启电源开关进行测试，使工作圆盘回转若干圈。

(9) 当试验结束后，把支架、吸尘管抬起，取下试样，清理砂轮，称取试样的磨后质量，并记录。重复做 5 次。

2. 马丁代尔耐磨试验仪

(1) 试样的安装。将试样夹具压紧螺母放在仪器台的安装装置上，试样摩擦面朝下，居中放在压紧螺母内。当试样的单位面积质量小于 500 g/m^2 时，将泡沫塑料衬垫放在试样上，将试样夹具嵌块放在压紧螺母内，再将试样夹具接套放上后拧紧。

(2) 磨料的安装。移开试样夹具导板，将毛毡放在磨台上，再把磨料放在毛毡上。放置磨料时，要使磨料织物的经纬向纱线平行于仪器台的边缘。将质量为(2.5±0.5)kg、直径为(120±10)mm 的重锤压在磨台上的毛毡和磨料上面，拧紧夹持环，固定毛毡和磨料，取下加压重锤。

(3) 安装试样和辅助材料后，将试样夹具导板放在适当的位置，准确地将试样夹具及销轴放在相应的工作台上，将耐磨试验规定的加载块放在每个试样夹具的销轴上。

摩擦负荷总有效质量(即试样夹具组件的质量和加载块质量的和)为：

① (795±7)g(名义压力为 12 kPa):适用于工作服、家具装饰布、床上亚麻制品、产业用织物;

② (595±7)g(名义压力为 9 kPa):适用于服用和家用纺织品(不包括家具装饰布和床上亚麻制品),也适用于非服用的涂层织物;

③ (198±2)g(名义压力为 3 kPa):适用于服用类涂层织物。

(4) 启动仪器,对试样进行连续摩擦,直至达到预先设定的摩擦次数。从仪器上小心地取下装有试样的试样夹具,不要损伤或弄歪纱线,检查整个试样摩擦面内的破损迹象。如果还未出现破损,将试样夹具重新放在仪器上,开始进行下一个检查间隔的试验和评定,直到摩擦终点,即观察到试样破损。

对于熟悉的织物,试验时可根据试样预计耐磨次数的范围来设定检查间隔(表 4-10)。如果试样经摩擦后出现起球,可继续试验,也可剪掉球粒后继续试验,报告中记录这一事实。

表 4-10 磨损试验的检查间隔

试验系列	预计试样出现破损时的摩擦次数	检查间隔(次)
0	≤2 000	200
a	>2 000 且 ≤5 000	1 000
b	>5 000 且 ≤20 000	2 000
c	>20 000 且 ≤40 000	5 000
d	>40 000	10 000

注:以确定破损的确切摩擦次数为目的的试验,当实验接近终点时,可减小间隔,直到终点。

五、实验结果计算与修约

(一) 观察织物外观性能的变化

一般采用在相同的试验条件下,经过规定次数的磨损后,观察试样表面光泽、起毛、起球等外观效应的变化,通常与标准样品对照来评定其等级。也可采用经过磨损后,以试样表面出现一定根数的纱线断裂或试样表面出现一定大小的破洞所需要的摩擦次数,作为评定的依据。

(二) 测定织物物理性能的变化

试样经过规定次数的磨损后,测定其质量、厚度、断裂强力等物理机械性能的变化,来比较织物的耐磨程度。在相同的试验条件下,试样的质量减少率、厚度减少率、强力降低率越大,织物越不耐磨。

1. 试样质量减少率

$$试样质量减少率 = \frac{G_0 - G_1}{G_0} \times 100\% \tag{4-18}$$

式中:G_0为磨损前试样质量,g;G_1为磨损后试样质量,g。

2. 试样厚度减少率

$$试样厚度减少率 = \frac{T_0 - T_1}{T_0} \times 100\% \tag{4-19}$$

式中:T_0为磨损前试样厚度,mm;T_1为磨损后试样厚度,mm。

3. 试样断裂强力降低率

$$试样断裂强力降低率 = \frac{p_0 - p_1}{p_0} \times 100\% \tag{4-20}$$

式中：p_0为磨损前试样断裂强力，N；p_1为磨损后试样断裂强力，N。

测定断裂强力的试样尺寸为长 10 cm、宽 3 cm。在宽度两边扯去相同根数的纱线，使其成为 2.5 cm×10 cm 的试条，在强力仪上测定其断裂强力。

计算结果精确至小数点后三位，按数值修约规则修约至小数点后两位。

思 考 题

织物耐磨性能的测试方法和评定方法各有几种？

（本实验技术依据：GB/T 21196.1—2007《纺织品　马丁代尔法织物耐磨性的测定　第 1 部分：马丁代尔耐磨试验仪》，GB/T 21196.2—2007《纺织品　马丁代尔法织物耐磨性的测定　第 2 部分：试样破损的测定》，GB/T 21196.3—2007《纺织品　马丁代尔法织物耐磨性的测定　第 3 部分：质量损失的测定》，GB/T 21196.4—2007《纺织品　马丁代尔法织物耐磨性的测定　第 4 部分：外观变化的评定》，Y522 型圆盘式织物平磨仪说明书）

实验十二　织物起毛起球性能测试

一、实验目的与要求

通过实验，掌握织物起毛起球的基本原理和测试方法，了解圆轨迹法、马丁代尔法、起球箱法、随意翻滚法的起毛起球特点及各自的适用范围。

二、仪器用具与试样材料

1. 圆轨迹法

圆轨迹起球仪，锦纶刷，磨料织物（2201 全毛华达呢），泡沫塑料垫片，裁样用具或模板，笔，剪刀，标准样照，评级箱。试样为织物若干。

2. 马丁代尔法

马丁代尔磨损试验仪，机织毛毡，聚氨酯泡沫塑料，直径为 40 mm 的圆形冲样器（或用模板、笔、剪刀裁取试样），标准样照，评级箱。试样为织物若干。

3. 起球箱法

起球箱[立方体箱，未衬有软木前内壁每边长为 235 mm，箱体所有内表面应衬有厚度 3.2 mm 的橡胶软木，箱子应绕穿过箱子两对面中心的水平轴转动，转速为(60±2)r/min]，聚氨酯载样管，装样器，方形冲样器（或用模板、笔、剪刀剪取试样），缝纫机，胶带纸，标准样照，评级箱。试样为织物若干。

4. 随意翻滚法

随机翻滚式起球箱，软木圆筒衬垫（长 452 mm，宽 146 mm，厚 1.5 mm），空气压缩装置，黏胶剂，真空除尘器，灰色短棉，评级箱。试样为织物若干。

三、实验原理

1. 圆轨迹法

按规定方法和试验参数，利用尼龙刷和织物磨料或仅用织物磨料，使织物起毛起球，然后在规定光照条件下，对起毛起球性能进行视觉描述评定。

2. 马丁代尔法

在规定压力下，圆形试样以李莎茹图形的轨迹与相同织物或羊毛织物磨料进行摩擦。试样能够绕与试样平面垂直的中心轴自由转动。经规定的摩擦次数后，采用视觉描述方式评定试样的起毛或起球等级。

3. 起球箱法

安装在聚氨酯管上的试样，在具有恒定转速、衬有软木的木箱内任意翻转。经过规定的翻转次数后，对起毛和(或)起球性能进行视觉描述评定。

4. 随机翻滚法

织物在铺有软木衬垫并填有少量灰色短棉的圆筒状试样仓中随意翻滚摩擦。在规定光源条件下，对起毛起球性能进行视觉描述评定。

四、实验方法与操作步骤

织物样品在测试前均需在标准大气条件下调湿 24 h。

1. 圆轨迹法

(1) 在距织物布边 10 cm 以上部位随机剪取 5 个圆形试样，每个试样的直径为(113±0.5)mm。在每个试样上标记织物反面。当织物没有明显的正反面时，两面都要进行测试。另剪取 1 块评级所需的对比样，尺寸与试样相同。试样上不得有影响实验结果的疵点。

(2) 试验前仪器应保持水平，锦纶刷保持清洁，可用合适的溶剂(如丙酮)清洁刷子。如有凸出的锦纶丝，可用剪刀剪平，如已松动，则可用夹子夹去。

(3) 分别将泡沫塑料垫片、试样和磨料装在试验夹头和磨台上，试样必须正面朝外。

(4) 按表 4-11 调节试样夹头加压质量及摩擦次数。

表 4-11　试样夹头加压质量及摩擦次数

参数类别	压力(cN)	起毛次数	起球次数	适用织物类型示例
A	590	150	150	工作服面料、运动服装面料、紧密厚重织物等
B	590	50	50	合成纤维长丝外衣织物等
C	490	30	50	军需服(精梳混纺)面料等
D	490	10	50	化纤混纺、交织织物等
E	780	0	600	精梳毛织物、轻起绒织物、短纤纬编织物、内衣面料等
F	490	0	50	粗梳毛织物、绒类织物、松结构织物等

注：表中未列的其他织物可以参照表中所列类似织物或按有关各方面商定选择参数类别。

(5) 取下试样准备评级，注意不要使测试面受到任何外界影响。

(6) 沿织物经(纬)向，将 1 块已测试样和未测试样并排放置在评级箱的试样板中间，如果需要，可采用适当方式固定在适宜的位置，已测试样放置在左边，未测试样放置在右边。如果测试样在测试前未经过预处理，则对比样应为未经过预处理的试样；如果测试样在起球测试前经过预处理，则对比样也应经过预处理。

为防止直视灯光，在评级箱的边缘，从试样的前方直接观察每一块试样，依据表 4-12 中列出的视觉描述对每一块试样进行评级。如果介于两级之间，记录半级，如 3.5。

表 4-12　织物起毛起球视觉描述评级

级数	状态描述
5	无变化
4	表面轻微起毛和(或)轻微起球
3	表面中度起毛和(或)中度起球,不同大小和密度的球覆盖试样的部分表面
2	表面明显起毛和(或)起球,不同大小和密度的球覆盖试样的大部分表面
1	表面严重起毛和(或)起球,不同大小和密度的球覆盖试样的整个表面

2. 马丁代尔法

(1) 在织物样品上随机取样,但不得在距布边 10 cm 范围内随机取样,至少取 3 组试样,每组含 2 块试样,1 块安装在试样夹具中,另一块作为磨料安装在起球台上。如果起球台上选用羊毛织物磨料,则至少需要 3 块试样进行测试。如果需要 3 块以上的试样,应取奇数块试样,另取 1 块试样用作评级时的对比样。

试样夹具中的试样为直径(140+5)mm 的圆形试样;起球台上的试样可以裁剪成直径为(140+5)mm 的圆形或边长为(150±2)mm 的方形试样。在取样和试样准备的整个过程中,拉伸应力应尽可能小,以防止织物被不适当地拉伸。

(2) 实验前检查马丁代尔耐磨试验仪,并检查试验所用辅助材料,替换沾污或磨损的材料。

(3) 试样夹具中试样的安装。从试样夹具上移开试样夹具环和导向轴,将试样安装辅助装置的小头端朝下放置在平台上,将试样夹具环套在辅助装置上。翻转试样夹具,在试样夹具内部中央放入直径为(90±1)mm 的毡垫。将直径为(140+5)mm 的试样正面朝上放在毡垫上,允许多余的试样从试样夹具边上延伸出来,以保证试样完全覆盖住试样夹具的凹槽部分。小心地将带有毡垫和试样的试样夹具放置在辅助装置的大头端的凹槽处,保证试样夹具与辅助装置紧密密合在一起。拧紧试样夹具环到试样夹具上,保证试样和毡垫不移动、不变形。

(4) 起球台上试样的安装。在起球台上放置 1 块直径为(140+5)mm 的毛毡,其上放置试样或羊毛织物磨料,试样或羊毛织物磨料的摩擦面向上。放上加压重锤,并用固定环固定。

(5) 起球测试。到达第一个摩擦阶段时(表 4-13),对试样进行第一次起毛起球评定。评定时,不取出试样,不清除试样表面。评定完成后,将试样夹具按取下的位置重新放置在起球台上,继续进行测试。在每一个摩擦阶段都要进行评估,直到达到表 4-13 规定的试验终点。

表 4-13　起球实验分类

类别	纺织品种类	磨料	负荷质量(g)	评定阶段	摩擦次数
1	装饰织物	羊毛织物磨料	415±2	1	500
				2	1 000
				3	2 000
				4	5 000
2	机织物(除装饰织物外)	机织物本身(面/面)或羊毛织物磨料	415±2	1	125
				2	500
				3	1 000
				4	2 000
				5	5 000
				6	7 000

（续　表）

类别	纺织品种类	磨料	负荷质量(g)	评定阶段	摩擦次数
3	针织物(除装饰织物外)	针织物本身(面/面)或羊毛织物磨料	155±1	1	125
				2	500
				3	1 000
				4	2 000
				5	5 000
				6	7 000

注:试验表明,通过 7 000 次连续摩擦后,试验和穿着之间有较好的相关性,因为 2 000 次摩擦后还存在的毛球,经过 7 000 次摩擦后很可能已经被磨掉。对于 2、3 类中的织物,起球摩擦次数不低于 2 000 次。在协议的评定阶段观察到的起球级数即使为 4.5 级或以上,也可在 7 000 次之前终止试验(达到规定摩擦次数后,无论起球好坏,均可终止试验)。

(6) 取下试样,在评级箱内对比标准样照,依据表 4-12 中列出的视觉描述,对每一块试样进行评级。

3. 起球箱法

(1) 在距织物布边 10 cm 以上的部位随机剪取 4 个试样,试样尺寸为 125 mm×125 mm。在每个试样上标记织物反面和织物纵向。当织物没有明显的正反面时,两面都要进行测试。另剪取 1 块试样作为评级所需的对比样。试样上不得有影响试验结果的疵点。注意取样时,试样之间不应包括相同的经纱和纬纱。

(2) 取 2 个试样,如可以辨别,每个试样正面向内折叠,距边 12 mm 缝合,形成试样管,折的方向与织物的纵向一致。取另外 2 个试样,分别向内折叠,缝合成试样管,折的方向应与织物的横向一致。

(3) 将缝合试样管的里面翻出,使织物正面成为试样管的外面。在试样管的两端各剪 6 mm端口,以去掉缝纫变形。将准备好的试样管装在聚氨酯载样管上,使试样两端距聚氨酯载样管边缘的距离相等,保证接缝部位尽可能平整。用 PVC 胶带缠绕每个试样的两端,使试样固定在聚氨酯载样管上,且聚氨酯载样管的两端各有 6 mm 裸露。固定试样的每条胶带长度应不超过聚氨酯载样管周长的 1.5 倍。

(4) 试验前保证起球箱内干净、无绒毛。把 4 个安装好的试样放入同一起球箱内,盖紧盖子。启动仪器,转动箱子至规定的次数(粗纺织物翻动 7 200 转,精纺织物翻动 14 400 转或按协议的转数)。

(5) 从载样管上取下试样,除去缝线,展平试样,在评级箱内对比标准样照,依据表 4-13 中列出的视觉描述,对每一块试样进行评级。

4. 随意翻滚法

(1) 在整幅样品上均匀取样,或从服装样品的 3 个不同衣片上剪取试样(距布边的距离不小于幅宽的 1/10),避免每两块试样中含有相同的经纱或纬纱。每个样品中各取 3 个试样,尺寸为(105±2)mm×(105±2)mm。在每个试样的一角分别标注“1”“2”“3”以做区分。

(2) 使用黏合剂将试样的边缘封住,边缘不可超过 3 mm。将试样悬挂在架子上,直到试样边缘完全干燥为止,干燥时间至少 2 h。

(3) 同一个样品的试样应分别在不同的试验仓内进行试验,将取自于同一个样品的 3 个试样,与质量约为 25 mg、长度约为 6 mm 的灰色短棉一起放入试验仓内。每一个试验仓内放入 1 个试样,盖好试验仓盖,试验时间设置为 30 mim。

(4) 启动仪器,打开气流阀。

(5) 在运行过程中,应经常检查每个试验仓。如果试样缠绕在叶轮上不翻转或卡在试验仓的底部时,关闭空气阀,切断气流,停止试验,将试样移出。使用清洁液或水清洗叶轮片,待叶轮片干燥后,继续试验。

(6) 试验结束后取出试样,并用真空除尘器清除残留的棉絮。

(7) 重复(3)~(6)的过程测试其余试样,并在每次试验时重新放入一份质量约为 25 mg、长度为6 mm 的灰色短棉。

(8) 取下试样,在评级箱内对比标准样照,依据表 4-13 中列出的视觉描述,对每一块试样进行评级。

五、实验结果计算与修约

圆轨迹法是计算 5 个试样等级的算术平均值,并修约至邻近的 0.5 级。马丁代尔法和起球箱法以 4 块试样的平均值(级)来表示试样的起球等级。计算平均值,修约到小数点后两位。如小数部分小于或等于 0.25,则向下一级靠(如 2.25 即为 2 级);如大于或等于 0.75,则向上靠(如 2.85 即为 3 级);如大于 0.25 或小于 0.75,则取 0.5。

思 考 题

1. 织物起毛起球的测试方法有哪几种?
2. 影响织物起毛起球性的因素有哪些?

(本实验技术依据:GB/T 4802.1—2008《织物起毛起球性能的测定 第 1 部分:圆轨迹法》,GB/T 4802.2—2008《织物起毛起球性能的测定 第 2 部分:改型马丁代尔法》,GB/T 4802.3—2008《织物起毛起球性能的测定 第 3 部分:起球箱法》,GB/T 4802.4—2020《织物起毛起球性能的测定 第 4 部分:随机翻滚法》)

实验十三 织物勾丝性测试

一、实验目的与要求

通过实验,掌握钉锤式勾丝仪、针筒式勾丝仪的使用,并对所给针织物进行抗勾丝性评定。

二、仪器用具与试样材料

钉锤式勾丝仪,针筒式勾丝仪,用于固定样品的橡胶环(8 个),厚度为 3~3.2 mm 毛毡垫(备用品),卡尺,画样板,厚度不超过 3 mm 的评定板(幅面为 140 mm×280 mm),具有一定弹性和可挠性的试样垫板(幅面为 100 mm×250 mm),放大镜(用于检查针钉尖端),缝纫机,剪刀,钢直尺,勾丝级别标准样照。试样为针织物若干种。

三、实验原理与仪器结构

(一) 钉锤式勾丝仪

钉锤式勾丝仪是将筒状试样套于转筒上,用链条悬挂的钉锤置于试样表面。当转筒以恒速转动时,钉锤在试样表面随机翻转、跳动,并钩挂试样,试样表面产生勾丝。经过规定转数后,取出试样,在规定条件下与标准样照对比评级。

钉锤式勾丝仪由毛毡、滚筒、链条、钉锤和针钉等组成,其结构如图 4-10 所示。

(二) 针筒法勾丝仪

针筒法勾丝仪是将条样试样一端固定在转筒上,另一端处于自由状态。当转筒以恒速转动时,试样周期性地擦过具有一定转动阻力的针筒,使试样产生勾丝。经一定转数后,取出试样,在规定条件下与标准样照对比评级。

针筒法勾丝仪由夹布滚筒、夹布器松紧螺丝、夹布器、刺辊、调节杆方位角度尺、调节杆和安全罩等组成,其结构如图 4-11 所示。

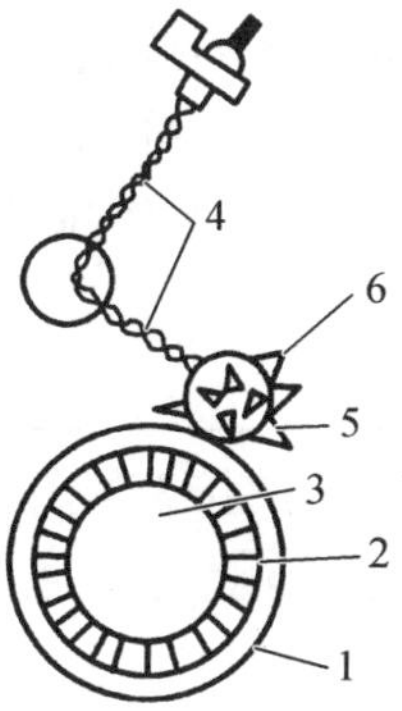

1—试样 2—毛毡 3—滚筒
4—链条 5—钉锤 6—针钉

图 4-10 钉锤式勾丝仪

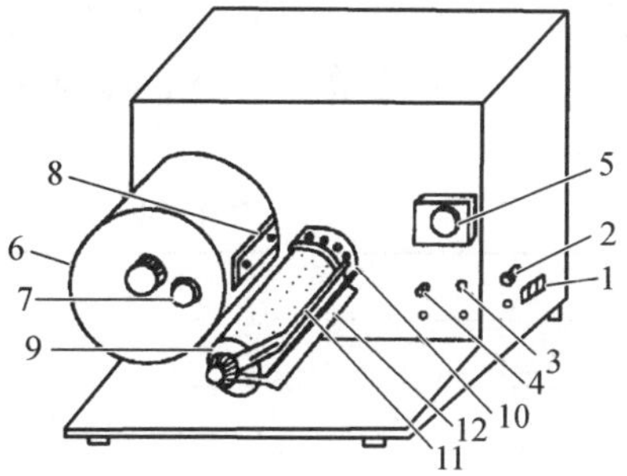

1—电源插座 2—电源开关 3—启动按钮(黄灯)
4—步进按钮(红灯) 5—时间继电器 6—夹布滚筒
7—夹布器松紧螺丝 8—夹布器 9—刺辊
10—调节杆方位角度尺 11—调节杆 12—安全罩

图 4-11 针筒法勾丝仪

四、实验方法与操作步骤

(一) 钉锤式勾丝仪

1. 取样

(1) 每份样品至少取 550 mm×全幅,不要在距离匹端 1 m 内取样,样品应平整、无皱、无疵点。

(2) 在经过标准大气调湿的样品上,按图 4-12 的排样方法,剪取纵向试样和横向试样各 2 块。试样的长度为 330 mm,宽度为 200 mm。

(3) 先在试样反面做有效长度(即试样套筒周长)标记线,伸缩性大的针织物为 270 mm,一般织物为 280 mm。然后将试样正面朝里对折,沿标记线平直地缝成筒状,再翻转,使织物正面朝外。如果试样套在转筒上过紧或过松,可适当调节周长尺寸,使其松紧适度。

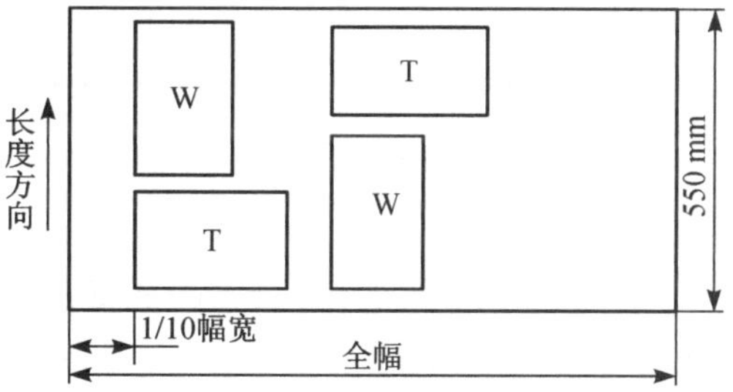

图 4-12 钉锤法勾丝试样排样

2. 操作步骤

(1) 导杆高度离圆筒中心距离为 100 mm;导杆偏离圆筒中心右方的距离为 25 mm;钉锤

中心到导杆中心的链条垂直长度为 45 mm；转筒速度为(60±2)r/min；试验转数为 600 转。

(2) 将筒状试样的缝边分向两侧展开，小心套在转筒上，使缝口平整。然后用橡胶环固定试样一端，展开所有折皱，使试样表面圆整，再用另一橡胶环固定试样另一端。在装放针织物横向试样时，应使其中一块试样的纵行线圈头端向左，另一块试样向右；机织物经向和纬向试样应随机地装放在不同的转筒上，即试样的经(或纬)向不一定在同样的转筒上试验。

(3) 将钉锤绕过导杆，轻轻放在试样上，并用卡尺设定钉锤位置。

(4) 启动仪器，注意观察钉锤应能自由地在整个转筒上翻转跳动，否则应停机检查。

(5) 达到 600 转后，小心地移去钉锤，取下试样。

(6) 试样取下后至少放置 4 h 后再评级。试样固定于评定板上，使评级区处于评定板正面。直接将评定板插入筒状试样，使缝线处于背面中心。将试样放入评级箱观察窗内，标准样照放在另一侧，对照评级。评级时，根据试样勾丝(包括紧纱段)的密度(不论长短)，按表 4-14 列出的级数，对每一块试样进行评级。如果介于两级之间，记录半级，如 3.5。如果试样勾丝中含中、长勾丝，则应按表 4-15 的规定，在原评级的基础上顺降等级。一块试样中，长勾丝累计顺降最多为 1 级。

表 4-14 织物勾丝性视觉描述评级

级数	状态描述
5	表面无变化
4	表面轻微勾丝和(或)紧纱段
3	表面中度勾丝和(或)紧纱段，不同密度的勾丝(紧纱段)覆盖试样的部分表面
2	表面明显勾丝和(或)紧纱段，不同密度的勾丝(紧纱段)覆盖试样的大部分表面
1	表面严重勾丝和(或)紧纱段，不同密度的勾丝(紧纱段)覆盖试样的整个表面

表 4-15 试样中、长勾丝顺降的级别

勾丝类别	占全部勾丝比例	顺降级别(级)
中勾丝	≥1/2～3/4	1/4
	≥3/4	1/2
长勾丝	≥1/4～1/2	1/4
	≥1/2～3/4	1/2
	≥3/4	1

(二) 针筒法勾丝仪

1. 取样

按图 4-13 所示，剪取纵向和横向试样各 2 块，试样尺寸为长 300 mm、宽 100 mm，试样正面做 4 条标记线。

2. 操作步骤

(1) 针筒的转动阻力为 2 N；导杆与针筒中心距离为 60 mm；导杆的方位角为 40°(导杆与针筒轴所在平面与垂直面的夹角)；夹布转筒的

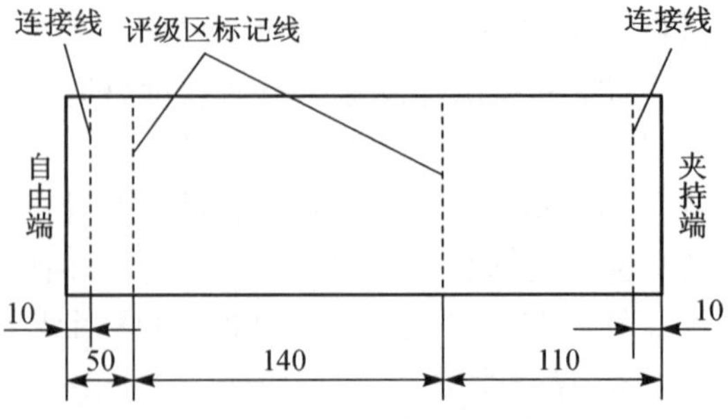

图 4-13 针筒法勾丝试样尺寸(单位:mm)

转速为(25±1)r/min;试验转数为 15 转。

(2) 将试样正面朝外,与垫片一并夹在转筒上,试样长边要与转筒边线平行。夹装针织物横向试样时,一块的纵行线圈头端被夹,另一块则相反。

(3) 启动仪器,达到规定转数后,取下试样。如果试验中出现试样自由端有脱散(下跌)现象,可采取必要措施,并换新试样重新试验。

(4) 试样取下后至少应放置 4 h 再评级。将试样正面朝外对折,并沿连接线固定,再将评定板插入成环状的试样内,使评级区标记线恰好位于评级板边缘。采用与钉锤法相同的方法进行评级,如果同一向试样的级别差异超过 1 级,应增试 2 块。

五、实验结果计算与修约

分别计算经、纬向试样(包括增试的试样)勾丝级别的算术平均值,作为该方向的最终勾丝级别;如果平均值不是整数,修约至最接近的 0.5 级。

思　考　题

1. 织物勾丝是怎样形成的？如何测试？
2. 怎样评定织物勾丝级别？
3. 影响织物勾丝性的因素有哪些？

(本实验技术依据:GB/T 11047—2008《纺织品　织物勾丝性能评定　钉锤法》,针筒法勾丝仪说明书)

实验十四　织物硬挺度测试

一、实验目的与要求

通过实验,掌握织物硬挺度测试方法,以及有关指标的计算方法。

二、仪器用具与试样材料

弯曲长度仪,LLY-01B 型电脑控制硬挺度仪,钢尺,剪刀等。试样为不同品种的织物试样若干。

三、实验原理与仪器结构

(一) 实验原理

一矩形试样放在水平平台上,试样长轴与平台长轴平行,沿平台长轴方向推进试样,使其伸出平台,并在自重下弯曲。当试样头端通过平台的前缘到达与水平线呈 θ(41.5°)倾角的斜面上时,试样伸出平台的长度即为弯曲长度 l。据此可由皮尔斯公式求出试样的抗弯长度 C。

$$C(\mathrm{cm}) = l\left(\frac{\cos\dfrac{\theta}{2}}{8\tan\theta}\right)^{1/3} \tag{4-21}$$

（二）仪器结构

弯曲长度仪由钢尺、平台、平台前缘等组成，其结构如图 4-14 所示。

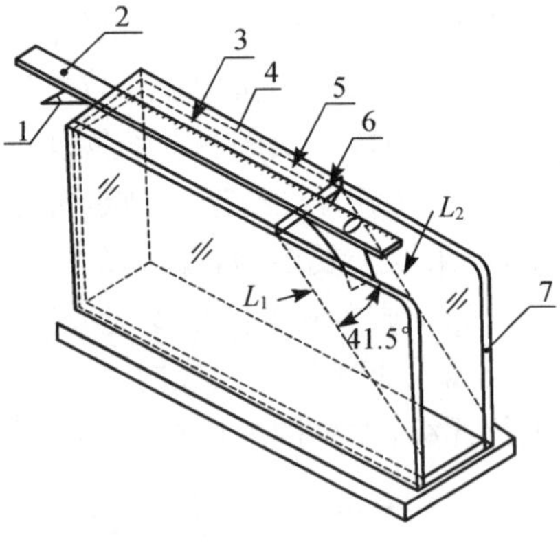

1—试样　2—钢尺　3—刻度　4—平台
5—标记(D)　6—平台前缘　7—平台支撑

图 4-14　弯曲长度仪

四、实验方法与操作步骤

（一）取样

将试样放在标准大气中调湿 24 h，然后进行试验。在距布边 50 mm 以上范围内裁取无折痕试样 12 个，即经向和纬向各 6 个，每个试样的尺寸为(25±1)mm×(250±1) mm。

（二）操作步骤

1. 弯曲长度仪法

(1) 测定和计算试样的单位面积质量。

(2) 调节仪器水平，将试样放在平台上，试样一端与平台前缘重合；将钢尺放在试样上，钢尺零点与平台上的标记 D 对准。

(3) 以一定的速度向前推动钢尺和试样，使试样伸出平台前缘，并在其自重作用下弯曲，直到试样伸出端与斜面接触，记录标记 D 对应的钢尺刻度，作为试样的伸出长度。

(4) 重复步骤(2)～(3)，对同一试样的另一面进行测试，并对试样另一端的两面进行测试。

2. LLY-01B 型电脑控制硬挺度仪法

(1) 打开电源开关，仪器显示“LLY-01”，按“时间”键，仪器显示实时时间。按“位选”键及“+”和“-”可以对时间进行实时调整；按“存储”键对时间进行存储，仪器返回“LLY-01”状态。

(2) 按“试验”键，LED 显示“00-0”。扳动手柄，将压板抬起，把试样放于工作台上，并与工作台前端对齐，放下压板。

(3) 按“启动”键，仪器压板向前推进，当试样下垂到挡住检测线时，仪器自动停止推进并返回起始位置，LED 显示试样实际伸出长度 l（在本状态下按“停止”键，仪器停止向前推进并返回起始位置，本次试验废除）。

(4) 把试样从工作台上取下，反面放回工作台，按“启动”键，仪器按上述过程自动往返一次，并显示正反两次的平均抗弯长度 $\bar{l}$（正反两次为一次试验）。

(5) 重复步骤(3)～(4)，分别做完 6 个经向试样和 6 个纬向试样的测试。仪器做完 12 次试验后显示“-XXXX”，表示本组试样已测完。

(6) 按“经平均”键显示经向 6 个试样的抗弯长度平均值 CL，按“纬平均”键显示纬向 6 个试样的抗弯长度平均值 CH，按“总平均”键显示经纬向抗弯长度的总平均值 UH（做完 12 次试验，并按“经/纬平均”键后，才能按“总平均”键）。

五、实验结果计算与修约

1. 弯曲长度仪法

取伸出长度的一半作为弯曲长度，每个试样记录 4 个弯曲长度，分别计算两个方向各试样的平均弯曲长度 C，并按下式计算两个方向单位宽度的平均抗弯刚度，保留三位有效数字：

$$G = m \times C^3 \times 10^{-3} \tag{4-22}$$

式中：G 为单位宽度的抗弯刚度，mN·cm；m 为试样的单位面积质量，g/m^2；C 为试样的平均弯曲长度，cm。

2. LLY-01B 型电脑控制硬挺度仪法

仪器自动显示下列测试结果(单位均为 cm)：

CL(经向 6 个试样的弯曲长度平均值)，CH(纬向 6 个试样的弯曲长度平均值)，弯曲长度总平均值 $UH = \sqrt{CL \cdot CH}$。

思　考　题

1. 织物刚柔性的测试方法有哪些？
2. 什么是皮尔斯公式？硬挺度如何测定？

(本实验技术依据：GB/T 18318.1—2009《纺织品　弯曲性能的测定　第 1 部分：斜面法》)

实验十五　织物抗折皱性测试

一、实验目的与要求

通过实验，掌握织物折皱弹性仪的基本原理和试验方法，了解影响织物折皱弹性的因素。

二、仪器用具与试样材料

YG541E 型全自动织物折皱弹性仪，有机玻璃压板，手柄，试样尺寸图章，剪刀，宽口镊子，1 kg 加压重锤。试样为机织物和针织外衣织物各一种。

三、实验原理与仪器结构

(一) 实验原理

一定形状和尺寸的试样，在规定条件下折叠加压并保持一定时间。卸除负荷后，让试样经过一定时间的回复，然后测量折痕回复角，以测得的角度来表示织物的折痕回复能力。

(二) 仪器结构

YG541E 型全自动织物折皱弹性仪由控制面板、砝码、调节式底脚、翻板、抽屉等组成，其结构如图 4-15 所示。

1—控制面板　2—砝码　3—翻板
4—抽屉　5—调节式底脚

图 4-15　YG541E 型全自动织物折皱弹性仪

四、实验方法与操作步骤

(一) 取样

试样在样品上的采集部位和尺寸如图 4-16 所示。试样离布边的距离大于 50 mm。裁剪试样时，尺寸务必正确，经（纵）、纬（横）向要剪得平直。在样品和试样的正面打上织物经向或纵向的标记。

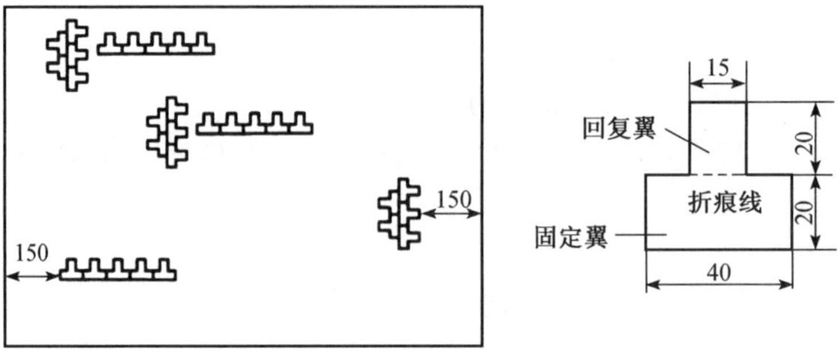

图 4-16　垂直法 30 个试样的采集部位及试样尺寸(单位:mm)

每次实验采用的试样至少为 20 个，其中经向（或纵向、长度方向）与纬向（或横向、宽度方向）各一半，各半中再分正面对折和反面对折两种。另外要准备 10 个备用试样。

（二）操作步骤

1. 垂直法

（1）开启总电源开关，仪器左侧指示灯亮，按琴键开关使光源灯亮，试样翻板推倒贴在小电磁铁上，此时翻板处在水平位置。

（2）将剪好的试样，按五经五纬的顺序，夹在试样翻板刻度线的位置上，并用手柄将试样沿折痕盖上有机玻璃压板。

（3）按工作按钮，经一段时间，电动机启动。此时 10 个重锤每隔 15 s 按顺序压在每个试样的翻板上（加压重锤的质量为 500 g）。

（4）加压时间 5 min 即将到达时，仪器发出响声报警，做好测量弹性回复角的准备。

（5）加压时间一到，投影仪灯亮，试样翻板依次自动释重抬起，此时迅速将投影仪移至第一个翻板位置，依次测量 10 个试样的急弹性回复角。读数一定要待相应的小指示灯亮时才能记录。

（6）再过 5 min 后，按同样的方法测量织物的缓弹性回复角。用经向与纬向平均回复角之和来表示该样品的总折皱性指标。当仪器左侧指示灯亮时，说明第一次实验完成。

2. 水平法

（1）试样尺寸为 40 mm×15 mm，受压面积为 15 mm×15 mm。在试样的长度方向两端对齐折叠后，用宽口镊夹住，夹住位置从布端起不超过 5 mm（图 4-17），然后移至标有 15 mm×20 mm 标记的平板上。试样确定位置后，立即轻轻放上压力负荷，加压负荷为1 kg，加压时间为 5 min±5 s。

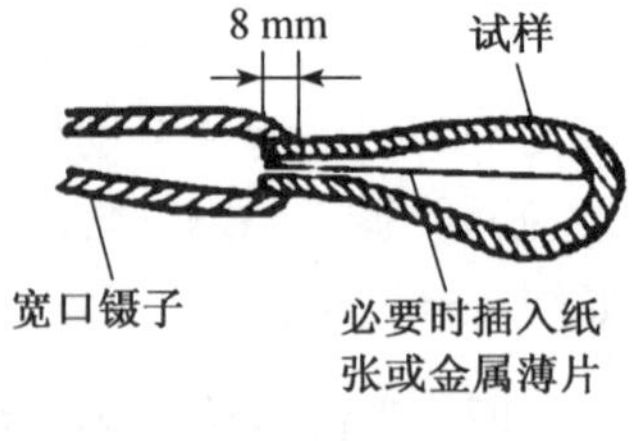

图 4-17　水平法试样的折叠

（2）卸去负荷，用镊子将试样移至测量回复角的试样夹中。试样一翼被夹住，另一翼自由悬挂。

（3）连续调整仪器，使悬垂下来的自由端始终保持垂直位置，卸压 5 min 后，读取折痕回复角。如果自由端有轻微转曲或扭转，可将该端中心与刻度轴轴心的垂直平面作为折痕回复角读数的基准。用经向和纬向的折痕回复角之和表示折痕回复性。

五、实验结果计算与修约

分别计算经向(纵向)折痕回复角的平均值、纬向(横向)折痕回复角的平均值、总折痕回复角,计算到小数点一位。

思　考　题

1. 测试折痕回复角时,试样的自重对测试结果是否有影响?
2. 比较垂直法与水平法的优缺点。

(本实验技术依据:GB/T 3819—1997《纺织品　织物折痕回复性的测定　回复角法》)

实验十六　织物悬垂性测试

一、实验目的与要求

通过实验,掌握织物悬垂性能的测试方法及其指标计算。

二、仪器用具与试样材料

YG811D型电脑式织物悬垂仪,透明纸环(当内径为18 cm时,外径为24 cm、30 cm或36 cm;当内径为12 cm时,外径为24 cm),天平,钢尺,剪刀,半圆仪,笔,制图纸。试样为各个品种的织物。

三、实验原理

将圆形试样置于圆形夹持盘间,用与水平相垂直的平行光线照射,得到试样投影图,再通过光电转换计算或描图求得悬垂系数。

四、实验方法与操作步骤

(一) 取样

在离布边100 mm范围内,从样品上裁取无折痕试样3块,在每块圆形试样的圆心处剪(冲)直径为4 mm的定位孔。

试样的尺寸标准为:

(1) 仪器夹持盘直径为18 cm时,先使用直径为30 cm的试样进行预实验,并计算该直径时的悬垂系数(D30)。

① 若悬垂系数在30%～85%范围内,则所有试样直径为30 cm。

② 若悬垂系数在30%～85%范围以外,试样直径除了采用30 cm外,还要按以下③和④所述条件选取对应的试样直径进行补充测试。

③ 对于悬垂系数小于30%的柔软织物,所用试样直径为24 cm。

④ 对于悬垂系数大于85%的硬挺织物,所用试样直径为36 cm。

(2) 当仪器夹持盘直径为12 cm时,所有试样的直径均为24 cm。

(二) 操作步骤

1. A法——直接读数法

(1) 打开试验仓门,将试样(透光明显的织物不适用此法,可用B法)托放在试样夹持盘上,缓缓向下按动支架按钮,使支架张开,持续三次,然后拉出投影板,覆盖在试样夹持盘上方,关上试验仓门。

(2) 点击测试界面上方的"自动绘制轮廓线"按钮(或"自动绘制轮廓线"图标),在图形边缘自动绘制出轮廓线。

(3) 点击测试界面上方的"手绘轮廓线"按钮(或"手绘轮廓线"图标),对图形的轮廓线进行修改,使轮廓线更加准确。

(4) 当图形的轮廓线确定后,点击测试界面上方的"修正轮廓线"按钮(或"修正轮廓线"图标),使图形的轮廓线更加清晰地显示出来。

(5) 点击测试界面上方的"计算"按钮(或"计算"图标),自动计算出该方向的试样面积及悬垂系数。

2. B法——描图称重法

(1) 将纸环放在仪器上,其外径与试样直径相同。

(2) 将试样正面朝上,放在下夹持盘上,使定位柱穿过试样的定位孔;然后立即将上夹持盘放在试样上,使定位柱穿过上夹持盘的中心孔。

(3) 从上夹持盘放到试样上时开始用秒表计时,30 s后,打开灯源,沿纸环上面的投影边缘描绘出投影轮廓线。

(4) 取下纸环,放在天平上称取纸环的质量,记作m_1,精确至0.01 g。

(5) 沿纸环上描绘的投影轮廓线剪取,弃去纸环上未投影的部分,用天平称量剩余纸环的质量,记作m_2,精确至0.01 g。

(6) 将同一试样反面朝上,使用新的纸环,重复步骤(1)~(5)。

(7) 一个样品至少取3个试样,对每个试样的正反两面均进行测试,所以一个样品至少进行6次上述操作。

五、实验结果计算与修约

计算每个样品的悬垂系数D,以百分率表示:

$$D=\frac{m_2}{m_1}\times 100\% \tag{4-23}$$

式中:D为悬垂系数,%;m_1为纸环的总质量,g;m_2为代表投影部分的纸环质量,g。

分别计算试样正面和反面的悬垂系数平均值,并计算样品悬垂系数的总体平均值。

思　考　题

1. 测试织物悬垂性的方法有哪些?各有何特点?

2. 影响织物悬垂性的因素有哪些?

(本实验技术依据:GB/T 23329—2009《纺织品　织物悬垂性的测定》)

实验十七　织物光泽度测试

一、实验目的与要求

通过实验,掌握织物光泽仪的基本原理和试验方法,利用织物光泽仪对不同组织结构及颜色的织物进行测试,评定织物的光泽。

二、仪器用具与试样材料

LFY-224 织物光泽度测试仪,剪刀,圆规。试样为各种织物。

三、实验原理

如图 4-18 所示,光源发出的平行光以 60°入射角照射到试样上,检测器分别在 60°和 30°位置,测得来自织物的正反射光和漫反射光,经过光电转换和模数转换,用数字显示光强度,以正反射光强度与漫反射光强度的比值来表示织物的光泽度。

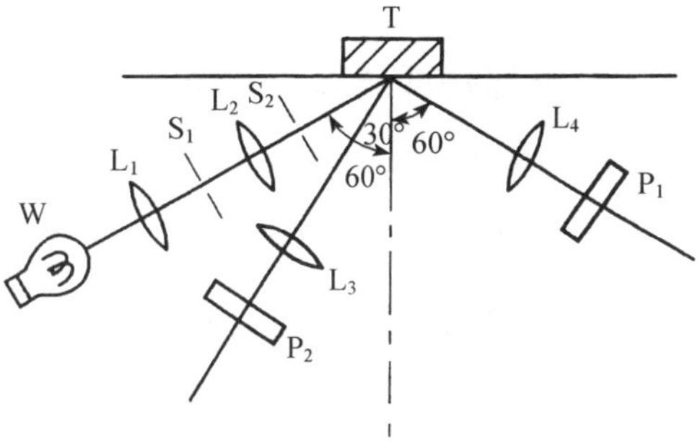

T—试样　W—光源

L_1, L_2, L_3, L_4—透镜　S_1, S_2—光阑

P_1, P_2—检测器

图 4-18　光泽仪原理示意图

四、实验方法与操作步骤

(一) 取样

在标准大气条件下将试样调湿 24 h;非仲裁试验可在常温下进行,但环境温度必须低于 30 ℃。从每块织物上随机裁取 3 块试样,尺寸为 160 mm×160 mm。试样表面应平整,无明显疵点。

(二) 操作步骤

(1) 实验前,开机预热 30 min;将暗筒放在仪器的测量口上,调整仪器的零点;换上标准板,调整仪器,使读数符合标准板的数值。

(2) 将试样的测试面向外,平整地绷在暗筒上,然后将其放在仪器的测量口上。

(3) 旋转样品台一周,读取织物正反射光泽度 G_S最大值及其对应的织物正反射光泽度与漫反射光泽度之差值 G_R。

五、实验结果计算与修约

织物光泽度 G_C(%)的计算公式如下:

$$G_C = \frac{G_S}{\sqrt{G_S - G_r}} = \frac{G_S}{\sqrt{G_R}} \times 100\% \tag{4-24}$$

式中：G_S为织物正反射光泽度，%；G_R为织物正反射光泽度与漫反射光泽度差值，%；G_r为织物漫反射光泽度，%。

计算 3 块试样的平均值，按数值修约规则保留一位小数。

思　考　题

1. 影响织物光泽的因素有哪些？
2. 测量织物光泽度的原理是什么？

（本实验技术依据：FZ/T 01097—2006《织物光泽测试方法》）

实验十八　织物水浸洗尺寸变化率测试

一、实验目的与要求

通过实验，掌握织物水浸洗尺寸变化率的各种测试方法。

二、仪器用具与试样材料

织物缩水率试验机，水浴箱，试样盘，钢尺，缝线，铅笔，陪洗织物[由若干块双层涤纶针织物组成，尺寸为(20±4)cm×(20±4)cm，每块质量为(50±5)g]。试样为织物若干种。

三、实验原理与仪器结构

（一）静态浸渍法

适用于测定各种真丝及仿真丝机织物和针织物、其他纤维制成的高档薄型织物经静态浸渍后的尺寸变化率。

从样品上裁取试样，经调湿后在规定条件下测量其标记尺寸；然后经过温水或皂液静态浸渍、干燥，再次测量原标记的尺寸，计算长度和/或宽度方向的尺寸变化率。

皂液中每升含中性皂片 1 g，皂片含水率不得大于 5%，成分含量按干重计，并符合下列要求：

游离碱按碳酸钠计，不大于 3 g/kg；游离碱按氢氧化钠计，不大于 1 g/kg；脂肪物质总含量不小于 850 g/kg。

（二）温和式家庭洗涤法

适用于服用或装饰用机织纯毛、毛混纺和毛型化纤织物。

1. 实验原理

将规定尺寸的试样，经规定的温和家庭方式洗涤后，按洗涤前后的尺寸，计算经/纬向的尺寸变化率、缝口的尺寸变化率及经向或纬向的尺寸变化与缝口尺寸变化的差异。

2. 仪器结构

全自动缩水率试验机主要由主机、电气控制箱和操作面板三个部分组成。其外形如图 4-19 所示。

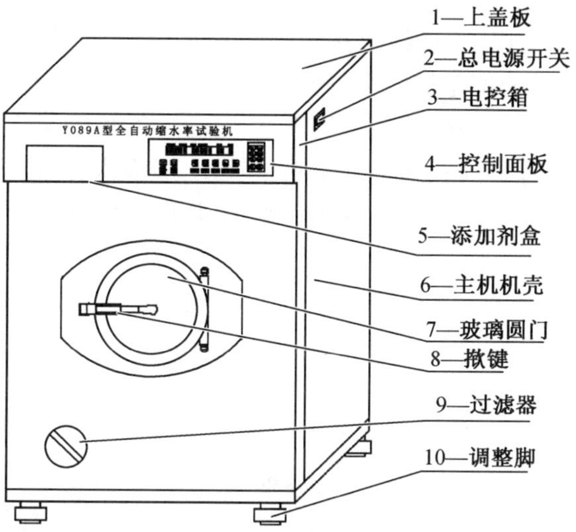

图 4-19 全自动缩水率试验机

四、实验方法与操作步骤

（一）静态浸渍法

1. 试样准备

试样的选择应尽可能代表样品。要有充分的试样代表整个织物的幅宽，不可取距布端 1 m 以内的试样。幅宽大于 120 cm 的织物至少测试一块试样，每块试样至少剪取 500 mm×500 mm，各边应与织物长度及宽度方向相平行，长度及宽度方向分别用不褪色墨水或带色细线各做 3 对标记，每对标记间距离为 350 mm，如图 4-20 所示。如果幅宽小于 500 mm，可采用全幅试样，长度方向至少 500 mm；必要时，也可采用 250 mm×250 mm 尺寸的试样。幅宽小于 500 mm 的，做标记方法可按图 4-21 的规定。

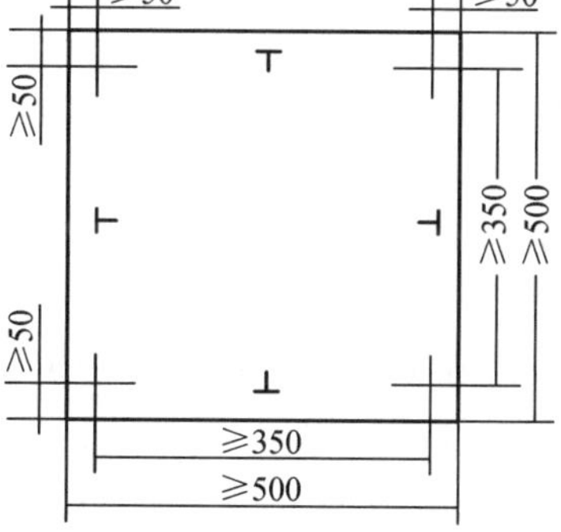

图 4-20 宽幅织物试样的测量点标记及尺寸(单位:mm)

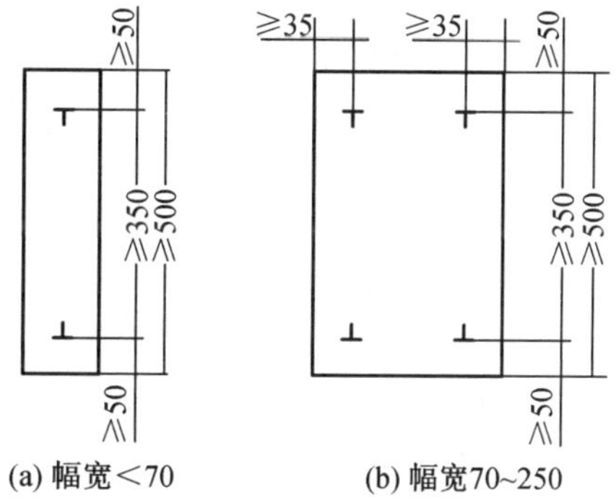

图 4-21 窄幅织物试样的测量点标记及尺寸(单位:mm)

将试样放在标准大气中进行调湿，再将试样无张力地平放在试验台上，测量并记录每对标记间的距离，精确至 1 mm。

2. 操作步骤

(1) 根据产品标准有关规定，选择甲法或乙法浸水后晾干。乙法是将试验机恒温水浴箱注入乙液，要求试样全部浸于试验溶液中，升温至(40±3)℃；然后将测量后的试样逐块放在试样盘(网)上，每盘(网)放1块试样，使试样浸没在(40±3)℃的溶液中，待30 min后取出试样，用40 ℃温水漂去皂液，将试样夹在平整的干布中轻压，吸去水分；再将试样置于平台上摊开铺平，用手除去折皱(注意不要使其伸长或变形)，然后晾干。甲法是用清水代替乙液，其他与乙法相同。

(2) 调湿、测量。先将干燥后的试样放在标准大气中进行调湿，然后将试样无张力地平放在试验台上，测量并记录每对标记间的距离，精确至1 mm。

(二) 温和式家庭洗涤法

1. 试样准备

(1) 裁取500 mm×500 mm试样1块，分别在试样的经、纬向，距布边40 mm的一边折一折口，并压烫缝合(图4-22)，140 g/m^{2}以下织物用9.7 tex×3(60^s/3)棉线和14号缝纫针，应调整好缝纫机，使25 mm距离内有14个针孔。

(2) 用与试样色泽相异的细线，在试样经、纬向各做3对标记，折口部位也分别做1对标记。

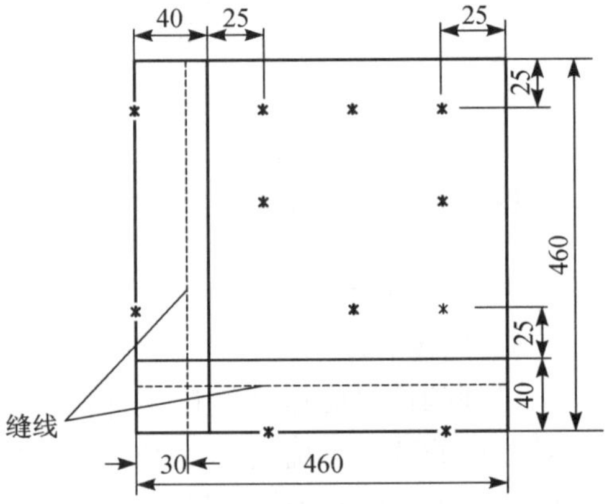

图4-22 温和式洗涤法试样的测量点标记(单位：mm)

2. 操作步骤

(1) 将试样在标准大气中平铺于工作台上，调湿至少24 h。

(2) 将调湿后的试样无张力地平放在工作台上，依次测量各对标记间的距离，精确到1 mm。

(3) 把试样放入全自动缩水率试验机，试样和陪洗织物质量共为1 kg，其中试样质量不能超过总质量的一半。试验时，加入1 g/L的洗涤剂(洗涤剂应在50 ℃以下的水中充分溶解，在循环开始前加入洗液中)，泡沫高度不应超过3 cm，水的硬度(以碳酸钙计)不超过5 mg/kg。

(4) 打开仪器的电源开关，再按“手动/自动”选择键，使仪器处于自动洗涤状态(显示屏最左边显示为数字)。

(5) 按“程序”键，使显示屏中的数码管数字闪动，按“＋”键或“－”键，选择某一程序作为当前试验洗涤流程，选定后按“确定”键退出。

根据试样的纤维性质选择不同的洗涤程序，如：未经特殊整理的漂白棉和亚麻织物，选程序“1A”；未经特殊整理的棉、亚麻或黏胶织物，选程序“2A”；漂白尼龙、漂白涤/棉混纺织物，选程序“3A”；经特殊整理的棉和黏胶织物，染色锦纶、涤纶、腈纶混纺织物，染色涤纶混纺织物，选程序“4A”；棉、亚麻或黏胶织物，选程序“5A”；丙烯腈、醋酯纤维和三醋酯纤维，以及羊毛的混纺织物，涤/毛混纺织物，选程序“6A”；羊毛或羊毛与棉或黏胶混纺织物(包括毡毯)，丝绸，选程序“7A”；丝绸和印花醋纤织物，选程序“8A”；经过特殊整理，能耐沸煮但干燥方法需滴干的织物，仿手洗(模拟手工洗涤不能耐机械洗涤的织物)，选程序“9A”。

(6) 按“启动/停止”键，仪器即按选定的程序开始工作，并在显示屏上显示状态，提示程序执行的工作进程。

(7) 程序运行完毕，状态显示屏暗，讯响器发出讯响，该试验流程执行完毕；若要提前结束讯响，按任意键即可。

(8) 取出试样，使试样无张力地平放在工作台上，置于室内自然晾干或把试样放入烘箱内烘干[把试样放在烘箱内的筛网上摊平，用手除去折皱，注意不要使其伸长或变形，烘箱温度为(60±5)℃]。

(9) 按步骤(1)和(2)的要求重新调湿，并测量干燥后的试样上各对标记间的距离。

五、实验结果计算与修约

分别计算试样长度方向(经向或纵向)、宽度方向(纬向或横向)的原始尺寸和最终尺寸的平均值(精确至 1 mm)及尺寸变化占原始尺寸平均值的百分率(精确至 0.1%)。

$$\text{尺寸变化率} = \frac{L_1 - L_0}{L_0} \times 100\% \tag{4-25}$$

式中：L_0为试验前测量的两标记间距离，mm；L_1为试验后测量的两标记间距离，mm。

试验结果以负号(－)表示尺寸减少(收缩)，以正号(＋)表示尺寸增加(伸长)。

思　考　题

1. 织物的尺寸变化率测试方法有哪些？
2. 影响织物尺寸变化率的因素有哪些？

(本实验技术依据：GB/T 8628—2013《纺织品　测定尺寸变化的试验中织物试样和服装的准备、标记及测量》，GB/T 8629—2017《纺织品　试验用家庭洗涤和干燥程序》，GB/T 8630—2013《纺织品　洗涤和干燥后尺寸变化的测定》，GB/T 8631—2001《纺织品　织物因冷水浸渍而引起的尺寸变化的测定》)

实验十九　织物透气性测试

一、实验目的与要求

通过实验，了解织物透气仪的结构及测试原理，掌握织物透气性的测试方法。

二、仪器用具与试样材料

全自动织物透气仪。试样为各种织物若干。

三、实验原理与仪器结构

(一) 实验原理

在规定的压差条件下，测定一定时间内垂直通过试样给定面积的气流流量，即织物的透气率。

（二）仪器结构

全自动织物透气仪主要由试验头、夹具环、打印机、液晶显示屏、操作键盘、上压杆等组成，其外形如图 4-23 所示。

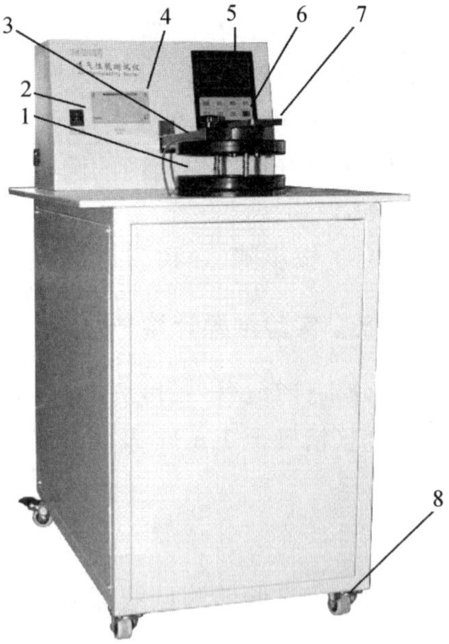

1—试验头　2—电源开关　3—夹具环
4—打印机　5—液晶显示屏
6—操作键盘　7—上压杆　8—脚轮

图 4-23　全自动织物透气仪

四、实验方法与操作步骤

(1) 设置实验参数。按“设定”键，进入参数设定界面。按“移动”键选择要修改的位数，按“置数”键修改此位数值。所有的位数修改好后，按“确认”键返回。设置试验面积为 20 cm^2。服用织物采用 100 Pa 压降，产业用织物采用 200 Pa 压降。测试次数为 10 次。按“移动”键，移动到“设定退出”时，按“确认”键退出参数设定。

(2) 将试样夹持在试样圆台上，测试点应避开布边及折皱处。夹样时采用足够的张力，使试样平整而不变形。为防止漏气，在试样的低压一侧(即试样圆台一侧)应垫上垫圈。当织物正反两面的透气性有差异时，应在报告中注明测试面。

(3) 按“启动”键使空气通过试样，当压力降达到稳定时，记录透气率。

(4) 在同样的条件下，在同一样品的不同部位重复测定至少 10 次。

(5) 测试结果可按“打印”键打印出来。

五、实验结果计算与修约

小数点后面保留两位有效数字。

思　考　题

1. 织物透气性测试的原理是什么？
2. 影响织物透气性的因素有哪些？

(本实验技术依据：GB/T 5453—1997《织物透气性的测定》)

实验二十　织物保温性测试

一、实验目的与要求

通过实验，了解织物保温仪的结构及测试原理，掌握织物保温性的测试方法。

二、仪器用具与试样材料

平板式织物保温仪，划笔，剪刀，钢尺。试样为织物若干。

三、实验原理与仪器结构

（一）实验原理

将试样覆盖于试验板上，试验板及底板和周围的保护板均以电热控制相同的温度，并以通断电的方式保持恒温，使试验板的热量只能通过试样的方向散发。测定试验板在一定时间内保持恒温所需要的加热时间，计算试样的保温率、传热系数和克罗值。

（二）仪器结构

平板式织物保温仪主要由三个部分组成，即电器控制部分、有机玻璃罩和实验台，实验台又由实验板、保护板、底板组成，如图 4-24 所示。

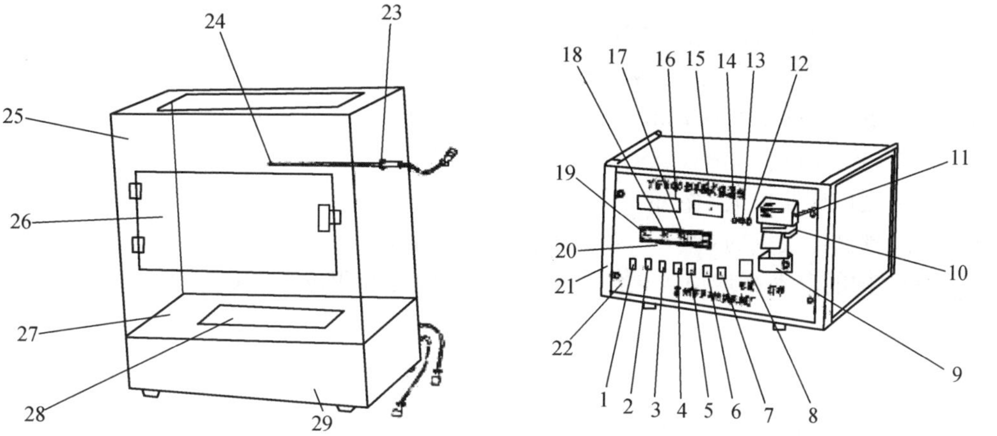

1—功能按钮Ⅰ　2—温区按钮　3—功能按钮Ⅱ　4—结果按钮　5—清除按钮　6—复位按钮　7—启动开关　8—电源开关　9—打印机纸架　10—打印机　11—打印机罩　12—底板加热指示灯　13—保护板加热指示灯　14—试验板加热指示灯　15—时间显示器　16—温区显示器　17—预热时间设置拨盘　18—温度下限设置拨盘　19—温度上限设置拨盘　20—加热周期设置拨盘　21—电气控制箱体　22—控制面板　23—室温传感器固定螺帽　24—室温传感器探头　25—有机玻璃罩　26—有机玻璃罩前门　27—保护板　28—实验板　29—底板

图 4-24　平板式织物保温仪

四、实验方法与操作步骤

（一）取样

试样应在标准大气条件下调湿 24 h。每份样品取试样 3 块，试样尺寸为 30 cm×30 cm，试样要求平整、无折皱。

（二）操作步骤

(1) 设置试验参数。设定试验板、保护板、底板温度为 35 ℃，即设置上限温度为 35 ℃；设置下限温度为 34.9 ℃；设置预热时间至少为 30 min；循环次数至少 5 个周期。按功能“Ⅰ”按钮，检查温度显示窗显示的上下限温度与设置的上下限温度是否一致；按功能“Ⅱ”按钮，检查时间显示窗显示的预热时间和循环周期与设置的预热时间和循环次数是否一致。

(2) 按下“启动”开关，仪器预热一定时间，等试验板、保护板、底板温度达到设定值，仪器稳定后，仪器进入空白试验。空白试验至少测定 5 个加热周期，实验结束后时间显示窗中显示

“t tu”，即空白试验结束。

(3) 按“复位”按钮，再按下“启动”开关，让仪器再次做空白试验，实验结束后时间显示窗中显示“t tu”。

(4) 放上试样且试样正面向上，平铺在试验板上，并将试验板四周全部覆盖，立即按下“启动”开关，时间显示窗从 1 800 s 开始倒计时。预热 30 min 后，时间显示窗开始正计时。循环 5 个周期，实验结束后时间显示窗中显示“t tu”。

(5) 按“结果”按钮，记录时间显示窗中 A、B、C、D、E 对应的数值。

(6) 重复步骤(4)至(5)，测完第二、第三块试样。

(7) 同一天测不同试样时，必须采用同一个空白试验结果。

五、实验结果计算与修约

记录 3 块试样的实验结果，其中：

A——被测试样的传热系数，W/(m^2 · ℃)；

B——被测试样的克罗值，clo；

C——被测试样的保温率，%；

D——被测试样实验时(循环 5 次)的总时间；

E——被测试样实验时(循环 5 次)的累计加热时间。

以 3 块试样的算术平均值为最终结果，各项指标均取四位有效数字。

思　考　题

1. 织物保温性能测试的工作原理是什么？
2. 影响织物保温性能的因素有哪些？

(本实验技术依据：GB/T 11048—2008《纺织品　生理舒适性　稳态条件下热阻和湿阻的测定》)

实验二十一　织物透湿性透湿杯法测试

一、实验目的与要求

通过实验，了解织物透湿性能测试仪器的结构及测试原理，掌握织物透湿性能的测试方法及有关指标的计算方法。

二、仪器用具与试样材料

透湿试验箱(温度控制精度±2 ℃，相对湿度控制精度±4%，循环气流速度 0.3～0.5 m/s)，透湿杯及附件，天平，干燥器，量筒，标准筛(孔径 0.63 mm 和孔径 5 mm 各一个)。无水氯化钙(化学纯)或变色硅胶(粒度为 0.63～2.5 mm)，蒸馏水。试样为织物样品一种。

三、实验原理

(一) 实验原理

把盛有吸湿剂并封以织物试样的透湿杯放置于规定温度和湿度的密封环境中，根据一定时间内透湿杯质量的变化，计算出试样透湿率。

（二）仪器结构

透湿试验箱主要由温湿度控制系统、制冷系统、实验仓（内有温度和湿度传感器、水槽、试样架、透湿杯）等组成。透湿杯由杯身、压环、杯盖、垫圈、螺栓和螺帽组成。

四、实验方法与操作步骤

（一）试样准备

样品应在距布边 1/10 幅宽、距匹端 2 m 以上的部位取样，样品应有代表性。每个织物样品取 3 个试样（或按有关规定决定数量），直径为 70 mm；当样品需测两面时，每面取 3 个试样；涂层试样一般以涂层面为测试面。

（二）操作步骤

(1) 开启透湿试验箱电源开关，同时把仪器上的制冷开关打开，设置透湿试验箱温度 38 ℃，相对湿度 90%，实验时间 1 h。

(2) 向清洁、干燥的透湿杯内装入干燥的吸湿剂，并使吸湿剂成平面。吸湿剂的填满高度为距离试样下表面 3～4 mm。

(3) 将试样测试面朝上，放置在透湿杯上，装上垫圈和压环，旋上螺帽，再用乙烯胶带从侧面封住压环、垫圈和透湿杯，组成试验组合体。

(4) 迅速将试验组合体水平放置在已达到规定试验条件（温度 38 ℃、相对湿度 90%、气流速度为 0.3～0.5 m/s）的试验箱内，1 h 后取出。

(5) 迅速盖上对应的杯盖，放在 20 ℃左右的硅胶干燥器内平衡 30 min。然后按编号逐一称重，精确至 0.001 g，每个组合体的称重时间不超过 15 s。

(6) 称重后轻微振动杯中的干燥剂，使其上下混合，以免长时间使用上层干燥剂使其干燥效用减弱。振动过程中，尽量避免使干燥剂与试样接触。

(7) 拿去杯盖，迅速将试验组合体放入试验箱内，1 h 后取出。迅速盖上对应的杯盖，按规定称重。每次称重时，组合体的先后顺序应一致。

五、实验结果计算与修约

$$WVT = \frac{24\Delta m}{S \cdot t} \tag{4-26}$$

式中：WVT 为试样的透湿率，g/(m^2 · d)；t 为试验时间，h；Δm 为同一试验组合体两次称重之差，g；S 为试样试验面积，m^2。

样品的透湿率为 3 个试样的透湿率平均值，修约至三位有效数字。

思 考 题

1. 试述用吸湿法测试织物透湿率的测试原理。
2. 影响织物透湿性测试结果的因素有哪些？

（本实验技术依据：GB/T 12704.1—2009《纺织品　织物透湿性试验方法　第 1 部分：吸湿法》）

实验二十二　织物毛细效应测试

一、实验目的与要求

通过实验，了解织物毛细效应测试仪的结构和测试原理，掌握织物毛细效应的测试方法及有关指标的计算方法。

二、仪器用具与试样材料

毛细效应测试仪，温度计，蓝或红墨水，秒表，三级水，张力夹(质量约 3 g)。试样为织物样品一种。

三、实验原理与仪器结构

(一) 实验原理

将纺织品垂直放置，下端浸在液体中，测量在规定时间内液体沿纺织品上升的高度，以此表示毛细效应，并利用时间-液体上升高度的曲线求得某一时刻的液体芯吸速率。

(二) 仪器结构

毛细效应测试仪的结构如图 4-25 所示。恒温槽由控温装置保持(27±2)℃的恒温。横梁架上装有 3 根标尺，标尺上端装有试样夹。

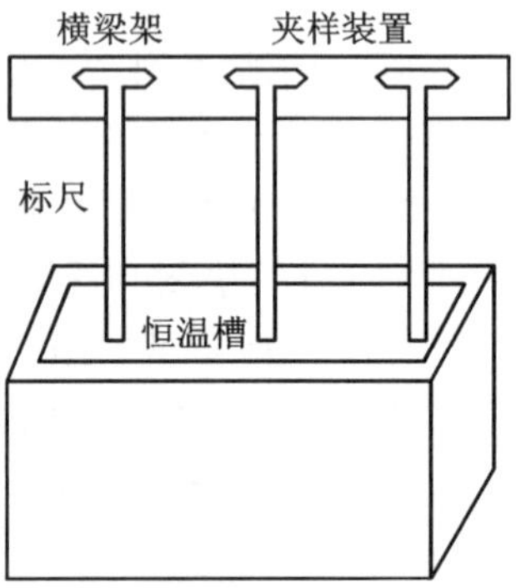

图 4-25　毛细效应测试仪

四、实验方法与操作步骤

(一) 试样准备

1. 试样试液的平衡

将待测织物样品在标准大气环境下进行调湿。为便于观察和测量，在三级水中加入适量的墨水制成试液，并将试液放置在标准大气环境下进行平衡。

2. 试样

(1) 长丝和纱线试样。可紧密地缠绕(保持自然伸直状态)在适当尺寸的矩形框上，或用其他方法形成长度不小于 250 mm、宽度约 30 mm 的薄层。每个样品至少取 3 个试样。

(2) 织物试样。在距布边 1/10 幅宽处，沿纵向在左、中、右部位各剪取至少 1 条试样，沿横向剪取至少 3 条试样。每条试样的长度不小于 250 mm、宽度约 30 mm。保证沿试样长度方向的边纱为完整的纱线。

(3) 绳、带等幅宽低于 30 mm 的产品或不适宜剪裁的产品，用自身宽度进行试验，沿长度方向在每个样品上剪取长度不小于 250 mm 的 3 个试样。

(二) 操作步骤

(1) 调整仪器水平。

(2) 用试样夹将试样一端固定在横梁架上。

(3) 在距离试样下端 8～10 mm 处夹上张力夹，使试样保持垂直。

(4) 调整试样位置，使试样靠近并平行于标尺，下端位于标尺零位以下(15±2)mm。

(5) 将试液倒入恒温槽中，降低横梁架使液面与标尺的零位线对齐[试样下端位于液面以下(15±2)mm]，开始计时。

(6) 试验时间 30 min 一到，立即读取每根样条上液体芯吸高度的最大值和(或)最小值，单位为"mm"。

(7) 如果需要，分别测量经过 1 min、5 min、10 min、20 min、30 min 或更长时间时液体芯吸高度的最大值和(或)最小值。对吸水性好的试样，可增加测量 10 s、30 s 时的值。

五、实验结果计算与修约

(1) 分别计算各向在某时刻 3 个试样的液体芯吸高度的最大值和(或)最小值的平均值，计算结果均保留到小数点后一位。

(2) 按下式计算芯吸效应 H：

$$H = \frac{1}{n}\sum_{i=1}^{n} h_i \tag{4-27}$$

式中：H 为试样的平均芯吸效应，mm/30 min；n 为试样个数；$\sum_{i=1}^{n} h_i$ 为每条试样芯吸效应的最大值或最小值总和。

计算结果取两位小数，修约至一位小数。

(3) 如果需要，以测试时间 t(min)为横坐标，以液体芯吸高度 h(mm)为纵坐标，根据所测数据绘制光滑 t-h 曲线，曲线上某点切线的斜率即为 t 时刻的液体芯吸速率，单位为"mm/min"。

思　考　题

1. 什么是毛细效应？如何测定？
2. 试述测试试样毛细效应的测试原理和影响因素。

(本实验技术依据：FZ/T 01071—2008《纺织品　毛细效应试验方法》)

实验二十三　织物热湿传递性能(热阻和湿阻)测试

一、实验目的与要求

通过实验，了解织物热阻湿阻测试仪的结构和测试原理，掌握织物热阻和湿阻的测试方法。

二、仪器用具与试样材料

织物热阻和湿阻测试仪，测试用薄膜，蒸馏水，纯净水。试样为纺织制品若干。

三、实验原理与仪器结构

（一）实验原理

1. 热阻测试

检测热阻时，试样覆盖在电加热试验板上。试验板及其周围保护板和底板均以电热控制的方式保持相同的设定温度（如 35 ℃），并由温度传感器将数据传递给控制系统以保持恒温，使试验板的热量只能向上（试样方向）散发，在其他方向均为等温，无能量交换。在试样的中心上表面 15 mm 处，控制温度为 20 ℃，相对湿度为 65%，水平风速为 1 m/s。当试验条件达到稳定后，系统会自动测定试验板保持恒温所需的加热功率。

热阻值等于有样热阻（15 mm 空气、试验板、试样）减去空白热阻（15 mm 空气、试验板）。仪器自动计算得到热阻、传热系数、克罗值和保温率。

2. 湿阻测试

检测湿阻时，试样放置在覆盖一层薄膜的多孔金属板上。试验板及保护板均为金属特种多孔板，在多孔板上覆盖一层薄膜（只能透过水汽而不能透液态水）。多孔板在电加热作用下，由供水系统提供的蒸馏水，温度上升到设定值（如 35 ℃）。试验板及其周围的保护板和底板均以电热控制的方式保持相同的设定温度（如 35 ℃），并由温度传感器将数据传递给控制系统以保持恒温，使试验板的水汽热能只能向上（试样方向）散发，在其他方向无水汽热能交换。试样的上方 15 mm 处控制温度为 35 ℃，相对湿度 40%，水平风速 1 m/s。薄膜下表面为 35 ℃的饱和水气压 5 620 Pa，试样的上表面为 35 ℃、相对湿度为 40%的水气压 2 250 Pa。在试验条件达到稳定后，系统会自动测定试验板保持恒温所需的加热功率。

湿阻值等于有样湿阻（15 mm 空气、试验板、试样）减去空白湿阻（15 mm 空气、试验板）。仪器自动计算得到湿阻、透湿指数、透湿率。

（二）仪器结构

热阻湿阻测试仪主要由测试主机、小气候系统、显示与操控（三者融为一体）、空压机、打印机等部分组成。测试主机内部安装有试验板、保护板、底板，各加热板由绝热材料隔开，确保相互之间无热量传递；为使试样不受周围空气影响，安装有透明罩，透明罩上开有门，盖上装有试验仓温度传感器。显示与操控系统可通过触摸显示屏的对应按键来控制小气候系统和测试主机工作与停止，输入控制数据，输出测试数据。

四、实验方法与操作步骤

（一）取样

样品和试样应置于规定的标准大气条件下调湿 24 h。每份样品取试样 3 块，试样尺寸为 35 cm×35 cm，试样要求平整无折皱。

（二）操作步骤

1. 开机前准备

开机前，先检查恒温恒湿水箱水位指示有无足够的水，没有水应先加水；否则，即使开机了，恒温恒湿水箱也不会工作。打开正门，在左边的盖子灌入纯净水，用来提供小气候调节湿度，将水灌至水位指示线之间。再确认左侧上方有机玻璃水箱的水位，以便供应湿阻试验的需要。

2. 恒温恒湿设置

开启电源，点击数据窗口，会弹出一个数字键盘。点击键盘上的数字按键，按“ENT”确认，可以对恒温恒湿控制的温度湿度进行设置。测试热阻时，输入小气候温度为 20 ℃，湿度为 65%；测试湿阻时，输入小气候温度为 35 ℃，湿度为 40%。

3. 开机运行

输入数据后，按“运行”键，就可启动恒温恒湿系统。

4. 热阻测试

(1) 首先检查测试板是否完全干燥，否则用空压机将测试体内部水分完全排干。水分没有完全排干之前做热阻试验，会对数据产生较大影响。

(2) 冷机预热。开启电源后需整机预热约 45 min，其间可在多孔板上放一块中等厚度的织物，使三板温度均较快地达到设定温度(如 35 ℃)。当到达 35 ℃时，拿去上面的织物，让加热板温度超过 35 ℃(如 35.2 ℃)，完成冷机预热。

(3) 参数设置。在仪器初始界面按“热阻运行”进入热阻运行界面，按“设置”按钮进入热阻设置界面。点击数据窗口，会弹出一个数字键盘，点击键盘上的数字按键，按“ENT”确认，可以对测试板温度、预热周期、测试时间进行设置。测试板温度设为 35 ℃，预热周期一般为 5 次，测试时间为 600 s。如果试样较薄，预热周期与测试时间均可缩短。按“上一页”返回“热阻运行”界面。

(4) 热阻空白试验。检测试样前，必须有“无试样热阻”，即空白热阻。空白热阻是无试样条件下仪器自身的热阻。在“热阻运行”界面选择“试验次数 0”，按“开始”可做“空白热阻”试验，获得空白热阻并自动储存(“空白热阻”建议 3 个月到 6 个月做一次)。

(5) 有样试验。在“热阻运行”界面(三板温度必须稳定到 35 ℃后方可进行)，试验次数选择“1”(即有样试验 1)。把被测试样正面向上平铺在试验板上，并将试验板四周全部覆盖。按试验台前端的“升、降”按钮，使试样上表面与外框等高，盖上四边金属压边，然后放下有机玻璃盖，关上仪器门，按“开始”按钮，仪器自动运行，显示第一次热阻等指标。在显示结果稳定后如认为数据足以可信，不必再测，可按“停止”按钮，仪器会保留显示热阻值。

(6) 换取试样，试验次数按“2”，检测第二块试样，以此类推。检测 3 块试样后可打印检测报告。

5. 湿阻测试

(1) 冷机预热。开启电源后需整机预热约 60 min，其间在多孔板上放一块中等厚度的织物，使三板温度(包括水温)均较快地达到设定温度(如 35 ℃)。当到达 35 ℃时，拿去上面的织物，让加热板温度超过 35 ℃(如 35.2 ℃)，完成冷机预热。

(2) 参数设置。在仪器初始界面按“湿阻运行”进入湿阻运行界面，按“设置”按钮进入湿阻设置界面。设置测试板温度为 35 ℃，预热周期 5 次，测试时间约 600 s。根据试样湿阻大小，可改变周期与测试时间。一般湿阻值越小，这两个参数可设得小些。按“上一页”回到“湿阻运行”界面。

(3) 加湿补水。检查自动补水水箱是否有水，水位调节杆是否插入到水箱底部。若无水则打开仪器左侧板上的小门，拧开水箱封盖，将水位指示杆插到水箱底部并拧紧调节杆防水螺母，从水箱口灌入蒸馏水，使水位至水位指示的红线之间，然后拧紧水箱盖子。

按下“湿阻”键，将调节杆防水接头拧松一点，将水位调节杆慢慢往上拔，补水水箱内部的水会自动流入测试体内。观察试验台右边水位指示器及测试体多孔板表面，用手触摸多孔板表面，有水出来时可停止水位调节杆往上拔，并拧紧防水接头。取出测试用薄膜，向多孔板表面铺平，四周用橡胶条子将薄膜固定于测试体上。

(4) 湿阻空白试验。检测试样前，必须有“无试样湿阻”，即空白湿阻。空白湿阻是指只有一层纤维素薄膜时仪器自身的湿阻。在“湿阻运行”界面选择“试验次数 0”，按“开始”可做“空白湿阻”试验，获得空白湿阻并自动储存(“空白湿阻”建议 3 个月到 6 个月做一次)。

(5) 有样试验。在“湿阻运行”界面(三板温度必须稳定到 35 ℃后方可进行)，试验次数选择“1”(即有样试验 1)。在多孔金属板上表面铺上一层纤维素薄膜，再用海绵轻轻地把薄膜下的气泡去除。然后把被测试样放在薄膜上表面上，按“升降”按钮，使试样上表面与外框同高，盖上四边金属压边，然后放下有机玻璃盖，关上仪器门，按“开始”按钮，仪器自动运行，显示第一次湿阻等指标。

(6) 换取试样，试验次数按“2”，检测第二块试样，以此类推。检测 3 块试样后可打印湿阻检测报告。

五、实验结果

在“热阻运行”界面和“湿阻运行”界面按“查询”按钮，显示“数据查询”界面，可查看每次的测试结果。再按“打印”键，仪器自动打印检测报告。测试结果主要有：热阻、保温率、传热系数、克罗值、空白热阻；湿阻、透湿率、透湿指数、空白湿阻。

思 考 题

1. 测试热阻、湿阻的意义是什么？
2. 使用热阻湿阻测试仪应注意什么？实验之前应做哪些准备工作？

(本实验技术依据：GB/T 11048—2008《纺织品 生物舒适性 稳态条件下热阻和湿阻的测定》)

实验二十四 织物防水性能测试

一、实验目的与要求

通过实验，了解织物防水性能的测试原理，掌握织物防水性能的测试方法(沾水法)。

二、仪器用具与试样材料

沾水测试仪，蒸馏水，尺子，剪刀。试样为织物试样若干。

三、实验原理与仪器结构

(一) 实验原理

将试样安装在环形夹持器上，保持夹持器与水平成 45°，试样中心位置距喷嘴下方一定的距离。用一定量的蒸馏水或去离子水喷淋试样，将喷淋后的试样外观与沾水文字描述及图片进行比较，确定织物的沾水等级，并以此评价织物的防水性能。

（二）仪器结构

织物沾水测试仪主要由玻璃漏斗、淋水喷嘴、试样支座和底座等组成，其结构如图 4-26 所示。

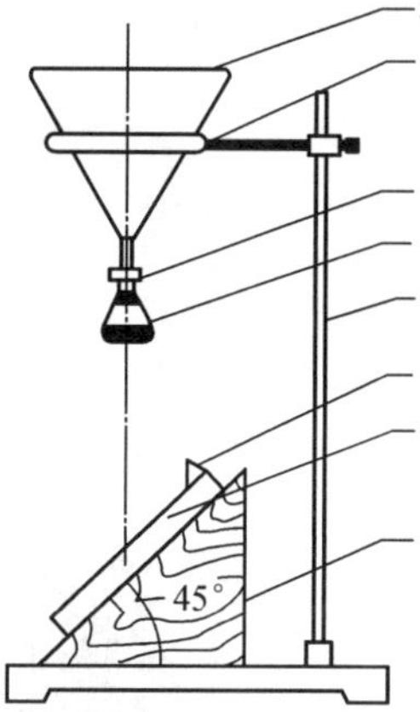

图 4-26　织物沾水测试仪

四、实验方法与操作步骤

（一）取样

在织物的不同部位取 3 块试样，每块试样尺寸为180 mm×180 mm。试样应具有代表性，取样部位不能有折皱或折痕。

（二）操作步骤

(1) 将试样用夹持器夹紧，放在支座上。试验时，试样正面朝上，织物经向或长度方向与水流方向平行。

(2) 将 250 mL 试验用水迅速而平稳地倒入漏斗，持续喷淋 25～30 s。

(3) 喷淋停止后，立即将夹有试样的夹持器拿开，使织物正面向下几乎成水平，然后对着一个固体硬物轻轻敲打一下夹持器，水平旋转夹持器 180°后再次轻轻敲打一下夹持器。

(4) 敲打结束后，根据表 4-16 中的沾水现象描述，立即对夹持器上的试样正面润湿程度进行评级。

表 4-16　沾水等级描述和防水性能评价

沾水等级	沾水现象描述	防水性能评价
0 级	整个试样表面完全润湿	不具有抗沾湿性能
1 级	受淋表面完全润湿	
1-2 级	试样表面超出喷淋点处润湿，润湿面积超出受淋表面一半	抗沾湿性能差
2 级	试样表面超出喷淋点处润湿，润湿面积约为受淋表面一半	
2-3 级	试样表面超出喷淋点处润湿，润湿面积少于受淋表面一半	抗沾湿性能较差
3 级	试样表面喷淋点处润湿	具有抗沾湿性能
3-4 级	试样表面等于或少于半数的喷淋点处润湿	具有较好的抗沾湿性能
4 级	试样表面有零星的喷淋点处润湿	具有很好的抗沾湿性能
4-5 级	试样表面没有润湿，有少量水珠	具有优异的抗沾湿性能
5 级	试样表面没有水珠或润湿	

(5) 重复以上步骤，对剩余试样进行测定。

五、实验结果与评定

按照表 4-16 和图 4-27，确定每个试样的沾水等级。对于深色织物，图片对比不是十分令人满意，主要依据文字描述进行评级。进行防水性能评价时，计算所有试样的沾水等级的平均值，修约至最接近的整数级或半级，按照表 4-17 评价样品的防水性能。

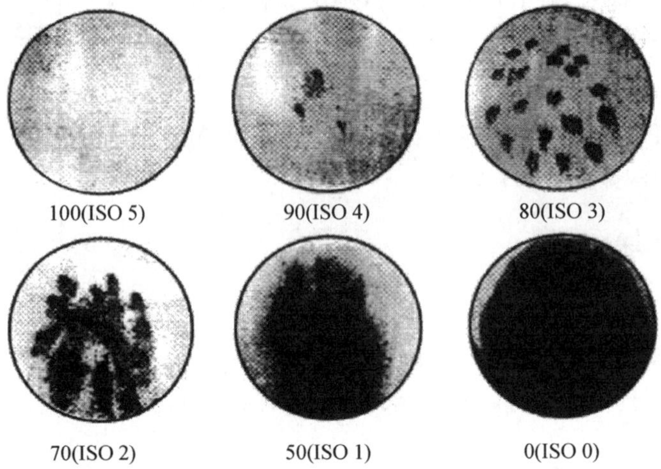

图 4-27　沾水等级图片

思　考　题

1. 影响测试结果评定的因素有哪些？
2. 测试织物防水性能还有哪些方法？

（本实验技术依据：GB/T 4745—2012《纺织品　防水性能的检测和评价　沾水法》）

第五章　纺织品安全卫生性能测试

本章知识点：

1. 各实验项目的实验要求和实验原理。
2. 各种测试仪器的结构和操作使用方法。
3. 各实验项目的取样方法、实验程序和步骤。
4. 各项指标的计算方法。
5. 纺织品色牢度的评定方法。

实验一　纺织品阻燃性能测试

一、实验目的与要求

通过实验，掌握垂直法测定织物阻燃性能的测试方法，了解垂直燃烧试验仪的结构，掌握仪器的试验方法，掌握表征阻燃性能的指标和实验数据的处理方法，了解影响实验结果的因素。

二、仪器用具与试样材料

垂直燃烧试验仪。试样为有阻燃要求的待测织物。

三、实验原理与仪器结构

（一）实验原理

用规定的点火器产生的火焰，对垂直方向的试样底边中心点火，施加规定的点火时间后，测量试样的续燃时间、阴燃时间及损毁长度。续燃时间是指在规定的试验条件下，移开点火源后，材料持续有焰燃烧的时间。阴燃时间是指在规定的试验条件下，当有焰燃烧终止后，或本为无焰燃烧者，移开点火源后，材料持续无焰燃烧的时间。损毁长度是指在规定的试验条件下，在规定方向上材料损毁部分的最大长度。

（二）仪器结构

垂直燃烧试验仪的主体结构是由耐热及耐烟雾侵蚀材料制成的燃烧试验箱。箱的中心放置试样夹，用以固定试样防止卷曲，并保持试样在箱内呈竖直状态。试样夹的底部放置点火器等。其结构如图 5-1 所示。

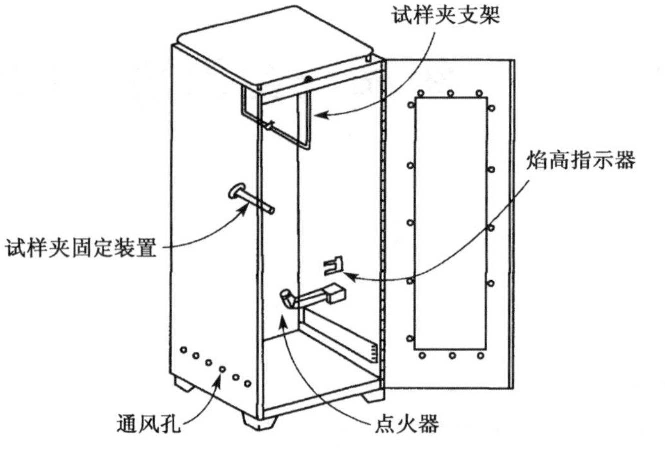

图 5-1　垂直燃烧试验仪

四、实验方法与操作步骤

（一）取样

剪取试样时距离布边至少 100 mm，试样尺寸为 300 mm×89 mm，试样的两边分别与织物的经（纵）向或纬（横）向平行，要求经（纵）向试样或纬（横）向试样不能取自同方向同一根纱线。

根据调湿条件准备试样，条件 A 和条件 B 所测结果不具有可比性。

条件 A：将试样放置在 GB/T 6529—2008 规定的标准大气条件下进行调湿，然后将调湿后的试样放入密封容器内。每一样品，经（纵）向及纬（横）向各取 5 块试样，共计取 10 块试样。

条件 B：将试样置于（105±3）℃的烘箱内干燥（30±2）min 后取出，放置在干燥器中冷却，冷却时间不少于 30 min。每一样品，经（纵）向取 3 块试样，纬（横）向取 2 块试样，共计取 5 块试样。

试验要求在温度为 10～30 ℃和相对湿度为 30%～80%的大气环境中进行。

（二）操作步骤

（1）接通电源及热源。将燃烧试验箱前门关闭，按下电源开关，指示灯亮。

（2）打开气体供给阀门，点燃点火器，用气阀调节装置调节火焰高度，使其稳定在（40±2）mm。在开始第一次试验前，火焰应在此状态下稳定燃烧至少 1 min，然后熄灭火焰。

（3）将试样放入试样夹中，试样底边应与试样夹底边相齐，试样夹的边缘使用足够数量的夹子夹紧。打开燃烧试验箱前门，在试验箱中固定试样夹，使其垂直挂于试验箱的中心。

（4）关闭燃烧试验箱前门，点燃点火器，待火焰稳定后，移动火焰使试样底边正好处于火焰中点位置上方，点燃试样。此时距试样从密封容器或干燥器中取出试样的时间，必须在 1 min 以内。

（5）火焰施加到试样上的时间即点火时间，根据选用的调湿条件确定：条件 A 为 12 s；条件 B 为 3 s。

（6）到点火时间后，将点火器移开并熄灭火焰，续燃计时器即开始动作。待续燃停止，立即按计时器的停止开关，阴燃计时器开始计时；待阴燃停止后，按计时器停止开关，读取续燃时间和阴燃时间(精确到 0.1 s)。如果试样有烧通现象,进行记录。

(7) 若被测织物(熔融性纤维)在燃烧过程中有熔滴产生,则应在试验箱的箱底平铺 10 mm 厚的脱脂棉,并记录熔融脱落物是否引起脱脂棉的燃烧或阴燃。

(8) 打开燃烧试验箱前门,取出试样夹,卸下试样。沿着试样长度方向,在损毁区域最高点处折一条直线。然后在试样的下端一侧,距底边及侧边各约 6 mm 处,用钩子挂上与试样单位面积质量相适应的重锤。再用手缓缓提起试样下端的另一端,使重锤悬空,再放下,测量试样撕裂的长度,即为损毁长度(精确到 1 mm)。织物单位面积质量与选用重锤质量的关系见表 5-1。

(9) 清除燃烧试验箱中的烟、气及碎片,然后测试下一个试样。

表 5-1　织物单位面积质量与选用重锤质量的关系

织物单位面积质量(g/m^2)	重锤质量(g)	织物单位面积质量(g/m^2)	重锤质量(g)
101 以下	54.5	338～650 以下	340.2
101～207 以下	113.4	650 及以上	453.6
207～338 以下	226.8	—	—

五、实验结果计算与修约

根据调湿条件进行计算,计算结果应精确至 0.1 s 和 1 mm。

条件 A:分别计算经(纵)向及纬(横)向 5 块试样的续燃时间、阴燃时间及损毁长度的平均值。

条件 B:计算 5 块试样的续燃时间、阴燃时间及损毁长度的平均值。

思　考　题

1. 试验操作中应注意哪些问题?
2. 分析试验条件对测定结果的影响。

(本实验技术依据:GB/T 5455—2014《纺织品　燃烧性能　垂直方向损毁长度、阴燃和续燃时间的测定》)

实验二　纺织品静电性能测试

一、实验目的与要求

通过实验,掌握用静电仪测量纺织材料静电性能的基本原理和操作方法,了解影响测试结果的因素,掌握相关测试指标。

二、仪器用具与试样材料

静电测试仪,尺子,剪刀,不锈钢镊子,棉手套。试样为合成纤维织物或毛织物若干。

三、实验原理与仪器结构

(一) 实验原理

使试样在高压静电场中带电至稳定后,断开高压电源,使其电压通过接地金属台自然衰减。测定其电压衰减为初始值一半时所需的时间，以此反映纺织品的静电特性。在同样测试条件下，带电量的多少与纺织品的结构和特性有关。

（二）仪器结构

感应式静电仪主要有高压发生器、回转台及试样夹、感应电极，如图 5-2 所示。高压发生器包括调压器、升压变压器、高压开关、高压电容器和针电极；回转台的转速至少为 1 000 r/min；感应电极接收试样静电压产生的交变信号。静电测试档分 100 V、300 V、1 000 V、3 kV、10 kV 五档。

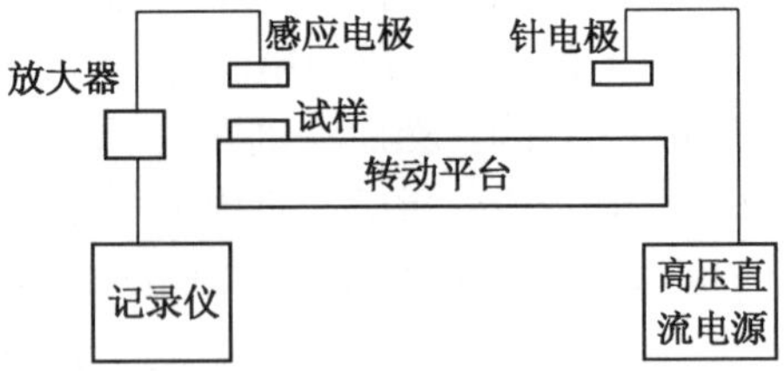

图 5-2　静电测试仪

四、实验方法与操作步骤

（一）取样

在测试样品上随机裁取 45 mm×45 mm（或适宜尺寸）的试样 3 组；每组试样数量根据仪器中试样台数量确定，一般为 3 块。

调湿和测试大气条件与常用的标准大气条件不同，应特别注意，温度要求为(20±5)℃，相对湿度要求为(35±5)%，环境风速应在 0.1 m/s 以下。测试样品在 50 ℃下预烘一定时间，然后在上述大气条件下放置 24 h 以上，注意不得沾污样品。如果需测试样品洗涤后的静电性能，应按规定或协商，经洗涤预处理后再进行测试。

（二）操作步骤

(1) 试验前应对仪器进行检查和校验。仪器需在测试环境中调湿平衡 2～4 h，调节电压旋钮使高压指示表在 10 kV 数值上。

(2) 打开电源开关，待仪器预热 15 min 后开始试验。

(3) 对试样表面进行消电处理后，将试样夹于试验台上。调节针电极距试样上表面(20±1)mm，感应电极距试样上表面(15±1)mm。更换试样后，应重新调整针电极和感应电极与试样上表面的距离，以达到规定要求。

(4) 驱动试验台，转速至少为 1 000 r/min，待转台平稳后在针电极上加 10 kV 高压。

(5) 加压 30 s 后断开高压，试验台继续旋转，至静电压衰减至 1/2 以下时即可停止试验。

(6) 同一块(组)试样进行 2 次重复试验，每组样品测试 3 组试样。

五、实验结果计算与修约

记录高压断开瞬间试样静电电压(V)及其衰减至 1/2 所需要的时间，即半衰期(s)。计算每组试样的 2 次测量值的平均值，作为该组试样的测量值。计算 3 组试样的测量值的平均值作为样品的测量值。最终结果，静电压修约至 1 V，半衰期修约至一位小数。

抗静电纺织品的半衰期技术要求见表 5-2。对于非耐久型抗静电纺织品，洗前应达到要求；对于耐久型抗静电纺织品，洗前、洗后均应达到。

表 5-2　抗静电纺织品评定标准

等级	A 级	B 级	C 级
要求(半衰期)	≤2.0 s	≤5.0 s	≤15.0 s

思　考　题

1. 试述感应式静电仪测量静电的基本原理及测试指标。
2. 分析影响测定结果的因素。

（本实验技术依据：GB/T 12703.1—2008《纺织品　静电性能的评定　第1部分：静电压半衰期》）

实验三　纺织品防紫外线性能测试

一、实验目的与要求

通过实验，掌握纺织品防紫外性能的评定指标及测试方法，了解影响测试结果的因素。

二、仪器用具与试样材料

配备积分球的紫外分光光度计。试样为织物若干。

三、实验原理与仪器结构

（一）实验原理

采用紫外线光源，用单色或多色的紫外线平行照射试样，用一个积分球收集所有透射光线，测定总的光谱透射射线，经计算获得织物在紫外线波长为314～400 nm的光谱透射比*T*(*UVA*)和紫外线波长为290～315 nm的光谱透射比*T*(*UVB*)，以及紫外线防护系数*UPF*。光谱透射比*T*(λ)指的是波长为λ时透射幅通量与入射幅通量之比；紫外线防护系数*UPF*指的是皮肤无防护时计算出的紫外线辐射平均效应与皮肤有织物防护时计算出的紫外线辐射平均效应的比值。

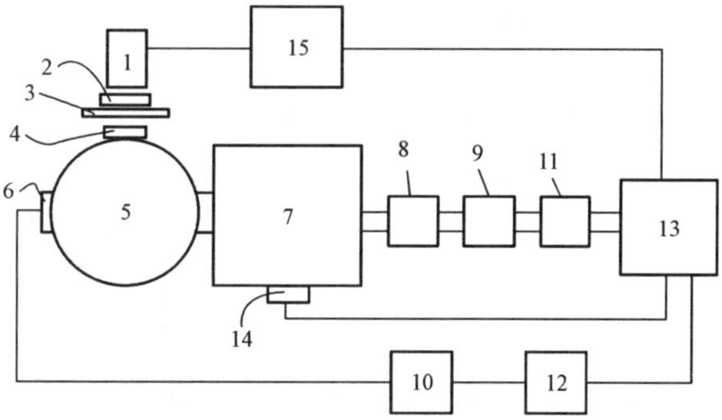

1—紫外光源　2,4—滤光片　3—样品　5—积分球
6—参考探测器　7—分光系统　8—信号探测器
9,10—放大电路　11,12—A/D转换模块　13—计算机
14—分光系统电机　15—光源电源

图5-3　紫外分光光度计仪器结构

（二）仪器结构

紫外分光光度计的结构如图5-3所示。紫外光源1发出的紫外光经滤光片2，照在被测样品3上，经滤光片4后被积分球5收集。其输出一路经参考探测器6、放大电路10、A/D转换模块12，作为参考光采样；另一路经分光系统、探测器8、放大电路9、A/D转换模块11后被采样。两路信号经计算机处理后就可获得标准规定的被测样品参数*T*(*UVA*)、*T*(*UVB*)和*UPF*值。

四、实验方法与操作步骤

（一）取样

对于匀质材料，至少取4块有代表性的试样，距布边5 cm以内的织物应舍去；对于非匀质色样或结构材料，每种颜色和每种结构至少取 2 块试样。试样尺寸应保证充分覆盖住仪器的孔眼。调湿和实验应在标准大气条件下进行；如果实验装置未放在标准大气条件下，调湿后试样从密闭容器中取出至实验完成应不超过 10 min。

（二）操作步骤

(1) 仪器预热准备。

(2) 在积分球前方放置试样，将穿着时远离皮肤的织物面朝着 UV 光源。

(3) 记录 200～400 nm 之间的透射比，每 5 nm 至少记录 1 次。

五、实验结果计算与修约

1. 透射比的计算

计算每个试样的 $T(UVA)_i$ 和 $T(UVB)_i$，并计算其平均值，保留两位小数。

$$T(UVA)_i = \frac{1}{m}\sum_{\lambda=315}^{400} T_i(\lambda) \tag{5-1}$$

$$T(UVB)_i = \frac{1}{k}\sum_{\lambda=290}^{315} T_i(\lambda) \tag{5-2}$$

式中：$T_i(\lambda)$为第 i 个试样在波长为 λ 时的光谱透射比，按 $\Delta\lambda$ 测取读数；m 为波长在 315～400 nm 之间按 $\Delta\lambda$ 测取 $T_i(\lambda)$的次数；k 为波长在 290～315 nm 之间按 $\Delta\lambda$ 测取 $T_i(\lambda)$的次数；$\Delta\lambda$ 为波长测量间隔，一般为 5 nm。

2. UPF_{AV}的计算

按式(5-3)计算每个试样的 UPF_i。

$$UPF_i = \frac{\sum_{\lambda=290}^{400} E(\lambda) \times \varepsilon(\lambda) \times \Delta\lambda}{\sum_{\lambda=290}^{400} E(\lambda) \times T_i(\lambda) \times \varepsilon(\lambda) \times \Delta\lambda} \tag{5-3}$$

式中：UPF_i 为第 i 个试样的 UPF 值；$E(\lambda)$为日光光谱强度，W/(m^2 · nm)；$\varepsilon(\lambda)$为与波长 λ 相关的红斑辐射效应；$T_i(\lambda)$为第 i 个试样在波长为 λ 时的光谱透射比；$\Delta\lambda$ 为波长测量间隔，nm。

对于匀质试样，按式(5-4)计算紫外线防护系数的平均值 UPF_{AV}，按式(5-5)计算 UPF 的标准差 s。

$$UPF_{\mathrm{AV}} = \frac{1}{n}\sum_{i=1}^{n} UPF_i \tag{5-4}$$

$$s = \sqrt{\frac{\sum_{i=1}^{n}(UPF_i - UPF_{\mathrm{AV}})^2}{n-1}} \tag{5-5}$$

3. 样品 UPF 值的计算

(1) 匀质材料按式(5-6)计算样品的 UPF 值，修约到整数。$t_{\alpha/2,\,n-1}$ 按表 5-3 的规定选取。当样品的 UPF 值低于单个试样的实测 UPF 值中的最低值时，则以试样最低的 UPF 值作为

样品的 UPF 值报出。样品的 UPF 值大于 50 时，表示为“$UPF>50$”。

$$UPF = UPF_{AV} - t_{\alpha/2,\, n-1}\frac{s}{\sqrt{n}} \tag{5-6}$$

表 5-3 α 为 0.05 时 $t_{\alpha/2,\, n-1}$ 的测定值

试样数量	$n-1$	$t_{\alpha/2,\, n-1}$	试样数量	$n-1$	$t_{\alpha/2,\, n-1}$
4	3	3.18	8	7	2.36
5	4	2.77	9	8	2.30
6	5	2.57	10	9	2.26
7	6	2.44	—	—	—

（2）对于具有不同颜色或结构的非匀质材料，应对各种颜色或结构进行测试，以其中最低的 UPF 值作为样品的 UPF 值。

思 考 题

1. 试述纺织品防紫外性能的测试原理及测试指标。
2. 分析影响测定结果的因素。
3. 如果棉织物和涤纶织物的组织结构相同，何种织物的抗紫外效果较好？为什么？

（本实验技术依据：GB/T 18830—2009《纺织品 防紫外线性能的评定》）

实验四 纺织品甲醛含量测试

一、实验目的与要求

通过实验，掌握织物上游离甲醛含量的测试原理和测试方法，了解分光光度计的使用方法。

二、仪器用具与试样材料

分光光度计（波长 412 nm），恒温水浴锅[(40±2)℃]，天平（精确至 0.2 mg），容量瓶（50 mL、250 mL、500 mL、1 000 mL），碘量瓶或具塞三角烧瓶（250 mL），单标移液管（1 mL、5 mL、10 mL 和 25 mL）及 5 mL 刻度移液管，量筒（10 mL、50 mL），试管及试管架，2 号玻璃漏斗过滤器。相关化学试剂（详见本实验标准试液配制，均为分析纯），甲醛溶液（质量浓度约 37%），试验用水为 3 级水或蒸馏水。试样为织物若干。

三、实验原理与仪器结构

（一）实验原理

将经过精确称量的织物试样，在 40 ℃水浴中用水萃取一定时间，织物上的甲醛被萃取到样品溶液中；然后将萃取液（样品溶液）用乙酰丙酮试剂显色，在 412 nm 波长下，显色液用分光光度计测定其中的甲醛的吸光度，对照甲醛标准工作曲线，计算出样品中游离甲醛的含量。

（二）仪器结构

分光光度计一般包括光源、单色器、比色杯、检测器和显示器五大部分，仪器结构如图 5-4 所示。

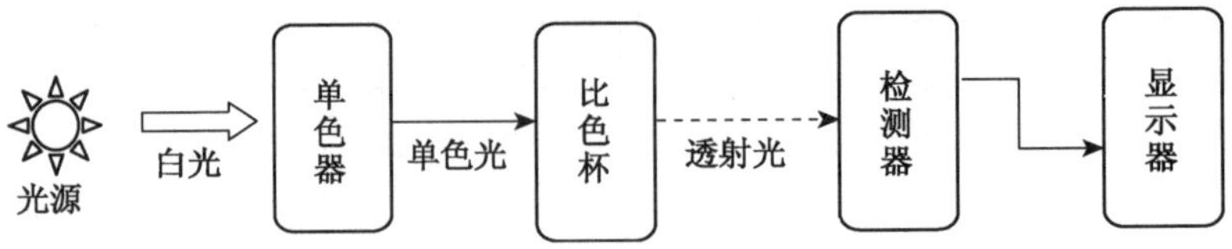

图 5-4　分光光度计

四、实验方法与操作步骤

（一）标准试液配置及标准工作曲线绘制

1. 乙酰丙酮试剂（纳氏试剂）

在 1 000 mL 容量瓶中加入 150 g 乙酸铵，用 800 mL 水溶解，然后加 3 mL 冰乙酸和 2 mL 乙酰丙酮，用水稀释至刻度线，用棕色瓶储存（配制 12 h 内不能使用。该试剂 6 星期内有效，为防其灵敏度起变化，故每星期应绘一校正曲线与标准曲线校对为妥）。

2. 双甲酮乙醇溶液

用乙醇将 1 g 双甲酮（二甲基-二羟基-间苯二酚或 5，5-二甲基-环已二酮）溶解并稀释至 100 mL，随用随配。

3. 甲醛标准溶液和工作曲线

（1）甲醛溶液的浓度标定。用 5 mL 刻度移液管吸取 3.8 mL 的甲醛溶液（质量浓度约 37%）于 1 000 mL 容量瓶中，加蒸馏水至刻度线。此时甲醛原液浓度约为 1 500 μg/mL。用亚硫酸钠法或碘量法，标定甲醛原液精确浓度。标定之前，至少将原液放置 24 h。该原液可储存 4 星期备用。

（2）标准溶液（S2）的制备。根据甲醛原液精确浓度，计算移取的甲醛原液的体积。例如：如果标定得出甲醛原液浓度为 1 470 μg/mL，移取溶液体积为 10.2 mL。选用合适的单标移液管，吸取甲醛原液计算体积置于 200 mL 容量瓶中，加蒸馏水至刻度。此时配制的甲醛标准溶液浓度为 75 μg/L。

（3）校正溶液的制备。根据标准溶液制备校正溶液。取下列不同容量的甲醛标准溶液（S2）在 500 mL 容量瓶中用水稀释至 500 mL，而形成至少 5 种浓度的甲醛校正溶液：

① 取 1 mL S2 稀释，含 0.15 μg 甲醛/mL，等同于 15 mg 甲醛/kg 织物；

② 取 2 mL S2 稀释，含 0.30 μg 甲醛/mL，等同于 30 mg 甲醛/kg 织物；

③ 取 5 mL S2 稀释，含 0.75 μg 甲醛/mL，等同于 75 mg 甲醛/kg 织物；

④ 取 10 mL S2 稀释，含 1.5 μg 甲醛/mL，等同于 150 mg 甲醛/kg 织物；

⑤ 取 15 mL S2 稀释，含 2.25 μg 甲醛/mL，等同于 225 mg 甲醛/kg 织物；

⑥ 取 20 mL S2 稀释，含 3.00 μg 甲醛/mL，等同于 300 mg 甲醛/kg 织物；

⑦ 取 30 mL S2 稀释，含 4.50 μg 甲醛/mL，等同于 450 mg 甲醛/kg 织物；

⑧ 取 40 mL S2 稀释，含 6.00 μg 甲醛/mL，等同于 600 mg 甲醛/kg 织物。

4. 标准工作曲线的绘制

用以上由标准液配制的至少5种校正溶液，分别用单标移液管准确吸取5 mL溶液放入不同试管中，分别加5 mL乙酰丙酮试剂摇匀，放置于(40±2)℃水浴中显色(30±5)min，取出，室温下避光放置(30±5)min。显色后，用分光光度计在412 nm波长处测量各种浓度溶液的吸光度，绘制不同甲醛浓度与吸光度的标准工作曲线或计算工作曲线 $y=a+bx$；其中，x 为甲醛校正溶液浓度，y 为甲醛校正溶液用分光光度计(412 nm)所测出的吸光度，解出 a 和 b 得出工作曲线。此曲线用于所有测量数值。

(二) 试样准备

(1) 织物样品准备。织物样品不应进行任何处理，也不进行调湿及预调湿，以避免影响样品中的甲醛含量。测试样品应密封避光保存，放入一聚乙烯袋中，外覆铝箔。若使用说明上标有“使用前需水洗”的织物，采用GB/T 8629—2001中的8A程序洗涤一次和A法干燥后，再测定织物甲醛含量。

(2) 样品溶液制备。从样品上取2块试样剪碎，称取1 g，精确至10 mg。如果甲醛含量太低，可增加试样量至2.5 g，以保证测试精度。将每个试样分别置于250 mL干碘量瓶或具塞三角烧瓶中，加入100 mL蒸馏水，盖上瓶盖，置于(40±2)℃水浴中保温处理(60±5)min，其间每5 min振荡一次。将萃取液冷却至室温，用过滤器过滤至另一碘量瓶或三角烧瓶中，供测试用。

(3) 样品质量校正。若出现异议，采用调湿后的试样质量计算校正系数，校正试样质量。其方法是从样品上剪取试样后立即称量，将试样调湿后再称量，用两次称量值计算校正系数，然后用校正系数计算出试样的校正质量。

(三) 操作步骤

(1) 试验样品吸光度测定。用单标移液管准确吸取5 mL萃取液(样品溶液)放入一试管中，加5 mL乙酰丙酮试剂摇动，试管放在(40±2)℃水浴中显色(30±5)min，取出，室温下避光放置(30±5)min，用10 mm的吸光池在分光光度计412 nm波长处测定其吸光度。

(2) 空白试剂吸光度测定。用5 mL蒸馏水加5 mL乙酰丙酮试剂做空白对照，测定其吸光度。

(3) 空白样品吸光度测定。如果萃取液(样品溶液)不纯或褪色，用水做对照，取5 mL样品溶液放入另一试管中，加5 mL蒸馏水代替乙酰丙酮试剂。用与步骤(1)相同的方法处理，并测量此溶液的吸光度。

(4) 样品溶液稀释。如果样品甲醛含量超过500 mg/kg，稀释萃取液使其吸光度在工作曲线的范围内。计算样品甲醛含量时，需考虑稀释因素。

(5) 双甲酮确认试验。如果怀疑吸光值不是来自甲醛而是由样品溶液的颜色产生，用双甲酮进行一次确认试验。取5 mL样品溶液放入一试管中(必要时可稀释)，加入1 mL双甲酮乙醇溶液并摇动，把溶液放入(40±2)℃水浴中显色(10±5)min，加入5 mL乙酰丙酮试剂摇动，取出，室温下避光放置(30±5)min，测试其吸光度。空白样品使用水而不是样品萃取液。

(6) 用同法做两个平行试验。

五、实验结果计算与修约

各试验样品用式(5-7)来校正样品吸光度：

$$A = A_s - A_b - A_d \tag{5-7}$$

式中：A 为校正后的吸光度；A_s 为试验样品（样品萃取液）中测得的吸光度；A_b 为空白试剂中测得的吸光度；A_d 为空白样品（样品萃取液，不显色）中测得的吸光度（仅用于变色或沾污的情况）。

用校正后的吸光度数值，通过工作曲线查出甲醛溶度 c，用 $\mu g/mL$ 表示。

用式（5-8）计算从每一样品中萃取的甲醛含量：

$$F = c \times 100/m \tag{5-8}$$

式中：F 为从织物样品中萃取的甲醛含量，mg/kg；c 为读自工作曲线的萃取液的甲醛浓度，$\mu g/mL$；m 为试样的质量，g。

计算两次检测结果的平均值作为试验结果，修约至整数位。

如果检验结果小于 20 mg/kg，试验结果报告"未检出"。

思 考 题

1. 试述水萃取法测试纺织品甲醛含量的测试原理及测试指标。
2. 影响织物甲醛含量检验结果的主要因素有哪些？

（本实验技术依据：GB/T 2912.1—2009《纺织品　甲醛的测定　第 1 部分：游离和水解的甲醛（水萃取法）》）

实验五　纺织品耐摩擦色牢度测试

一、实验目的与要求

通过实验，掌握纺织品耐摩擦色牢度测试的基本原理和测试方法，了解影响纺织品耐摩擦色牢度的因素。

二、仪器用具与试样材料

摩擦色牢度仪，评定沾色用灰卡（GB/T 251—2008《纺织品　色牢度试验　评定沾色用灰色样卡》），摩擦用棉布（GB/T 7568.2—2008《纺织品　色牢度试验标准贴衬织物　第 2 部分：棉和黏胶纤维》），耐水细砂纸或金属网（不锈钢丝直径 1 mm、网孔宽约 20 mm），蒸馏水。试样为染色织物。

三、实验原理与仪器结构

（一）实验原理

将试样分别用一块干摩擦布和湿摩擦布摩擦，试样上的颜色因摩擦而褪色，并使摩擦布沾色，用灰色样卡评定干、湿摩擦布的沾色程度。

（二）仪器结构

摩擦色牢度仪如图 5-5 所示，具有两种不同尺寸的摩擦头：长方形（19 mm×25.4 mm）摩擦头用于绒类织物和毛毯；圆形（直径 16 mm±0.1 mm）摩擦头用于其他纺织品。摩擦头垂直压力为(9±0.2)N，直线往复动程为(104±3)mm，往复速度为60次/min。

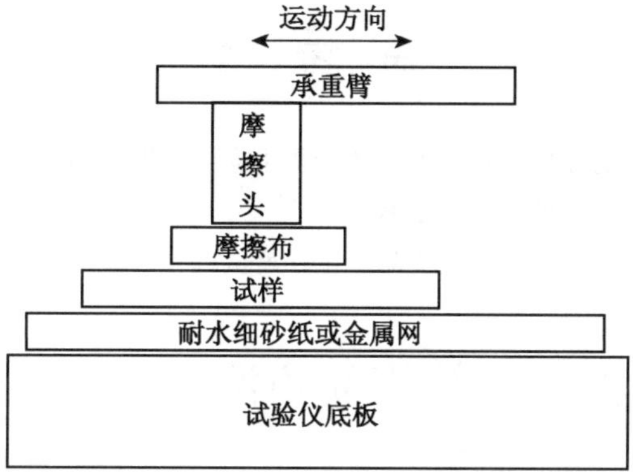

图5-5　摩擦色牢度仪

四、实验方法与操作步骤

(一) 试样准备

若被测纺织品是织物或地毯，必须备有两组不小于50 mm×140 mm的样品。每组各2块试样，一块的长度方向平行于经纱，用于经向的干摩擦和湿摩擦试验；另一块的长度方向平行于纬纱，用于纬向的干摩擦和湿摩擦试验。当测试有多种颜色的纺织品时，应细心选择试样的位置，应使所有颜色被摩擦到。若各种颜色的面积足够大时，必须全部取样。

摩擦用棉布剪成(50±2)mm×(50±2)mm的正方形，用于圆形摩擦头；或剪成(25±2)mm×(100±2)mm的长方形，用于长方形摩擦头。

在试验前，将试样和摩擦布放置在标准大气条件下调湿至少4 h，棉或羊毛等织物可能需要更长时间。试验宜在标准大气条件下进行。

(二) 操作步骤

(1) 用夹紧装置将试样固定在摩擦色牢度仪底板上，使试样的长度方向与仪器的动程方向一致。在试验底板和试样之间，放置一块金属网或砂纸，以助于减少试样在摩擦过程中的移动。

(2) 干摩擦实验。将调湿后的摩擦布平放在摩擦头上，使布的经向与摩擦头的运行方向一致，运行速度为每秒1个摩擦循环。10个摩擦循环后，取下摩擦布，调湿并去除摩擦布上可能影响评级的任何多余纤维。

(3) 湿摩擦实验。称量调湿后的摩擦布，将其完全浸入蒸馏水中，重新称量，以确保摩擦布的含水率达到95%～100%，可采用轧液装置或其他装置来调节摩擦布的含水率。当摩擦布的含水率可能严重影响评级时，可以采用其他含水率，如常用的含水率为60%～70%。按干摩擦实验步骤进行后续操作，摩擦布需晾干后评级。

(4) 更换试样，重复上述操作。

五、实验结果

评定时，在每个待评摩擦布的背面放置3层摩擦布，用评定沾色用灰色样卡评定摩擦布的沾色等级。

思　考　题

1. 测试织物耐摩擦色牢度的原理是什么？试验操作中应注意哪些问题？
2. 影响织物耐摩擦色牢度的主要因素有哪些？

（本实验技术依据：GB/T 3920—2008《纺织品　色牢度试验　耐摩擦色牢度》）

实验六　纺织品耐洗色牢度测试

一、实验目的与要求

通过实验，掌握纺织品耐洗色牢度测试的基本原理和测试方法，了解影响纺织品耐洗色牢度的因素。

二、仪器用具与试样材料

耐洗色牢度试验机，天平（最小分度值为 0.1 g），洗涤试剂，三级水（符合 GB/T 6682—2008《分析实验室用水规格和试验方法》或 ISO 3696），标准贴衬织物（GB/T 7568—2008），评定变色用灰卡（GB/T 250—2008《纺织品　色牢度试验　评定变色用灰色样卡》），评定沾色用灰卡（GB/T 251—2008）。试样为染色织物。

三、实验原理

将纺织品试样与一块或两块规定的贴衬织物贴合，放入皂液中，在规定的洗涤条件下进行洗涤，再经冲洗和干燥。用灰色样卡评定试样的变色和贴衬织物的沾色程度，以及试样的耐洗色牢度等级。

耐洗色牢度试验有五种方法（表 5-4），分别表示从温和到剧烈的洗涤操作过程。若织物成分为蚕丝、黏胶纤维、羊毛、锦纶，一般采用方法 A；若织物成分为棉、涤纶、腈纶，采用方法 C。其他根据产品要求，选择五种测试方法中的一种。

表 5-4　皂洗牢度试验方法

方法编号	温度(℃)	时间(min)	钢珠数量	皂液组成(g/L)	
				标准皂片	无水碳酸钠
A(1)	40	30	0	5	—
B(2)	50	45	0	5	—
C(3)	60	30	0	5	2
D(4)	95	30	10	5	2
E(5)	95	240	10	5	2

四、实验方法与操作步骤

（一）试样准备

取(100±2)mm×(40±2)mm 试样一块，将其夹在两块同尺寸的单纤维贴衬织物之间（或正面与一块同尺寸的多纤维贴衬织物贴合），沿一短边缝合后形成组合试样。每个组合试样需两块单纤维贴衬织物，第一块贴衬织物用与试样相同的纤维制成，第二块由表 5-5 规定的纤维制成。若试样为混纺或交织物，第一块贴衬织物用主要含量的纤维制成，第二块用次要含量的纤维制成。印花织物试验时，将单纤维贴衬织物剪为两半，试样正面与贴衬织物每块的一半相接触，贴衬织物其余一半与织物背面相接触，缝合两短边。如不能包括全部颜色，需用多个组合试样。

表 5-5　单纤维贴衬织物

第一块	第二块		第一块	第二块	
	40 ℃和 50 ℃的试验	60 ℃ 和 95 ℃的试验		40 ℃和 50 ℃的试验	60 ℃ 和 95 ℃的试验
棉	羊毛	黏纤	醋纤	黏纤	黏纤
羊毛	棉	—	聚酰胺	羊毛或棉	棉
丝	棉	—	聚酯	羊毛或棉	棉
麻	羊毛	黏纤	聚丙烯腈	羊毛或棉	棉
黏纤	羊毛	棉	—	—	—

（二）操作步骤

(1) 根据选择的试验方法，配置皂液。

(2) 将组合试样及规定数量的不锈钢珠放入测试容器中，注入预热到规定温度±2 ℃的皂液中，浴比为 50∶1，盖上容器，根据选择的试验条件进行操作。

(3) 对所有试验，洗涤结束后取出组合试样，分别用冷三级水清洗两次，然后在流动冷水中冲洗至干净。

(4) 对所有方法，用手挤去过量水分。如果需要，保留一条短边上的缝线，去除其余缝线，沿试样的短边展开组合试样。

(5) 将试样放在两张滤纸之间，并挤压除去多余水分，再将其悬挂在温度不超过 60 ℃的空气中干燥。试样与贴衬织物仅由一条缝线连接。

五、实验结果

用灰色样卡评定织物试样的变色和贴衬织物的沾色等级。

思　考　题

1. 测试织物耐洗色牢度的原理是什么？试验操作中应注意哪些问题？
2. 影响织物耐洗色牢度的主要因素有哪些？

（本实验技术依据：GB/T 3921—2008《纺织品　色牢度试验　耐皂洗色牢度》）

实验七　纺织品耐干洗色牢度测试

一、实验目的与要求

通过实验，掌握纺织品耐干洗色牢度测试的基本原理和测试方法，了解影响纺织品耐干洗色牢度的因素。

二、仪器用具与试样材料

耐洗色牢度试验机，评定变色用灰卡(GB/T 250—2008)，评定沾色用灰卡(GB/T 251—2008)，四氯乙烯(储存时加入无水碳酸钠，以中和任何可能形成的盐酸)，未染色的棉斜纹布[单位面积质量(270±70)g/m^2]，耐腐蚀的不锈钢片[直径为(30±2)mm，厚度为(3±0.5)mm，光洁无毛边，质量为(20±2)g]。试样为染色织物。

三、实验原理

将纺织品试样与规定的贴衬织物缝合在一起，再将其与不锈钢圆片一起放入棉布袋内，置于四氯乙烯内搅动。然后将试样挤压或离心脱液，干燥。以原样作为参照样，用灰色样卡或仪器评定试样的变色和贴衬织物的沾色。

四、实验方法与操作步骤

(一) 试样准备

采用与耐汗渍色牢度相同的测试方法，选择贴衬织物，并准备测试用组合试样。

将两块未染色的正方形棉斜纹布沿三边缝合，制成一个内尺寸为 100 mm×100 mm 的布袋，将一片组合试样和 12 片不锈钢圆片放入袋内，缝合袋口。

(二) 操作步骤

(1) 将耐洗色牢度试验机的水温升至工作温度(30±2)℃。

(2) 从实验机中取出不锈钢容器，确保干燥。把装有组合试样和钢片的布袋放入不锈钢容器内。在通风橱中，温度在(30±2)℃时，每个容器加入 200 mL 四氯乙烯。

(3) 盖上不锈钢容器，放入实验机内，在(30±2)℃的水浴中处理试样 30 min。

(4) 在通风橱中，从容器中取出布袋，拿出试样，夹于吸水袋或布之间，挤压或离心去除多余的溶剂。将组合试样打开，仅在缝合处连接，将试样悬挂在通风设备中干燥。

五、实验结果

以原样作为参照样，用灰色样卡或仪器评定试样的变色和贴衬织物的变色。

思　考　题

1. 测试织物耐干洗色牢度的原理是什么？试验操作中应注意哪些问题？

2. 影响织物耐干洗色牢度的主要因素有哪些？

（本实验技术依据：GB/T 5711—2015《纺织品　色牢度试验　耐四氯乙烯干洗色牢度》）

实验八　纺织品耐光色牢度测试

一、实验目的与要求

通过实验，掌握纺织品耐光色牢度测试的基本原理和测试方法，了解影响纺织品耐光色牢度的因素。

二、仪器用具与试样材料

耐光色牢度仪（氙弧灯），评级用光源箱，评定变色用灰卡（GB/T 250—2008），蓝色羊毛标样。试样为染色织物。

蓝色羊毛标样分为两组：欧洲的蓝色羊毛标样编号为1～8；美国的蓝色羊毛标样编号为L2～L9。每一较高编号的蓝色羊毛标样的耐光色牢度比前一编号约高1倍。因两组蓝色羊毛标样的褪色性能不同，因此，两组标样所得结果不可互换。

三、实验原理与仪器结构

（一）实验原理

耐光色牢度测试通常采用灰色样卡及蓝色羊毛标样作为评定标准。耐光色牢度测试是把试样与蓝色羊毛标样同时放在相当于日光（D_{65}）的人造光源下，按规定条件进行曝晒，然后比较试样与蓝色羊毛标样的变色情况，从而评定出试样的耐光色牢度等级。变色包括色相、彩度、亮度的各个变化，或这些颜色特性的任何综合变化。

（二）仪器结构

耐光色牢度仪由氙灯设备、试样架及温度传感器组成。氙灯设备：光源为1 500 W、2 500 W或4 500 W，相关色温为5 500～6 500 K；滤光片置于光源与试样架之间，透光率在380～750 nm之间至少为90%，在310～320 nm之间则应降为0。温度传感器分为黑板温度计和黑标温度计两种。

四、实验方法与操作步骤

（一）试样准备

在同一块试样上进行逐段分期曝晒，通常使用的试样面积不小于45 mm×10 mm，每一曝晒面积不小于10 mm×8 mm。将待测试样紧附于硬卡上；若为纱线，则将纱线紧密卷绕在硬卡上，或平行排列固定于硬卡上；若为散纤维，将其梳压整理成均匀薄层，固定于硬卡上。

试样的尺寸和形状应与蓝色羊毛标样相同，以避免出现评判误差。

（二）操作步骤

1. 选择曝晒条件

当辐照度可控时，辐照度应控制为（42±2）W/m^2（波长在300～400 nm）或（1.10±0.02）$W/(m^2 \cdot nm)$（波长在420 nm）。耐光色牢度曝晒条件可参见表5-6。

表 5-6　耐光色牢度曝晒条件

类型		最高黑标温度(℃)	有效湿度	蓝色羊毛标样
曝晒循环 A1	通常条件(温带)	47±3	大约 40%(蓝色羊毛标样 5 的变色达到灰度卡 4 级)	1～8
曝晒循环 A2	低湿极限条件(干旱)	62±3	低于 15%(蓝色羊毛标样 6 的变色达到灰度卡 3～4 级)	
曝晒循环 A3	高湿极限条件(亚热带)	42±3	大约 85%(蓝色羊毛标样 3 的变色达到灰度卡 4 级)	
曝晒循环 B	—	65±3	低湿(湿度控制标样的色牢度为 L6～L7)	L2～L9

2. 有效湿度的调节

表 5-6 中的有效湿度是结合空气温度和试样表面温度，以及决定曝晒过程中试样表面湿气含量的空气相对湿度来定义的。有效湿度只能通过评定湿度控制标样的耐光色牢度来测量。标准中采用的湿度控制标样是用红色偶氮染料染色的棉织物。

有效湿度的判定方法是将一块不小于 45 mm×10 mm 的湿度控制标样与蓝色羊毛标样一起装在硬卡上，并尽可能使之置于试样夹的中部。将装好的试样夹安放于设备的试样架上。试样架上所有的空档要用没有试样而装有硬卡的试样夹填满。将部分遮盖的湿度控制标样与蓝色羊毛标样同时进行曝晒，直至湿度控制标样上曝晒和未曝晒部分间的色差达到灰色样卡 4 级。根据蓝色羊毛标样评定湿度控制标样的色牢度等级；若不符合表 5-6 的要求，对仪器进行相应调整。

3. 装样

将装好的试样夹安放于设备的试样架上，呈垂直状排列，如图 5-6 所示。试样架上所有的空档要用没有试样而装有硬卡的试样夹填满。

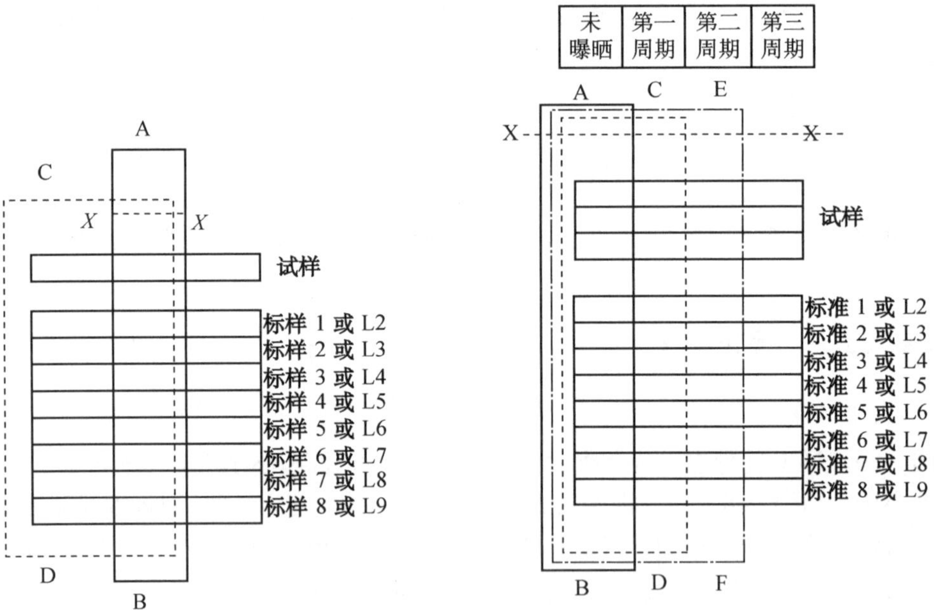

(a) 一块试样　　　　(b) 多块试样

AB—第一遮盖物(X-X 处可成折页，使它能在原处从试样和蓝色羊毛标样上提起和复位)

CD—第二遮盖物　　EF—第三遮盖物

图 5-6　试样安装图

4. 曝晒

开启氙灯，在预定的条件下，对试样(或一组试样)和蓝色羊毛标样同时进行曝晒。其方法和时间以能否对照蓝色羊毛标样完全评出每块试样的色牢度为准。曝晒时，遮盖物应与试样和蓝色羊毛标样的未曝晒面紧密接触，使曝晒和未曝晒部分之间界限分明，但不可过分挤压。

(1) 方法一。此法最精确，一般在评级有争议时采用。其基本特点是通过检查试样来控制曝晒周期，所以每块试样需配备一套蓝色羊毛标样。

① 将试样和蓝色羊毛标样按图 5-6(a)所示排列，将遮盖物 AB 放在试样和蓝色羊毛标样的中段 1/3 处，在规定条件下曝晒。不时提起遮盖物 AB，检查试样的光照效果，直至试样的曝晒和未曝晒部分的色差达到灰色样卡 4 级。如试样是白色纺织品，即可终止曝晒。

② 用另一个遮盖物 CD 遮盖试样和蓝色羊毛标样的左侧 1/3 处，继续曝晒，直至试样的曝晒和未曝晒部分的色差达到灰色样卡 3 级。

③ 如果蓝色羊毛标样 7 或 L7 的褪色比试样先达到灰色样卡 4 级，此时曝晒即可终止。因为当试样具有等于或高于标样 7 或 L7 的耐光色牢度时，则需要很长的时间曝晒才能达到灰色样卡 3 级的色差。再者，当试样的耐光色牢度为标样 8 或 L8 时，这样的色差就不可能测得。所以，当蓝色羊毛标样 7 或 L7 上产生的色差等于灰色样卡 4 级时，即可在蓝色羊毛标样 7～8 或 L7～L8 的范围内进行评定。

(2) 方法二。此方法适用于大量试样同时进行测试。其基本特点是通过检查蓝色羊毛标样来控制曝晒周期，只需用一套蓝色羊毛标样对一批具有不同耐光色牢度的试样进行试验，所以可节省蓝色羊毛标样的用料。

① 将试样和蓝色羊毛标样按图 5-6(b)所示排列。用遮盖物 AB 遮盖试样和蓝色羊毛标样总长的 1/4，按规定条件进行曝晒。不时提起遮盖物检查蓝色羊毛标样的光照效果，当能观察出蓝色羊毛标样 2 的变色达到灰色样卡 3 级或 L2 的变色等于灰色样卡 4 级时，并对照蓝色羊毛标样 1、2、3 或 L2 所呈现的变色情况，初评试样的耐光色牢度。

② 将遮盖物 AB 重新准确地放在原先位置上继续曝晒，直至蓝色羊毛标样 4 或 L3 的变色与灰色样卡 4 级相同。

③ 再按图 5-6(b)所示位置放上另一遮盖物 CD，遮盖试样和蓝色标样总长的 1/2，直到蓝色羊毛标样 6 或 L5 的变色等于灰色样卡 4 级。

④ 然后按图 5-6(b)所示位置放上遮盖物 EF，遮盖试样和蓝色标样总长的 3/4。继续曝晒，直至下列任一种情况出现为止：

a. 蓝色羊毛标样 7 或 L7 产生的色差达到灰色样卡 4 级；b. 最耐光的试样产生的色差达到灰色样卡 3 级；c. 白色纺织品(漂白或荧光漂白)、最耐光的试样产生的色差达到灰色样卡 4 级。

(3) 方法三。该方法与方法一相似，适用于核对与某种性能规格是否一致，允许多个试样与少数蓝色羊毛标样一起曝晒，通常为目标蓝色羊毛标样，以及比目标蓝色羊毛标样低一级和低两级的的蓝色羊毛标样。测试过程同方法一，根据目标蓝色羊毛标样的变色色差控制曝晒周期。

(4) 方法四。该方法与方法一相似，适用于检验是否符合某一商定的参比样，允许试样只与这块参比样一起曝晒，不使用蓝色羊毛标样。测试过程同方法一，根据参比样的变色色差控制曝晒周期。

(5) 方法五。该方法适用于核对是否符合认可的辐照能值，可单独将试样曝晒，或与蓝色羊毛标样一起曝晒，直至达到规定的辐照量。

五、实验结果

1. *方法一和方法二的评定*

在试样的曝晒和未曝晒部分之间的色差达到灰色样卡 3 级和 4 级的基础上，做出耐光色牢度的最后评定。白色纺织品达到灰色样卡 4 级。

移开所有遮盖物，试样和蓝色羊毛标样露出试验后的两个或三个分段面，其中有的已曝晒过多次，连同至少一处未受暴晒的，在规定照明条件下比较试样和蓝色羊毛标样的相应变色。

试样的耐光色牢度为显示相似变色(试样曝晒和未曝晒部分间的目测色差)的蓝色羊毛标样的号数。如果试样所显示的变色在两个相邻蓝色羊毛标样的中间，而不是近于两个相邻蓝色标准中的一个，则应评判为中间级数，如 3-4 级或 L2-L3 级。

如果从不同阶段的色差得出不同的评定，则可取其算术平均值作为试样的耐光色牢度结果，以最接近的半级或整级表示。当级数的算术平均值为 1/4 或 3/4 时，则评定应取其邻近的高半级或一级。为了避免由于光致变色性而对耐光色牢度产生错误评价，应在评定耐光色牢度前，将试样放在暗处，室温条件下保持 24 h。

如果试样颜色比蓝色羊毛标样 1 或 L2 更易褪色，则评为标样 1 级或 L2 级。

如果耐光色牢度等于或高于 4 或 L3，方法二的初评就显得很重要。如果初评为标样 3 级或 L2 级，则应置于括号内。例如评级为 6(3)级，表示实验中蓝色羊毛标样 3 刚开始褪色时，试样也有很轻微的变色，但继续曝晒，它的耐光色牢度与蓝色羊毛标样 6 相同。

如试样具有光致变色性，则耐光色牢度级数后应加一个括号，其内写上一个 P 字和光致变色实验级数，例如 6(P3-4)级。光致变色评定方法见 GB/T 8431《纺织品 色牢度试验 光致变色的检验和评定》。

2. *方法三和方法四的评定*

试样与规定的蓝色羊毛标样(方法三)或一个符合商定的参比样(方法四)一起曝晒，然后对试样和参比样或蓝色羊毛标样的变色进行比较和评级。如试样的变色不大于规定的蓝色羊毛标样或参比样，则耐光色牢度定为“符合”；如试样的变色大于规定的蓝色羊毛标样或参比样，则耐光色牢度定为“不符合”。

3. *方法五的评定*

方法五的色牢度评定用灰色样卡或蓝色羊毛标样对比。

思　考　题

1. 测试织物耐光色牢度的原理是什么？试验操作中应注意哪些问题？
2. 影响织物耐光色牢度的主要因素有哪些？

(本实验技术依据：GB/T 8427—2019《纺织品　色牢度试验　耐人造光色牢度：氙弧》)

实验九　纺织品耐热压色牢度测试

一、实验目的与要求

通过实验，了解各类纺织品的颜色耐干热或湿热性能，掌握测试各类纺织品耐熨烫色牢度的基本原理和测试方法。

二、仪器用具与试样材料

熨烫升华色牢度仪，棉贴衬织物(GB/T 7568—2008)，平滑石棉板(厚 3～6 mm)，衬垫材料(单位面积质量为 260 g/m^2 的羊毛法兰绒或类似光滑毛织物)，未丝光和未染色的漂白棉布(单位面积质量为 100～130 g/m^2，表面光滑)，评定变色用灰卡(GB/T 250—2008)，评定沾色用灰卡(GB/T 251—2008)，三级水。试样为染色织物。

三、实验原理与仪器结构

(一) 实验原理

将织物试样放在规定温度和规定压力的加热装置中进行干压、潮压或湿压处理，此时试样上的染料发生迁移和热变色，试验后立即用灰色样卡评定试样的变色和贴衬织物的沾色程度，然后放在标准大气中调湿一段时间后再评定。干压指的是干试样在规定温度和压力的加热装置中受压一定时间；潮压指的是干试样用一块湿的棉贴衬织物覆盖后，在规定温度和压力的加热装置中受压一定时间；湿压与潮压类似，不同之处在于使用湿试样。

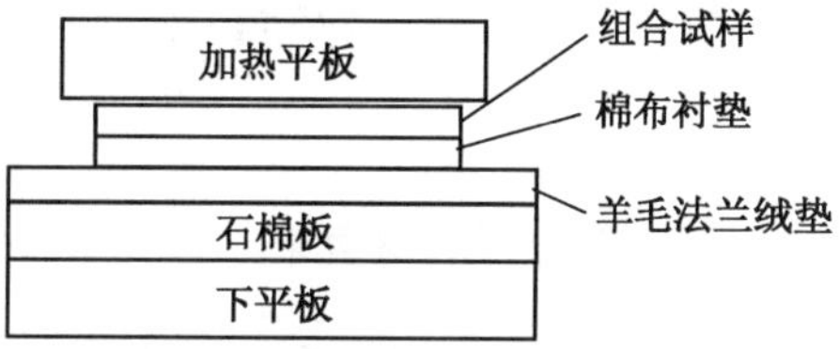

图 5-7　熨烫升华色牢度仪

(二) 仪器结构

熨烫升华色牢度仪由加热装置和控制装置组成，下平板不得加热，结构如图 5-7 所示。

四、实验方法与操作步骤

(一) 试样准备

按要求准备好试样。试样尺寸为 40 mm×100 mm。经受过加热和干燥处理的试样，必须在试验前于标准大气中调湿。棉贴衬织物的尺寸同试样，也为 40 mm×100 mm。

(二) 操作步骤

(1) 在加热装置的下平板上，依次衬垫石棉板、羊毛法兰绒衬垫(用三层织物，厚约 3 mm)和干的未染色漂白棉布。

(2) 选择合适的加压温度。加压温度按照纤维的类型和织物或服装的组织结构确定；如为混纺产品，建议所用的温度应与最不耐热的纤维相适应。通常使用的三种温度为(110±2)℃、(150±2)℃、(200±2)℃；必要时也可采用其他温度，但须在试验报告中注明。

(3) 放置试样。根据试验类型，按照要求放置试样。

① 干压：把干试样置于加热装置中下平板的棉布衬垫上，其上放置一块棉贴衬织物。

② 潮压：把干试样置于下平板的棉布衬垫上。取一块棉贴衬织物浸在三级水中，经挤压或甩水，使之含有自身质量50%的水分(含水率50%)，然后将这块湿织物放在干试样上。

③ 湿压：将试样和一块棉贴衬织物浸在三级水中，经挤压或甩水，使之含有与自身质量相等的水分，把湿的试样置于下平板的棉布衬垫上，再把湿的棉贴衬织物放在试样上。

(4) 热压处理。放下加热装置的上平板，使试样在规定温度下受压15 s。在两次试验过程中，石棉板必须冷却。建议将石棉板与试样组合在一起再放入加热装置。

五、实验结果

加压结束后，立即用评定变色用灰色样卡评定试样的变色，然后将试样在标准大气中调湿4 h后再做一次评定；用评定沾色用灰色样卡评定棉贴衬织物的沾色，需用棉贴衬织物沾色较重的一面进行评定。

思考题

1. 测试织物耐热压色牢度的原理是什么？试验操作中应注意哪些问题？
2. 影响织物耐热压色牢度的主要因素有哪些？

(本实验技术依据：GB/T 6152—1997《纺织品　色牢度试验　耐热压色牢度》)

实验十　纺织品耐汗渍色牢度测试

一、实验目的与要求

通过实验，掌握纺织品耐酸性、碱性汗渍色牢度的测试方法及色牢度级别的评定方法。

二、仪器用具与试样材料

汗渍色牢度试验仪，恒温箱[(37±2)℃，无通风装置]，耐腐蚀平底容器，评级用光源箱，评定变色用灰卡(GB/T 250—2008)，评定沾色用灰卡(GB/T 251—2008)，标准贴衬织物(GB/T 7568—2008)，化学试剂若干(用于人工汗液配制)。试样为染色织物。

三、实验原理与仪器结构

(一) 实验原理

将织物试样与规定的贴衬织物缝合成组合试样，在含有组氨酸的酸性、碱性人工汗液中浸透后除去试液，放在试验装置内两块平板之间，按规定的条件进行处理；然后将试样和贴衬织物分别干燥，用灰色样卡评定试样的变色和贴衬织物的沾色。

(二) 仪器结构

汗渍色牢度试验仪由一副不锈钢架(包括底座、弹簧压板)和底部尺寸为115 mm×60 mm

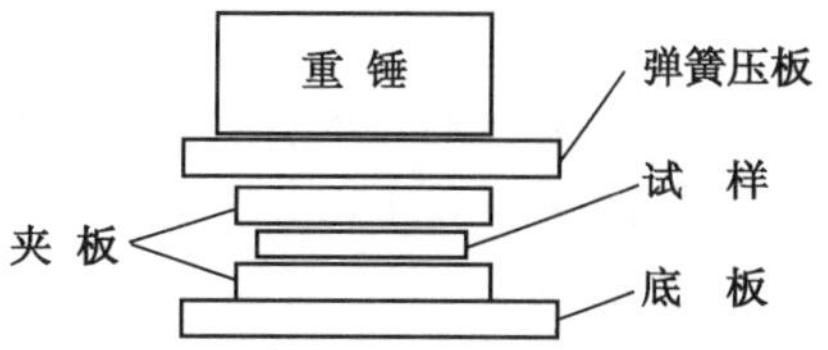

图 5-8　汗渍色牢度试验仪

的重锤配套组成，并附有一套共 11 块夹板（尺寸约为 115 mm×60 mm、厚度为 1.5 mm 的玻璃板或丙烯酸树脂板），如图 5-8 所示。弹簧压板和重锤总质量约 5 kg。当尺寸为(100±2)mm×(40±2)mm 的组合试样夹于板的中间时，仪器应保证组合试样受压(12.5±0.9)kPa。弹簧压板保证在重锤移开后试样所受的压强不变。如果试样尺寸不是(100±2)mm×(40±2)mm，所用重锤对试样施加的压力仍应使试样受压(12.5±0.9)kPa。每台试验仪最多可同时放置 10 个组合试样进行试验，每块试样间用一块夹板隔开；如少于 10 个试样，仍使用 11 块夹板，以保证名义压强不变。

四、实验方法与操作步骤

（一）试样准备

取(100±2)mm×(40±2)mm 试样一块，将其夹在两块同尺寸的单纤维贴衬织物之间（或正面与一块同尺寸的多纤维贴衬织物贴合），沿一短边缝合后形成组合试样。每个组合试样需两块单纤维贴衬织物，第一块贴衬织物用与试样相同的纤维制成，第二块由表 5-7 规定的纤维制成。若试样为混纺或交织物，第一块贴衬织物用主要含量的纤维制成，第二块用次要含量的纤维制成。印花织物试验时，将单纤维贴衬织物剪为两半，试样正面与贴衬织物每块的一半相接触，贴衬织物其余一半与织物背面相接触，缝合两短边。如不能包括全部颜色，需用多个组合试样。

表 5-7　贴衬织物的选用

第一块贴衬织物	第二块贴衬织物	第一块贴衬织物	第二块贴衬织物
棉	羊毛	黏胶纤维	羊毛
羊毛	棉	聚酰胺纤维	羊毛或棉
丝	棉	聚酯纤维	羊毛或棉
麻	羊毛	聚丙烯腈纤维	羊毛或棉

（二）操作步骤

1. 人造汗液配制

试液用蒸馏水配制，现配现用。

（1）碱性试液：

L-组氨酸盐酸盐一水合物($C_6H_9O_2N_3 \cdot HCl \cdot H_2O$)　　0.5 g/L

氯化钠(NaCl)　　5.0 g/L

磷酸氢二钠十二水合物 ($Na_2HPO_4 \cdot 12H_2O$)　　5.0 g/L

(或磷酸氢二钠二水合物 ($Na_2HPO_4 \cdot 2H_2O$)　　2.5 g/L)

用浓度为 0.1 mol/L 的氢氧化钠溶液调节 pH 值至　　8.0±0.2

（2）酸性试液：

L-组氨酸盐酸盐一水合物($C_6H_9O_2N_3 \cdot HCl \cdot H_2O$)　　0.5 g/L

氯化钠(NaCl)	5.0 g/L
磷酸氢二钠二水合物 ($Na_2HPO_4 \cdot 2H_2O$)	2.2 g/L
用浓度为 0.1 mol/L 的氢氧化钠溶液调节 pH 值至	5.5±0.2

2. *汗液浸渍*

(1) 将一块组合试样平放在平底容器内，注入碱性人造唾液，使其完全湿润，浴比约为 1∶50；然后在室温下放置 30 min，不时揿压和拨动，以保证试液良好均匀地渗透。

取出试样，用两根玻璃棒夹去组合试样上过多的试液，或把组合试样放在试样板上，用另一块试样板刮去过多的试液；将试样夹在试验仪两块试样板中间，使试样受压(12.5±0.9)kPa，放入已预热至试验温度的试验仪中。

(2) 采用相同程序，使用酸性人造唾液进行测试。酸、碱汗液测试装置要分开。

(3) 把带有组合试样并呈加压状态的试验仪放在恒温箱里，在(37±2)℃的温度下放置 4 h。

(4) 拆去组合试样上除一短边缝合外的所有缝线。展开组合试样，试样和贴衬分开，仅在缝线处连接，悬挂在温度不超过 60 ℃的空气中干燥。

五、实验结果

用相应的灰色样卡分别评定酸、碱汗液中每块试样的变色级数和贴衬织物的沾色级数。

思　考　题

1. 测试织物耐汗渍色牢度的原理是什么？试验操作中应注意哪些问题？
2. 影响织物耐汗渍色牢度的主要因素有哪些？

(本实验技术依据：GB/T 3922—2013《纺织品　色牢度试验　耐汗渍色牢度》)

实验十一　纺织品耐水色牢度测试

一、实验目的与要求

通过实验，了解各类纺织品颜色的耐水能力，掌握测试纺织品耐水色牢度的基本原理、实验方法和实验要求。

二、仪器用具与试样材料

汗渍色牢度试验仪，恒温箱[(37±2)℃]，耐腐蚀平底容器，评定变色用灰卡(GB/T 250—2008)，评定沾色用灰卡(GB/T 251—2008)，标准贴衬织物(GB/T 7568—2008)，三级水。试样为染色织物。

三、实验原理

将织物试样与规定的贴衬织物缝合成组合试样，在水中浸透后挤去水分，放在试验装置内两块平板之间，按规定条件进行处理。分开干燥试样和贴衬织物，用灰色样卡评定试样的变色和贴衬织物的沾色。

四、实验方法与操作步骤

（一）试样准备

采用与耐汗渍色牢度测试相同的方法，选择贴衬织物，并准备测试组合试样。

（二）操作步骤

(1) 将一块组合试样平放在平底容器内，注入三级水，使其完全湿润，浴比约为 1∶50；然后在室温下放置 30 min，不时揿压和拨动，以保证试液良好均匀地渗透。

(2) 取出试样，用两根玻璃棒夹去组合试样上过多的试液，或把组合试样放在试样板上，用另一块试样刮去过多的试液；将试样夹在试验仪的两块试样板中间，使试样受压(12.5±0.9)kPa。

(3) 把带有组合试样并呈加压状态的试验仪放在恒温箱里，在(37±2)℃的温度下放置 4 h。

(4) 拆去组合试样上除一短边缝合外的所有缝线。展开组合试样，试样和贴衬分开，仅在缝线处连接，悬挂在温度不超过 60 ℃的空气中干燥。如发现试样有干燥的现象，必须弃去重做。

五、实验结果

分别评定试样的变色级数和贴衬织物的沾色级数。

思　考　题

1. 测试织物耐水色牢度的原理是什么？试验操作中应注意哪些问题？
2. 影响织物耐水色牢度的主要因素有哪些？

（本实验技术依据：GB/T 5713—2013《纺织品　色牢度试验　耐水色牢度》）

实验十二　纺织品耐唾液色牢度测试

一、实验目的与要求

通过实验，了解纺织品耐唾液色牢度的测试原理，掌握耐唾液色牢度的测试方法及色牢度评级方法。

二、仪器用具与试样材料

汗渍色牢度试验仪，恒温箱[(37±2)℃]，耐腐蚀平底容器，评级用光源箱，评定变色用灰卡(GB/T 250—2008)，评定沾色用灰卡(GB/T 251—2008)，标准贴衬织物(GB/T 7568—2008)，化学试剂若干(用于人造唾液配制)。试样为染色织物。

三、实验原理

将织物试样与标准贴衬织物缝合成组合试样，在人造唾液中浸透后除去试液，放在试验装置内的两块平板之间，按规定的试验条件进行处理；然后将试样和贴衬织物分别干燥，用灰色样卡评定试样的变色和贴衬织物的沾色。

四、实验方法与操作步骤

（一）试样准备

采用与耐汗渍色牢度测试相同的方法，选择贴衬织物，并准备测试组合试样。

（二）操作步骤

（1）按人造唾液配方配制试验溶液，现配现用。人造唾液配方：六水合氯化镁 0.17 g/L，二水合氯化钙 0.15 g/L，三水合磷酸氢二钾 0.76 g/L，碳酸钾 0.53 g/L，氯化钠 0.33 g/L，氯化钾 0.75 g/L。首先，将规定量的钾盐和钠盐溶于 900 mL 三级水中，再加入氯化钙和氯化镁，搅拌至完全溶解；然后，使用 pH 计，慢慢加入 1%盐酸溶液，搅拌，使溶液的 pH 值达到 6.8±1；最后，加入三级水定容至 1 000 mL，摇匀，避光保存。

（2）将一块组合试样平放在平底容器内，注入人造唾液，使其完全湿润，浴比约为 1∶50；然后在室温下放置 30 min，不时揿压和拨动，以保证试液良好均匀地渗透。

（3）取出组合试样，用两根玻璃棒夹去组合试样上过多的试液，或把组合试样放在试样板上，用另一块试样板刮去过多的试液；将试样夹在两块试样板中间，使试样受压(12.5±0.9)kPa，放入已预热至试验温度的试验仪中。

（4）把带有组合试样的实验装置(保持加压状态)放在恒温箱里，在(37±2)℃的温度下放置 4 h。

（5）拆去组合试样上除一短边缝合外的所有缝线。展开组合试样，悬挂在温度不超过 60 ℃ 的空气中干燥。

五、实验结果

用变色样卡评定每块试样的变色等级，用沾色样卡评定贴衬织物与试样接触一面的沾色等级。

思　考　题

1. 测试织物耐唾液色牢度的原理是什么？试验操作中应注意哪些问题？
2. 影响织物耐唾液色牢度的主要因素有哪些？

(本实验技术依据：GB/T 18886—2019《纺织品　色牢度试验　耐唾液色牢度》)

第六章　产业用纺织品结构性能测试

本章知识点：

1. 各实验项目的实验要求和实验原理。
2. 各种测试仪器的结构和操作使用方法。
3. 各实验项目的取样方法、实验程序和步骤。
4. 各项指标的计算方法。

实验一　非织造布单位面积质量测试

一、实验目的与要求

通过实验，掌握非织造布单位面积质量测试的实验原理与测试方法，分析影响实验结果的因素。

二、仪器用具与试样材料

试样裁剪器（圆刀裁样器，裁剪的试样面积至少为 50 000 mm^2；或方形模具，试样面积至少为 50 000 mm^2，并配有裁刀；或钢尺，分度值为 1 mm，并配有裁刀），天平（误差范围在测量质量的±0.1%）。试样为非织造布若干。

三、实验原理

按规定尺寸裁取试样，测定其质量，计算成每平方米的质量，单位用“g/m^2”表示。表 6-1 为不同用途的非织造布的单位面积质量的大概范围。

表 6-1　不同用途的非织造布的单位面积质量

非织造布产品名称	单位面积质量(g/m^2)	用途
土工布	100～500	水利工程用
	150～750	一般用
	250～700	铁路用基布

（续　表）

非织造布产品名称	单位面积质量(g/m^2)	用　　途
过滤用非织造布	10～100	超细纤维用料
	100～150	冷风机用过滤材料
	140～160	汽车用过滤材料
	350	医用滤袋
	350～400	纺织滤尘用材料
	800～1 000	过滤毡
衬布	25～70	一般用
	50～70	胸罩衬用
	50～120	胸衬用
	60～80	帽衬、鞋衬用
揩布	15～35	医用揩布
	15～80	揩地毯布
	100	揩尘布
絮片	60～100	无胶软棉
	80～250	太空棉
	100～600	一般用
	200～400	热熔絮棉
包覆用	15～25	一般用
	70～90	贴墙布
	90～150	地毯底布

四、实验方法与操作步骤

(1) 按产品标准的规定或相关各方协商确定取样方法。在样品上用面积为 50 000 mm^2 的样板(250 mm×200 mm),在离布边 100 mm 以上的门幅内均匀排列划剪试样 5 块,精确至 0.5 mm。

(2) 试样经标准大气调湿处理后,在标准大气条件下用天平称取质量。

五、实验结果计算与修约

计算每个试样的单位面积质量及平均值,单位为“g/m^2”。如果需要,计算变异系数,以百分率表示。

思　考　题

1. 单位面积质量能够反映材料的什么特征?
2. 单位面积质量与厚度及均匀度的关系是什么?

(本实验技术依据:GB/T 24218.1—2009《纺织品　非织造布试验方法　第 1 部分:单位面积质量的测定》)

实验二　非织造布厚度测试

一、实验目的与要求

通过实验，掌握非织造布厚度测试的实验原理与测试方法，分析影响实验结果的因素。

二、仪器用具与试样材料

厚度测试装置，秒表。试样为非织造布若干。

三、实验原理与仪器结构

（一）实验原理

将织物放置在水平基准板上，另一平行于基准板的压脚以规定的压力施加在试样上，两块板之间的垂直距离即为织物的厚度测定值，以毫米(mm)表示。

非织造布的厚度测试分为两类：一是蓬松型，即当所受压强从 0.1 kPa 增加至 0.5 kPa 时其厚度的压缩率达到或超过 20%的非织造布；二是普通型，是指除蓬松型以外的非织造布。常见非织造布的厚度见表 6-2。

表 6-2　常见非织造布的厚度

产品名称	厚度(mm)	产品名称	厚度(mm)
空气净化滤材	10，35，40，45，50	针布毡	3，4，5
纺织滤尘材料	7～8	干电池隔膜布	0.1～0.2
冷风机滤料	2～3	土工布	0.12～0.18
药用滤毡	1.5	非织造贴墙布	2～6
农用丰收布	0.13～0.15	鞋帽衬	0.18～0.3
帐篷保温布	6	—	—

（二）仪器结构

1. 常规非织造布

两个水平圆形板，由压脚(上圆形板)及基准板(下圆形板)组成。压脚可上下移动，并与基准板保持平行，压脚的表面面积为 2 500 mm^2；基准板表面直径至少大于压脚直径 5 mm；测量装置可显示压脚与基准板之间的距离，分度值为 0.01 mm。

2. 最大厚度为 20 mm 的蓬松类非织造布

竖直基准板，其面积为 1 000 mm^2；压脚，其面积为 2 500 mm^2，试样被竖直悬挂在基准板与压脚之间；弯肘杆，有两个等长的杆臂，与基准板相联，当未放上平衡物时，可通过另一对平衡物使弯肘杆在左侧施加一个很小的力以达到平衡，弯肘杆的几何构造需能使平衡物提供 0.02 kPa 的压强；电接触，当闭合时，使小灯泡发亮。

3. 厚度大于 20 mm 的蓬松类非织造布

水平方向基准板，表面光滑，面积为 300 mm×300 mm，在其一边的中心位置有垂直刻度尺，刻度为毫米(mm)；刻度尺上装有水平测力，可上下移动；水平测力臂上装有可调竖直探针，距离刻度尺为 100 mm；方形测量板，由玻璃制成，面积为(130±5)mm×(200±0.2)mm，质量为(82±2)g，厚度为 0.7 mm，可以通过增加重物来提供 0.02 kPa 的压强。

四、实验方法与操作步骤

(一) 取样

对于常规非织造布，裁剪 10 块试样，每块试样面积均大于 2 500 mm^2；对于最大厚度为 20 mm的蓬松类非织造布，裁剪 10 块试样，每块试样面积为(130±5)mm×(80±5)mm；对于厚度大于 20 mm 的蓬松类非织造布，裁剪 10 块试样，每块试样面积为(200±0.2)mm×(200±0.2)mm。

在标准大气条件下对试样进行调湿和测试。

(二) 操作步骤

1. 方法 A(用于常规非织造布)

(1) 调节压脚上的载荷达到 0.5 kPa 的均匀压强，并调节仪器示值为零。

(2) 抬起压脚，在无张力状态下将试样放置在基准板上，确保试样对着压脚的中心位置。

(3) 降低压脚直至接触试样，保持 10 s。

(4) 调节仪器测量样品厚度，记录读数，单位为毫米(mm)。

(5) 对其余 9 块试样重复以上步骤。

2. 方法 B(用于最大厚度为 20 mm 的蓬松类非织造布)

(1) 放置(2.05±0.05)g 的平衡物，检查装置的灵敏度，并确定指针是否在零位。

(2) 向右移动压脚，将试样固定在支架上，以使试样悬挂在基准板和压脚之间。

(3) 转动螺旋，使压脚缓慢向左移动对试样施加压力，压力逐渐增大直至克服平衡物所产生的压力，使小灯泡发亮。

(4) 10 s 后，在刻度表上读取厚度值，用毫米(mm)表示，精确至 0.1 mm。如果在 10 s 内试样进一步压缩而导致接触点分离，则在读取厚度值前先调整压脚位置，使小灯再次发亮。

(5) 对其余 9 块试样重复以上步骤。

3. 方法 C(用于厚度大于 20 mm 的蓬松类非织造布)

(1) 将测量板放在水平基板上，如果需要，调整探针高度，使其刚好接触到测量板中心时，刻度尺上的读数为零。

(2) 试样中心对着探针，测量板完整地放置在试样上而不施加多余压强。

(3) 10 s 后，向下移动测量臂直至探针接触到测量板表面，从刻度尺上读取厚度值，用毫米(mm)表示，精确至 0.5 mm。

(4) 对其余 9 块试样重复以上步骤。

五、实验结果计算与修约

用测得的 10 个数据计算非织造布的平均厚度，单位为毫米(mm)。如果需要，计算变异系数。

思　考　题

1. 非织造材料从厚度方面分类可以分为哪两种材料？
2. 常规类与蓬松类非织造材料的厚度测试原理有何不同？

（本实验技术依据：GB/T 24218.2—2009《纺织品　非织造布实验方法　第2部分：厚度的测定》）

实验三　非织造布强伸性能测试

一、实验目的与要求

通过实验，了解织物拉伸试验机的结构与原理，掌握非织造布强伸性能的测试方法，分析影响实验结果的因素。

二、仪器用具与试样材料

拉伸试验仪（等速伸长型），具有自动记录施加于试样上的力和夹持器间距的装置；夹持器，具有能牢固夹持试样整个宽度且不损伤试样的夹钳。试样为非织造布若干。

三、实验原理

对规定尺寸的试样，沿其长度方向施加产生等速伸长的力，测定其断裂强力和断裂伸长率。

四、实验方法与操作步骤

（一）取样

按产品标准规定或有关双方协议取样，尽可能取全幅宽样品，其长度约为 1 m，确保所取试样没有明显的裂痕和折皱等。

取样方法需使最终试样具有各向异性和代表性。当研究特定性能变化时，需有关双方协商确定取样方法，并在实验报告中注明。

除非有其他要求，分别沿样品的纵向（机器输出方向）和横向（布匹幅宽方向）各取 5 块试样。所裁取的试样距离布边至少 100 mm，且均匀分布在样品的纵向和横向。试样宽度为（50±0.5）mm，长度应满足名义夹持距离 200 mm。经有关双方协商后可采用较宽的试样和不同的夹持器，并在实验报告中注明。

（二）操作步骤

（1）按 GB/T 6529 的规定调湿试样。

（2）如需进行湿态试验，试样可在每升 1 g 非离子型润湿剂的蒸馏水中浸泡 1 h。然后，取出试样，去除过量水分，立即进行试验。其他 9 块试样，逐个重复以上操作。

（3）试验在标准大气中进行，标准大气依据 GB/T 6529—2008 的规定执行。

(4) 设定拉伸试验仪的名义夹持距离为(200±1)mm,在夹持器中心位置夹持试样。预张力可采用 GB/T 3923.1 中的规定,在实验报告中注明。

(5) 开动机器,以 100 mm/min 的恒定速度拉伸试样直至断裂。如需要,记录每块试样的强力-伸长曲线。

五、实验结果计算与修约

(1) 记录试样拉伸过程中最大的力,作为断裂强力,单位为牛顿(N)。如果测试过程中出现多个强力峰,取最高值作为断裂强力,在实验报告中记录该现象。

(2) 记录试样在断裂强力时的伸长率,作为断裂伸长率。

(3) 如果断裂全部发生在钳口位置或试样在钳口滑脱,测试结果无效,需另取试样重做试验,替代无效试样。

(4) 分别计算纵、横向 5 块试样的平均断裂强力和断裂伸长率。平均断裂强力的单位为牛顿(N),结果精确到 0.1 N。平均断裂伸长率的结果精确到 0.5%,并计算其变异系数。

思　考　题

1. 材料的强度和断裂伸长率有何重要意义?
2. 强伸性能测试为何要沿样品的纵向和横向分别取样?

(本实验技术依据:GB/T 24218.3—2010《纺织品　非织造布实验方法　第 3 部分:断裂强力及断裂伸长率的测定(条样法)》

实验四　非织造布撕破强力测试

一、实验目的与要求

通过实验,掌握非织造布撕破强力的测试的实验原理与测试方法,分析影响实验结果的因素。

二、仪器用具与试样材料

拉伸试验机(等速伸长型),落锤式织物撕破强力仪。试样为非织造布若干。

三、实验原理

非织造布撕破强力的测试方法有梯形法(A 法)和落锤法(B 法)两种,梯形法适用于各类非织造布,落锤法仅适用于单位面积质量在 120 g/m^{2}以下的薄型非织造布。

梯形法是将画有梯形的条形试样,在其梯形短边中点剪一条一定长度的切口作为撕裂起始点;然后将梯形试样沿夹持线夹于强力机的上、下夹钳内,对试样施加连续增加的负荷,使试样沿着切口撕裂并逐渐扩展,直至试样全部撕裂。

落锤法是将一块近似半圆形试样夹紧在落锤式撕裂仪的动夹钳和定夹钳内,在两夹钳之间即试样中间开一切口，利用扇形摆锤从垂直位置下落到水平位置时的冲力，使动夹钳与定夹钳之间的试样迅速撕裂。

四、实验方法与操作步骤

（一）取样

梯形法是沿样品纵、横向各取 10 块宽为 50 mm、长不小于 200 mm 的条样，用梯形样板在条样上划出梯形的斜边即夹持线，并在梯形短边的正中处剪一条垂直于短边的长 10 mm 的切口（图 6-1）。

落锤法是沿样品纵、横向各取 10 块试样，试样宽为 92 mm，高为 63 mm，切口线长 20 mm，规定撕裂长度为 43 mm，弧形曲率半径为 43 mm。其具体尺寸如图 6-2 所示。

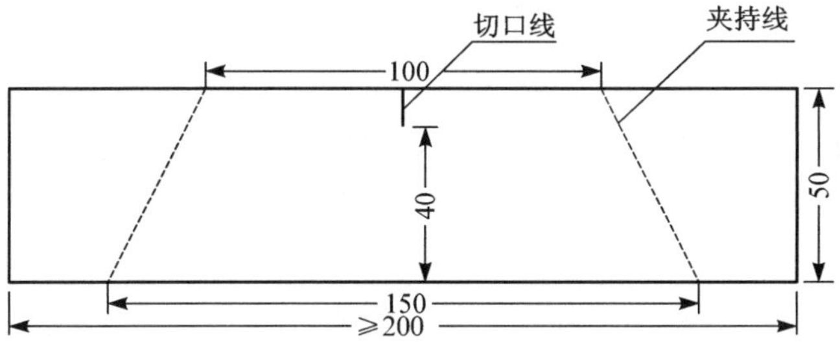

图 6-1　梯形法试样（单位：mm）

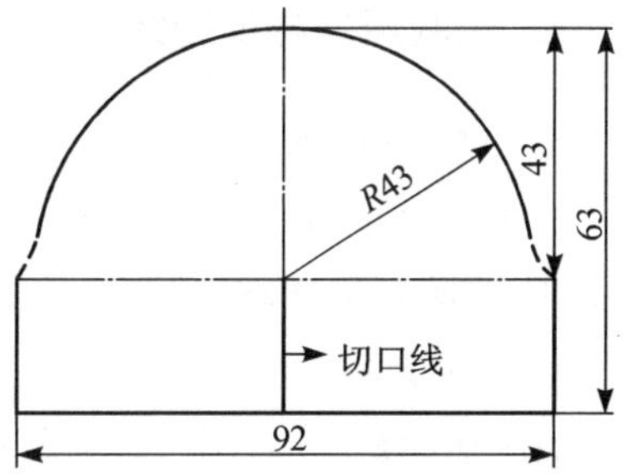

图 6-2　落锤法试样（单位：mm）

（二）操作步骤

1. 梯形法

在强力机上用夹钳沿虚线夹住试样，两夹钳间的隔距为（100±1）mm。夹持后，梯形的短边呈张紧状态，长边保持松弛。测试时，下夹钳牵引速度为 100 mm/min，记录最大撕破强力值。

2. 落锤法

测试时，将试样矩形部分的两短边（20 mm）分别夹紧于落锤式撕破强力仪的动夹钳与固定夹钳之间，动夹钳迅速下落，使两夹钳间的试样撕裂，直至全部撕破，读出最大值。

五、实验结果计算与修约

计算纵、横向各 10 次撕破强力最大值的算术平均值，单位为牛顿（N），计算到小数点后两位，按数值修约规则修约至一位小数。

思　考　题

1. 撕破强力的意义是什么？
2. 梯形法与落锤法有何异同？

（本实验技术依据：FZ/T 60006—1991《非织造布撕破强力的测定》）

实验五　土工合成材料静态顶破测试

一、实验目的与要求

通过实验，掌握土工合成材料静态顶破性能测试的实验原理与测试方法，分析影响实验结果的因素。

二、仪器用具与试样材料

顶压杆，夹持系统等。试样为各种非织造土工布、土工膜、片状复合土工布。

三、实验原理与仪器结构

(一) 实验原理

试样固定在两个夹持环之间，顶压杆以恒定的速率垂直顶压试样，记录顶压力-位移关系曲线、顶破强力和顶破位移。

(二) 仪器结构

钢质顶压杆直径为(50±0.5)mm，顶压杆顶端边缘倒角为半径(2.5±0.2)mm 的圆弧。夹持系统应保证试样不滑移或破损，夹持环内径为(150±0.5)mm，其结构如图 6-3 所示。

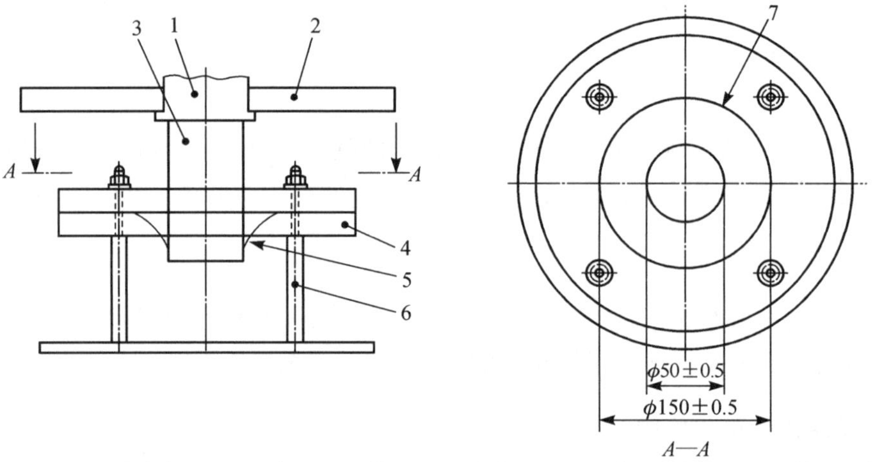

1—测压元件　2—十字头　3—顶压杆　4—夹持环　5—试样　6—CBR 夹具的支架　7—夹持环的内边缘

图 6-3　夹持系统装置示例(单位:mm)

四、实验方法与操作步骤

(一) 取样

从样品上随机剪取 5 块试样(试样大小应与夹具相匹配)。如待测样品的两面具有不同的特性(如物理特性不同，或经加工后的两面特性不同)，应分别对两面进行测试。

（二）操作步骤

将试样固定在夹持系统的夹持环之间。将试样和夹持设备放于试验机上，以(50±5)mm/min的速度移动顶压杆，直至穿透试样，在预加张力为 20 N 时，开始记录位移。

五、实验结果计算与修约

每次试验记录 3 个有效的顶破强力值，单位为千牛(kN)；如需要，记录自预加张力 20 N 至试样被顶破时测得的顶破位移，单位为毫米(mm)，精确至 1 mm；如需要，可绘制顶压力-位移关系曲线图。

计算顶破强力平均值(kN)和变异系数(%)。

思　考　题

1. 顶破强力的意义是什么？
2. 非织造材料在哪些行业应用需要考虑顶破强力？

（本实验技术依据：GB/T 14800—2010《土工合成材料　静态顶破试验(CBR 法)》）

实验六　非织造材料吸水性测试

一、实验目的与要求

通过实验，掌握非织造材料吸水性测试的实验原理与测试方法，分析影响实验结果的因素。

二、仪器用具与试样材料

圆柱形金属筐，盛液容器，金属网试样支撑架，测定液体芯吸速率的试验装置，试样夹，称量瓶，天平(感量为 0.01 g)，秒表，二级水等。试样为非织造材料若干。

三、实验原理与仪器结构

（一）实验原理

表示吸水性的指标有液体吸收时间、液体吸收量和液体芯吸速率。液体吸收时间的实验原理是将条形试样松散地卷起来，放入圆柱形金属筐中，并使之从距离液面 25 mm 处落入液面，测定试样完全浸湿所需的时间。液体吸收量的实验原理是将试样经过规定的浸没时间和沥去过量液体所用的时间后，测定试样吸收的液体量。液体芯吸速率的实验原理是将条形试样垂直悬挂，一端浸入试液中，测定液体沿试样垂直上升的速率。

（二）仪器结构

圆柱形金属筐，一端有开口，高(80±1) mm，底面直径(50±1) mm，由合适规格的金属丝(如直径为 0.5 mm 的不锈钢丝)构成，总质量为(3±0.1) g。金属筐的网孔是边长约为

20 mm的正方形，将金属丝焊接以保证结构牢固，如图 6-4 所示。

金属网试样支撑架，尺寸至少为 120 mm×120 mm，配有金属框。金属网由不锈钢筛网制成，名义网孔尺寸为 2 mm。

测定液体芯吸速率的试验装置，如图 6-5 所示。

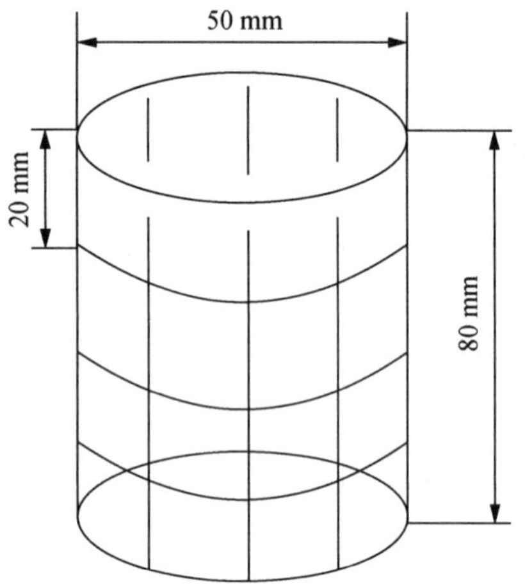

图 6-4　圆柱形金属框

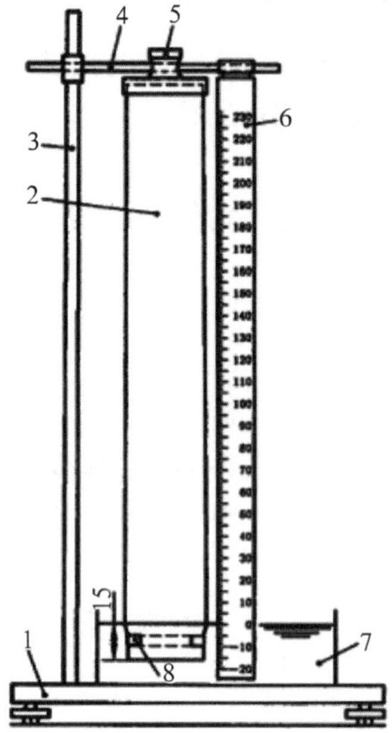

1—底座　2—试样　3—垂直支架　4—横梁架
5—试样夹　6—标尺　7—盛液容器　8—玻璃棒

图 6-5　测定液体芯吸速率的试验装置

四、实验方法与操作步骤

（一）液体吸收时间

1. 取样

剪取 5 个条形试样，在样品纵向上剪取的试样尺寸为(76±1) mm，在样品横向上剪取的试样尺寸应足够长，质量大于 5 g，然后边修剪边称量，直至试样质量为(5±0.1) g。上述条形试样应均匀分布在样品的横向上。依据 GB/T 6529 对试样进行调湿。

2. 操作步骤

(1) 从试样短边松散地卷起试样，将其放入金属筐中(图 6-4)。

(2) 在距离盛液容器中的液面(25±1) mm 处，将金属筐轴向平行于液面落入试液中，此刻用秒表开始计时。

(3) 记录金属筐完全沉入液面下所需的时间。

(4) 按上述操作步骤对其他 4 个试样进行试验。每做完 5 个试样，均要更换新的试液以进行下组试验，且试液在标准大气中平衡后使用。

3. 实验结果计算

计算液体吸收时间的平均值，单位为秒(s)，并计算标准偏差。

（2）液体吸收量

1. 取样

剪取 5 个试样，每个试样尺寸为（100±1）mm×（100±1）mm。若单个试样的质量小于 1 g，可将试样相互摞叠以构成质量至少为 1 g 的组合试样，组合试样的数量也应为 5 个。依据 GB/T 6529 对试样进行调湿。

2. 操作步骤

（1）将试样（或组合试样）放人称量瓶中，盖上瓶塞用天平称量，精确至 0.01 g。

（2）将试样（或组合试样）放在不锈钢金属网上，用试样夹将试样的各边固定在网上。

（3）将带有试样的金属网放在盛液容器中的液体表面以下约 20 mm 处，此刻用秒表开始计时。需倾斜地将金属网放人液体中，以避免产生气泡。

（4）在（60±1）s 后，取出金属网以及试样。

（5）只留下夹住试样一个角的试样夹，去除其他试样夹。

（6）垂直悬挂试样，滴去过量液体，所用时间为（120±3）s。

（7）将试样从金属网上取下，不要使液体从试样上挤压出来，将试样放人称量瓶中，盖上瓶塞称量。

（8）按上述操作步骤对其他 4 个试样进行试验。每做完 5 个试样，均要更换新的试液以进行下组试验，且试液在标准大气中平衡后使用。

3. 实验结果计算

试样的液体吸收量按下式计算：

$$\text{液体吸收量} = \frac{m_m - m_k}{m_k} \times 100\% \tag{6-1}$$

式中：M_k 为调湿后试样（或组合试样）质量，g；M_m 为吸液后试样（或组合试样）质量，g。

（3）液体芯吸速率

1. 取样

沿纵向和横向分别剪取至少 5 个试样，每个试样尺寸为（30±1）mm×（250±1）mm。在试样短边一端钻两个直径为（5±1）mm 的孔，每个孔距离短边均为（5±1）mm，距离邻近的长边分别为（5±1）mm。依据 GB/T 6529 对试样进行调湿。

2. 操作步骤

（1）将试样垂直夹在横梁架上，钻有孔的一边作为下端。

（2）将一根玻璃棒穿过两孔，给试样一定张力使其保持垂直状态。

（3）调整试样位置，使试样靠近并平行于标尺，下端位于标尺零位以下（15±2）mm 处。

（4）降低横梁架使液面处于标尺的零位（试样下端位于液面以下（15±2）mm 处）。

（5）用秒表开始计时。

（6）在分别经过 10 s、30 s、60 s（及必要时 300 s）时，记录和测量液体芯吸高度。若液体芯吸高度参差不齐时，则记录最高值。

（7）按上述操作步骤对其他纵向和横向上的试样进行试验。每做完纵向和横向上的共 10 个试样后，均要更换新的试液以进行下组试验，且试液在标准大气中平衡后使用。

3. 实验结果计算

计算经过各规定时间，纵向和横向上各 5 个试样液体芯吸高度的平均值及其标准偏差。

以测试时间 t(s)为横坐标,液体芯吸高度 h(mm)为纵坐标,绘制 t-h 曲线,曲线上某点切线的斜率即为 t 时刻或液体芯吸高度为 h 时的液体芯吸速率,单位为 mm/min。

思 考 题

1. 吸水性的意义是什么?
2. 液体吸收时间、吸收量及吸收速率如何测试?

(本实验技术依据:GB/T 24218.6—2010《纺织品 非织造布试验方法　第 6 部分:吸收性的测定》)

实验七　土工合成材料耐静水压测试

一、实验目的与要求

通过实验,掌握土工合成材料耐静水压测试的实验原理与测试方法,分析影响实验结果的因素。

二、仪器用具与试样材料

耐静水压测试仪器。试样为各类土工防渗材料,如土工膜、复合土工膜、土工防水膜材等。

三、实验原理与仪器结构

(一) 实验原理

样品置于规定装置内,对其两侧施加一定水力压差,并保持一定时间。逐级增加水力压差,直至样品出现渗水现象,记录其能承受的最大水力压差,即为样品的耐静水压;也可在要求的水力压差下观察样品是否有渗水现象,以判断其是否满足要求。

(二) 仪器结构

耐静水压测定装置包括进水调压装置、试样加压装置、压力测试装置等,其结构如图 6-5 所示。进水调压装置包括水源、气源、调压闸等,调压范围至少为 0～2.5 MPa,分辨率为 0.05 MPa,应具有压力恒定功能。试样夹持及加压装置由集水器、支撑网和多孔板组成。集水器一般为圆筒状,内腔直径为(200±5)mm;多孔板上均匀分布直径为(3±0.05)mm 的小透孔,孔的中心间距 6 mm。试样夹持应保证无漏水。

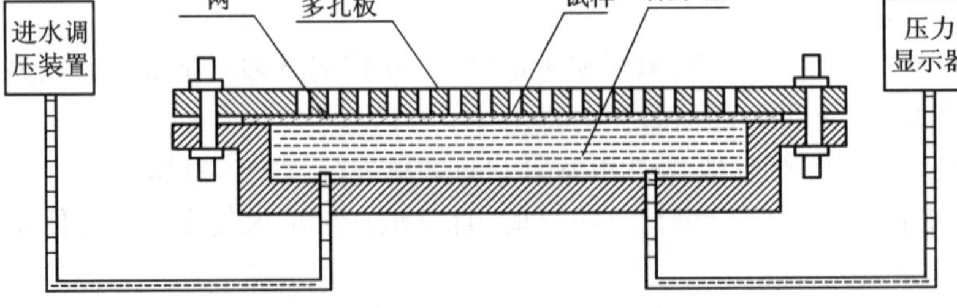

图 6-5　耐静水压测定装置示意图

四、实验方法与操作步骤

(一) 取样

从样品上剪取 3 块试样，尺寸应适合使用的仪器。

(二) 操作步骤

(1) 开启给水加压装置，使水缓慢地进入并充满集水器，至刚好要溢出。

(2) 将试样无折皱地平放在集水器内的网上，溢出多余的水，以确保夹样器内无气泡，将多孔板盖上，均匀地夹紧试样。

(3) 缓慢调节进水加压装置，使夹样器内的水压上升至 0.1 MPa。如能估计出样品耐静水压的大致范围，也可直接将水压加到该范围的下限，开始测试。

(4) 保持上述压力至少 1 h，观察多孔板的孔内是否有水渗出。

(5) 如试样未渗水，以 0.1 MPa 的级差逐级加压，每级均保持至少 1 h，直至有水渗出时，表明试样渗水孔或已破裂，记录前一级压力即为该试样的耐静水压值，精确至 0.1 MPa。当多孔板内出现水珠时，若将其擦去后不再有水渗出，则可判断这是试样边缘溢流所致，可继续试验；若将其擦去后仍有水渗出，则可判断是由于试样渗水造成的，试验可以终止。

(6) 如只需判断试样是否达到某一规定的静水压值，可直接加压到此压力值，并保持至少 1 h，如没有水渗出，则判定其符合要求。

(7) 按照步骤(1)～(6)测定其余试样的耐静水压值。若 3 个试样的测试值的差异较大(较低的 2 个测试值相差超过 50%)，应增加测试 2～3 个试样。

五、实验结果计算与修约

以 3 个试样实测的耐静水压值中的最低值作为该样品的耐静水压值；若实测值超过 3 个，以最低的 2 个值的平均值计；若只有 1 个值较低且低于次低值 50%以上，则该值应舍弃。

思　考　题

1. 耐静水压对土工布的意义是什么？
2. 本实验的注意事项有哪些？

(本实验技术依据：GB/T 19979.1—2005《土工合成材料　防渗性能　第 1 部分：耐静水压的测定》)

实验八　高效空气过滤用滤料过滤效率及阻力测试

一、实验目的与要求

通过实验，掌握高效空气过滤用滤料的过滤效率及阻力测试的实验原理与测试方法，了解钠焰法、油雾法、计数法这三种方法的特点，分析影响实验结果的因素。

二、仪器用具与试样材料

钠焰法检测装置，油雾法检测装置，计数法检测装置。试样为空气过滤用滤料（简称滤料）若干。

三、实验原理与仪器结构

（一）实验原理

对于高效空气过滤用滤料，可根据需要选用钠焰法、油雾法、计数法这三种方法中的任意一种进行效率检测。对于超高效空气过滤用滤料，应使用计数法进行效率检测。

1. 钠焰法

用雾化干燥的方法，人工发生氯化钠气溶胶，气溶胶颗粒的质量中值直径为 0.4 μm，计数中值直径为(0.09±0.02)μm，几何标准偏差小于或等于 1.86。将采集到的滤料上游、下游的氯化钠气溶胶在氢火焰下燃烧，用钠焰光度计，通过光电转换器将燃烧产生的钠焰光强值转换为电流信号，并由光电测量仪检测。电流值反映了氯化钠气溶胶的质量浓度，用测定的电流值即可求出滤料的过滤效率。

2. 油雾法

在规定的实验条件下，用汽轮机油通过汽化-冷凝式油雾发生炉人工发生油雾气溶胶，气溶胶粒子的质量平均直径为 0.28～0.34 μm。使与空气充分混合的油雾气溶胶通过被测滤料，采用油雾仪测量滤料过滤前后的气溶胶散射光强度。散射光强度大小与气溶胶浓度成正比，由此求出滤料的过滤效率。

3. 计数法

此法又分准单分散气溶胶计数法（用于高效滤料）、单分散气溶胶计数法（用于超高效滤料）和多分散气溶胶计数法（用于超高效滤料）。首先发生固态或液态的准单分散、或单分散、或多分散气溶胶，气溶胶通过中和器中和自身所带电荷，采集试验装置上的滤料中上、下游的气溶胶，通过凝结核粒子计数器（CNC）或光学粒子计数器（OPC）测量其计数浓度值，最后求出滤料的最低过滤效率。

（二）仪器结构

1. 钠焰法检测装置

钠焰法检测装置主要包括三个部分：氯化钠气溶胶发生装置、采样部分和测量装置。其结构如图 6-6 所示。

2. 油雾法检测装置

油雾法检测装置由发雾装置和测量装置两个部分组成，其结构如图 6-7 所示。发雾装置可采用喷雾式油雾发生器或汽化-凝聚式油雾发生器；测量装置由光电雾室和透过率测定仪组成。

3. 计数法检测装置

计数法检测装置主要包括三个部分：气溶胶发生装置、采样部分和测量装置。准单分散气溶胶计数法、单分散气溶胶计数法、多分散气溶胶计数法检测装置的结构分别如图 6-8、图 6-9 和图 6-10 所示。

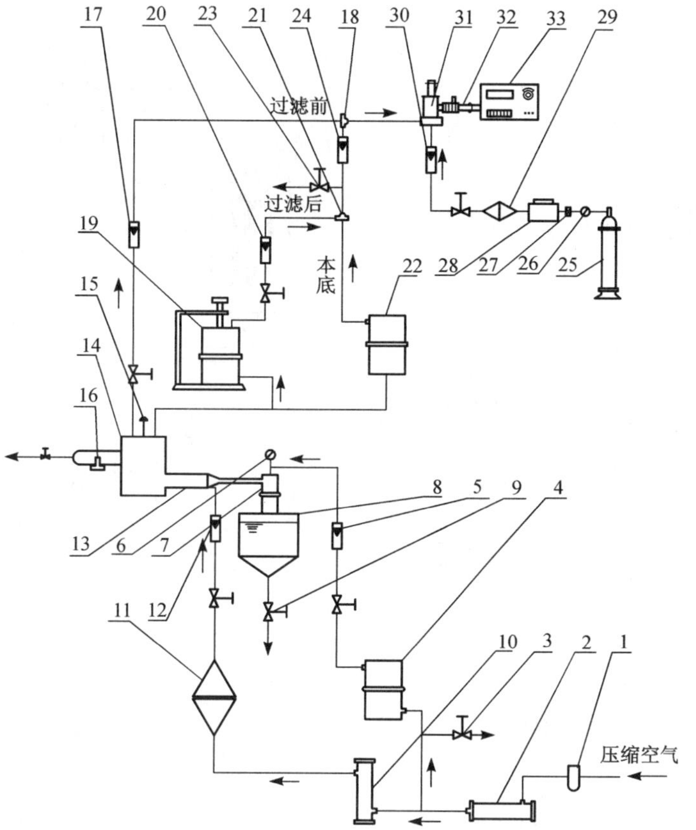

1—气水分离器　2—除油器　3—放气阀　4，11，29—高效空气过滤器　5—喷雾空气流量计　6—压力表　7—喷雾器　8—喷雾箱　9—溶液放空阀　10—干燥器　12—干燥空气流量计　13—蒸发管　14—缓冲箱　15—限压阀　16—干湿球温度计　17—过滤前燃烧空气流量计　18，21—三通阀　19—滤料夹　20—过滤流量计　22—本底过滤器　23—放气阀　24—过滤后燃烧空气流量计　25—氢气瓶　26—减压阀　27—阻火器　28—稳压器　30—氢气流量计　31—燃烧器　32—光电转换器　33—光电测量仪

图 6-6　钠焰法检测装置示意图

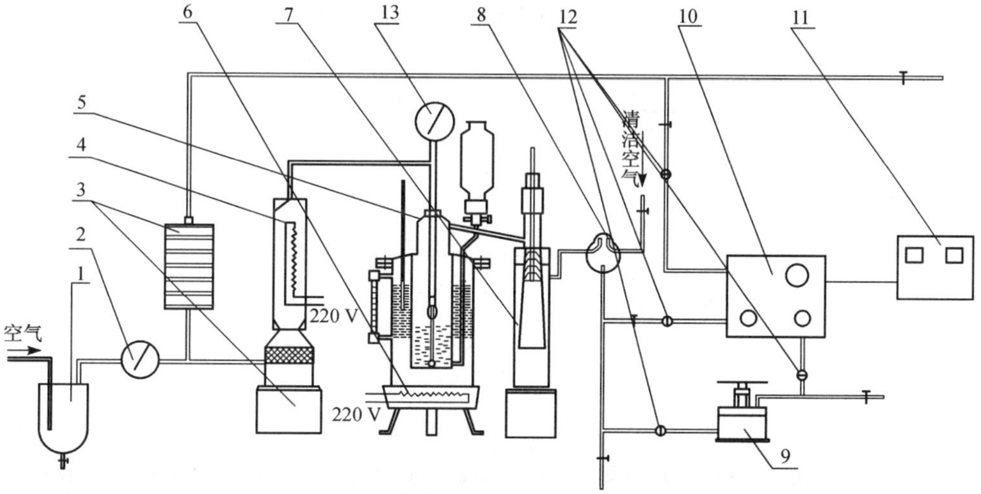

1—气水分离器　2—稳压阀　3—空气过滤器　4—空气加热器　5—油雾发生器　6—加热电炉　7—螺旋分离器　8—混合器　9—滤料夹具　10—光电雾室　11—透过率测定仪　12—流量计　13—气压表

图 6-7　油雾法检测装置示意图

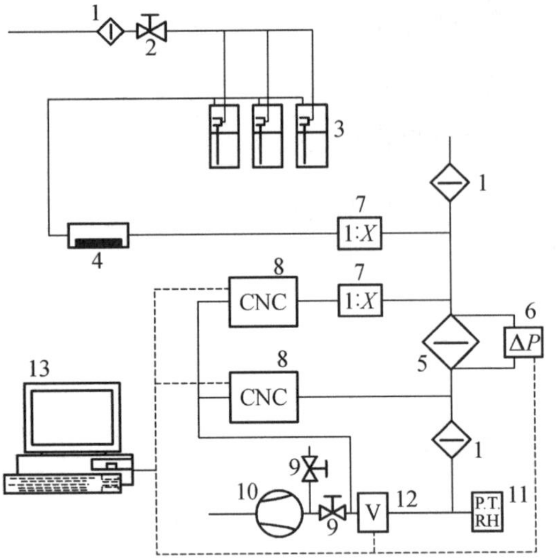

1—过滤器　2—调压阀　3—气溶胶发生装置
4—中和器　5—试验滤料夹　6—压差计
7—稀释系统　8—粒子计数器(CNC 或 OPC)
9—针形阀　10—真空泵
11—测量绝对压力、温度和相对湿度的仪器
12—体积流量计　13—用于控制和储存数据的计算机

图 6-8　准单分散气溶胶计数法检测装置示意图

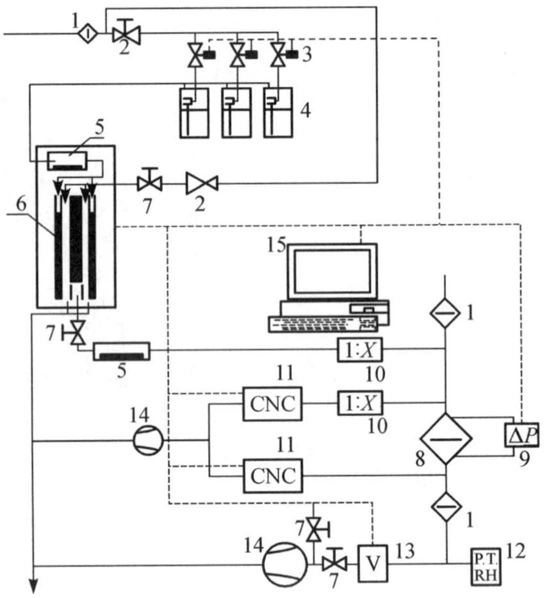

1—过滤器　2—调压阀　3—电磁阀　4—喷雾器
5—中和器　6—微分迁移率分析仪　7—针型阀
8—试验滤料夹　9—压差计　10—稀释系统
11—凝结核计数器(CNC)
12—测量绝对压力、温度和相对湿度的仪器
13—体积流量计　14—真空泵
15—用于控制和存储数据的计算机

图 6-9　单分散气溶胶计数法检测装置示意图

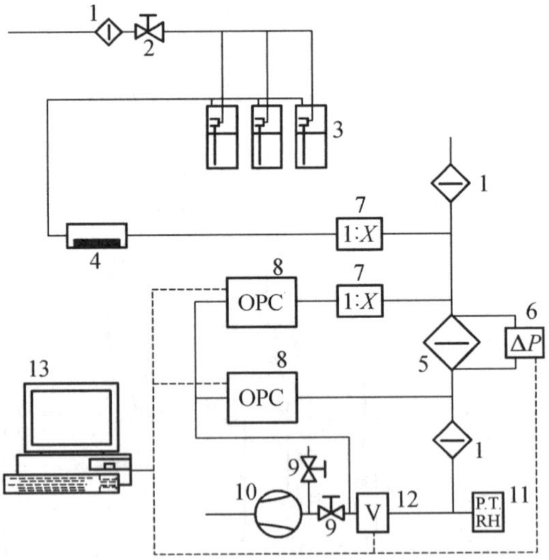

1—过滤器　2—调压阀　3—喷雾器　4—中和器　5—试验滤料夹　6—压差计　7—稀释系统
8—光学粒子计数器(OPC)　9—针型阀　10—真空泵　11—测量绝对压力、温度和相对湿度的仪器
12—体积流量计　13—用于控制和储存数据的计算机

图 6-10　多分散气溶胶计数法检测装置示意图

四、实验方法与操作步骤

（一）取样

测试过程需要至少 5 件滤料样品，试验样品的最小尺寸为 200 mm × 200 mm，试样上不应出现折痕、折皱、孔洞或其他异常。所有试验样品均须有清晰而持久性的标记：滤料的设计参数；滤料的上游面。

（二）操作步骤

1. 钠焰法

(1) 预备性检验。在进行滤料测试以前，应先打开检测装置，检查或调整以下参数：

① 用干燥的化学纯氯化钠和蒸馏水（或去离子水）配置质量浓度为 22％的氯化钠溶液，将其倒入喷雾箱中，使液面达到距离喷孔（5.5±0.5）mm 的水位指示线。在运行中溶液浓度允许变化范围为 1.9％～2.1％。

② 调整氢气供给系统的运行参数。将氢气流量调节到 200 mL/min；若低于此值，则检查氢气高效过滤器是否堵塞，管道有无漏气。点燃氢气预热燃烧器 1 h 以上。

③ 调整纳焰光度计运行参数。当燃烧器预热到 30 min 左右时，将滤光转盘上的全闭位置处于光通道中，打开光电测量仪电源开关，把分档旋钮转到最灵敏档，用“调零”旋钮调整零点。再打开高压开关，检查高压是否稳定在光电倍增管的工作电压值，并继续预热光电倍增管 20 min以上，核对光电倍增管的暗电流值是否超过其合格证上的规定值。

④ 调节压缩空气喷雾系统的运行参数。首先将喷雾压力调到（0.26±0.01）MPa 工作压力，检查高、低压管道的气密性。调整喷雾流量为 0.28～0.36 m^3/h；若低于此值，说明喷孔有堵塞现象，需要停止运行，清洗喷孔。调整干燥空气流量为（1.7±0.05）m^3/h。

⑤ 检查缓冲箱上的湿度计，空气的相对湿度是否低于 40％；若高于此值，应检查吸湿剂是否已饱和，需要更换或再生。

(2) 阻力测量。应在气溶胶通过滤料之前，采用纯净试验空气，在试验滤速下测定滤料两侧的压降。要调节试验体积流量，使得每个滤料样品的流量值的变化不超过要求值的±2％。应在系统处于稳定运行状态下进行测量。

(3) 效率测量。

① 将被测滤料装入滤料夹，把三通阀 18 转到“过滤后”位置。

② 将过滤流量计 20 的流量调到所需要的流量。调节放气阀 23，使过滤后燃烧空气流量计 24 的流量为 2 L/min。

③ 选择合适光密度值的中性滤光片和光电测量仪的分档旋钮位置，读出过滤后的光电流值。

④ 按效率计算公式求得被测滤料的效率值。

2. 油雾法

(1) 预备性检验。在进行滤料测试以前，应先打开检测装置，检查或调整以下参数：

① 发生标准油雾。检查水（油）浴中的水（油）量和油容器中的汽轮机油量。接通油雾发生炉电源，加热水（油）浴。按检验要求，将螺旋分离器处于适当位置。待水（油）浴温度达到控制温度平衡后，启动压缩空气机供气，再接通空气加热器电路。调节各发雾参数并保持稳定，

适当调节螺旋分离器的位置,得到所需质量浓度和质量平均直径的油雾气溶胶。

② 调校油雾仪。按油雾仪使用说明书的要求接通仪器电源并进行仪器自校。将质量平均直径为 0.28～0.34 μm,已确定浓度的油雾气溶胶和清洁空气送入雾室。按油雾仪使用说明书的要求调满度,并测量仪器自身散光值(K),当油雾浓度为 1 000 mg/m^{3}时,K 应小于 0.000 20%。

③ 测量油雾气溶胶浓度和分散度。油雾气溶胶浓度一般为(1 000±10)mg/m^3;当有特殊需要(如被测过滤元件过滤效率过高或过低)时,也可使用 2 000～2 500 mg/m^3 或 250 mg/m^3。仪器调零,将清洁空气和油雾气溶胶取样通入光电雾室,开启光源,由光电雾室测得油雾气溶胶浓度(mg/m^3)。转动专门用于分散度测量的偏振旋钮分别于"⊥"和"//"位置,得到相应的光电雾室测量值 $T_{\perp}$ 和 $T_{/\!/}$,并按下式计算偏光故障值 Δ(%):

$$\Delta = \frac{T_{\perp}}{T_{/\!/}} \times 100\% \tag{6-2}$$

式中:$T_{\perp}$,$T_{/\!/}$ 为偏振旋钮分别置于"⊥"和"//"位置时的光电雾室测量值。

Δ 值与油雾仪所使用的特定光源有关。在光电油雾仪使用 12 V、50 W 卤钨灯为光源的条件下,相应于合格分散度的 Δ 值应为 45%～64%。

(2) 阻力测量。应在气溶胶通过滤料之前,采用纯净试验空气,在试验滤速下测定滤料两侧的压降。要调节试验体积流量,使得每个滤料样品的流量值的变化不超过要求值的±2%。应在系统处于稳定运行状态下进行测量。

(3) 效率测量。将被测滤料平整地置于滤料夹具上夹紧,按滤料试验的比速要求调节流量计流量,通入油雾气流。将滤料过滤后的气流和清洁空气通入透过率测定仪,调节量程转换旋钮,由透过率测定仪测得值计算得到油雾过滤效率。检测完毕,应以清洁空气通入雾室,将雾室内残留的油雾吹净。

3. 计数法

(1) 预备性检验。在进行滤料测试以前,应先打开检测装置,检查或调整以下参数:

① 凝结核计数器(CNC)中灌入工作液,调节测量设备体积流量。

② 在关闭气溶胶发生器和滤料就位的情况下,通过测量下游的粒子计数器浓度来检查零计数率。

③ 在关闭气溶胶发射器的情况下,通过测量上游的粒子数量浓度来检查试验空气的洁净度。

④ 试验空气的绝对压力、温度及相对湿度等参数,应在试验滤夹下游气流达到试验体积流量时进行测定。

⑤ 在上述各项检查之后,应马上对与待测滤料级别相同的的标准滤料进行测定。

(2) 阻力测量。应在系统处于稳定运行状态下进行测量。在气溶胶通过滤料之前,采用纯净试验空气,在试验滤速下测定滤料两侧的压降。应调节试验体积流量,使得通过每个滤料样品的流量值的变化不超过要求值的±2%。

(3) 效率测量。试验气溶胶与试验空气均匀混合,在滤料的上游、下游分别测量其计量浓度。可以用两台同样的粒子计数器(或凝结核计数器)同时测量,也可用一台粒子计数器先后在滤料的上游、下游分别测量。使用第二种测量方式时,应该对粒子计数器(或凝结核计数器)

进行净吹，以便在开始测量下游浓度之前，粒子计数器（或凝结核计数器）的计数浓度已经下降到能可靠测定滤料下游颗粒浓度的水平。根据粒子计数器（或凝结核计数器）对过滤前后的粒子数测量结果计算过滤效率。

五、实验结果计算与修约

1. 钠焰法

$$E = 1 - P = \left(1 - \frac{A_2 - A_0}{\varphi A_1 - A_0}\right) \times 100\% \tag{6-3}$$

式中：E 为被测滤料效率，%；P 为被测滤料透过率，%；A_1 为过滤前气溶胶光电流值，μA；A_2 为过滤后气溶胶光电流值，μA；A_0 为本底洁净空气光电流值，μA；φ 为自吸收修正系数（由实验求得，在本标准的设备和运行参数条件下 $\varphi = 2$）。

在 A_1 远远大于 A_0 时，则 A_0 可以忽略不计，上式可简化为：

$$E = 1 - P = \left(1 - \frac{A_2 - A_0}{\varphi A_1}\right) \times 100\% \tag{6-4}$$

2. 油雾法

$$P = P' - P_0 \tag{6-5}$$

$$E = 100 - P \tag{6-6}$$

式中：P 为被测过滤器透过率，%；P' 为透过率测定仪测得值，%；P_0 为透过率测定仪本底测得值，%；E 为被测过滤器效率，%。

当 $P' \geqslant 20P_0$ 时，P_0 可忽略不计。

3. 计数法

$$E = \left(1 - \frac{A_2}{RA_1}\right) \times 100\% \tag{6-7}$$

式中：E 为滤料的过滤效率，%；A_1 为上游气溶胶粒子浓度，粒/m^3；A_2 为下游气溶胶粒子浓度，粒/m^3；R 为相关系数。

E 值取最后一个“9”之后的头两位数字为有效数字，第三位数字进行修约。例如：实际值 E =99.976 4%，修约后 E = 99.976%；实际值 E = 99.977 6%，修约后 E = 99.978%。

思　考　题

1. 过滤效率的定义是什么？
2. 过滤效率与阻力间的关系是什么？

（本实验技术依据：GB/T 6165—2008《高效空气过滤器性能试验方法　效率和阻力》）

实验九　土工布孔径及孔隙率测试

一、实验目的与要求

通过实验，掌握土工布孔径及孔隙率测试的实验原理与测试方法，分析影响实验结果的因素。

二、仪器用具与试样材料

支撑网筛(直径 200 mm),标准筛振筛机[横向摇动频率(220±10)次/min,回转半径(12±1)mm,垂直振动频率(150±10)次/min,振幅(10±2)mm],标准颗粒材料,天平(感量为0.01 g),秒表,细软刷子,剪刀,画笔等。试样为土工布若干。

三、实验原理

用土工布试样作为筛布,将已知直径的标准颗粒材料放在土工布上面振筛,称量通过土工布的标准颗粒材料质量,计算出过筛率。调换不同直径的标准颗粒材料进行实验,由此绘出土工布孔径分布曲线,并求出有效孔径值。

四、实验方法与操作步骤

(一) 取样

沿样品的长度和宽度方向均匀取样,距样品布边至少 10 cm。试样数量为 5×n 块,n 为选取粒径的组数,试样直径应大于筛子直径。在标准大气条件下调湿试样并进行试验。

(二) 操作步骤

将调湿试样放入支撑网筛,撒上 50 g 较细粒径的标准颗粒材料,摇筛试样 10 min 后,停机称取通过试样的标准颗粒材料,记录并更换试样。用下一组较粗的标准颗粒材料重复上述实验,直至取得不少于 3 组连续分级标准颗粒材料的过筛率,并有一组的过筛率低于 5%,计算并报告结果。

五、实验结果计算与修约

按下式计算过筛率,并修约到小数点后两位:

$$B=\frac{m_1}{m}\times 100\% \tag{6-8}$$

式中:B 为某组标准颗粒材料通过试样的过筛率,%;m_1 为 5 块试样同组粒径过筛量的平均值,g;m 为每组试验用的标准颗粒材料量,g。

以每组标准颗粒材料粒径的下限值作为横坐标(对数坐标),以相应的平均过筛率作为纵坐标,描点绘制过筛率与孔径的分布曲线,找出曲线上纵坐标 10%所对应的横坐标值即为 O_{90},找出曲线上纵坐标 5%所对应的横坐标值即为 O_{95}。读取两位有效数字。

思 考 题

1. 土工布孔径的意义是什么?
2. 过滤材料的孔径与土工布孔径的区别是什么?

(本实验技术依据:GB/T 14799—2005《土工布及其有关产品 有效孔径的测定 干筛法》)

第七章　综合性实验项目

本章知识点：

1. 纺织材料品质检验与综合评定的方法。
2. 综合性、设计性实验的方法。

实验一　细绒棉品质检验与评定

一、实验目的与要求

通过实验，了解锯齿细绒棉和皮辊细绒棉的质量要求，熟悉锯齿细绒棉和皮辊细绒棉品质评定的主要内容及其检验内容的共性与个性，能观察认识各品级实物标准、颜色级实物标准和轧工质量实物标准，掌握锯齿细绒棉和皮辊细绒棉品质检验的方法与评定，并按要求写出实验报告。

二、仪器用具与试样材料

锯齿细绒棉颜色级实物标准、锯齿细绒棉轧工质量实物标准及皮辊细绒棉品级实物标准各一套，棉花分级室，马克隆值测试仪，纤维快速测试仪，小钢尺，黑绒板等。试样为锯齿细绒棉或皮辊细绒棉若干。

三、实验原理与仪器结构

根据细绒棉品质的质量要求，逐项进行检验，将检验结果对照各质量档次，对细绒棉品质进行评定。锯齿细绒棉品质的质量要求有：颜色级、轧工质量、长度、马克隆值、异性纤维、断裂比强度、长度整齐度指数；皮辊细绒棉品质的质量要求有：品级、长度、马克隆值、异性纤维、断裂比强度、长度整齐度指数。

本项目所用到的测试仪器可分别参阅有关章节的实验内容。

四、检验内容与方法

（一）取样

取样应具有代表性。成包皮棉每 10 包(不足 10 包按 10 包计)抽 1 包。每个取样棉包抽取检验样品约 300 g,形成品质检验的批样。成包皮棉从棉包上部开包后,去掉棉包表层棉花,抽取完整成块样品供品质检验,装入取样筒。

（二）锯齿细绒棉

1. 颜色级检验

(1) 颜色级划分。依据棉花黄色深度,将棉花划分为白棉、淡点污棉、淡黄染棉、黄染棉 4 种类型。依据棉花明暗程度,将白棉分为 5 个级别,淡点污棉分为 3 个级别,淡黄染棉分为 3 个级别,黄染棉分为 2 个级别,共 13 个级别。白棉三级为颜色标准级。颜色级用两位数字表示,第一位是级别,第二位是类型。颜色级代号见表 7-1,颜色级文字描述见表 7-2,颜色分级图见图 7-1。

表 7-1　颜色级代号

级别	类型			
	白棉	淡点污棉	淡黄染棉	黄染棉
一级	11	12	13	14
二级	21	22	23	24
三级	31	32	33	
四级	41	—	—	—
五级	51	—	—	—

表 7-2　颜色级文字描述

颜色级	颜色特征	对应籽棉形态
白棉一级	洁白或乳白,特别明亮	早、中期优质白棉,棉瓣肥大,有少量的一般白棉
白棉二级	洁白或乳白,明亮	早、中期好白棉,棉瓣大,有少量的雨锈棉和部分的一般白棉
白棉三级	白或乳白,稍亮	早、中期一般白棉和晚期好白棉,棉瓣大小都有,有少量的雨锈棉
白棉四级	色白略有浅灰、不亮	早、中期失去光泽的白棉
白棉五级	色灰白或灰暗	受到较重污染的一般白棉
淡点污棉一级	乳白带浅黄,稍亮	白棉中混有雨锈棉、少量僵瓣棉,或白棉变黄
淡点污棉二级	乳白带阴黄,显淡黄点	白棉中混有部分早、中期僵瓣棉或少量轻霜棉,或白棉变黄
淡点污棉三级	灰白带阴黄,有淡黄点	白棉中混有部分中、晚期僵瓣棉或轻霜棉,或白棉变黄、霉变
淡黄染棉一级	阴黄,略亮	中、晚期僵瓣棉、少量污染棉和部分霜黄棉,或淡点污棉变黄
淡黄染棉二级	灰黄,显阴黄	中、晚期僵瓣棉、部分污染棉和霜黄棉,或淡点污棉变黄、霉变
淡黄染棉三级	暗黄,显灰点	早期污染僵瓣棉、中晚期僵瓣棉、污染棉和霜黄棉,或淡点污棉变黄、霉变
黄染棉一级	色深黄,略亮	比较黄的籽棉
黄染棉二级	色黄,不亮	较黄的各种僵瓣棉、污染棉和烂桃棉

根据颜色级文字描述和颜色分级图制作颜色级实物标准。白棉 4 个级、淡点污棉 2 个级、淡黄染棉 2 个级和黄染棉 1 个级的颜色级实物标准,均为每一级的底线标准,每个类型的最低

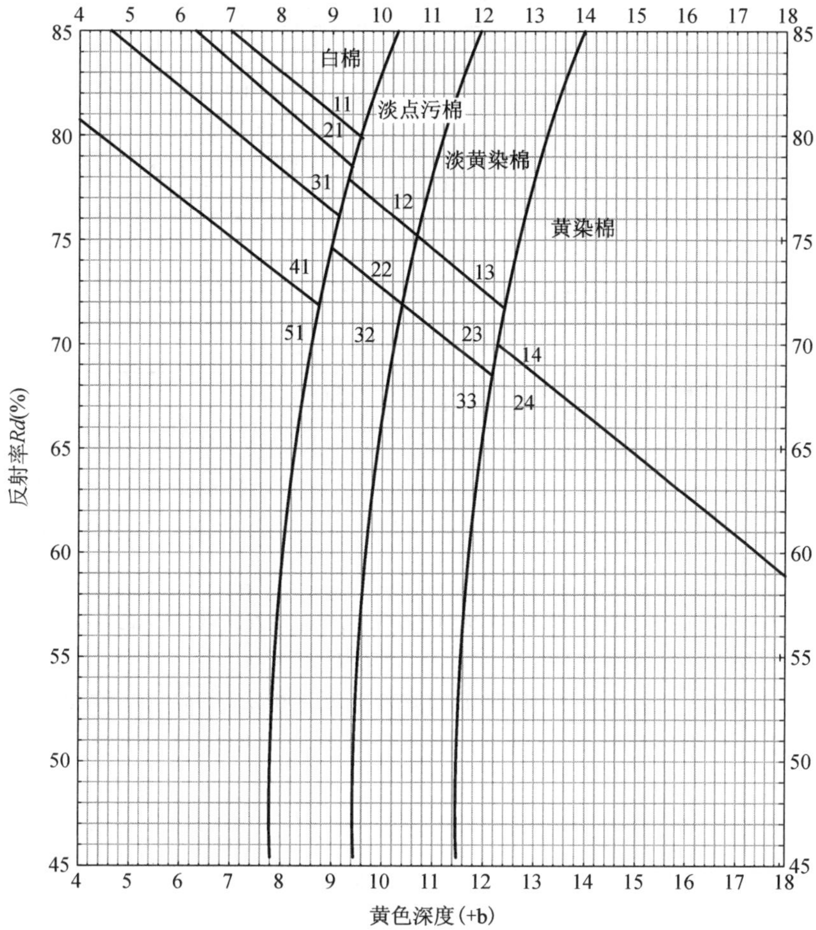

图 7-1　颜色分级图

级不制作实物标准。颜色级实物标准是感官评定颜色级的依据，其使用期限为 1 年(自当年 9 月 1 日至次年 8 月 31 日)。

(2) 颜色级检验。颜色级检验分感官检验和纤维快速测试仪检验。感官检验在棉花分级室内进行。检验时，手持棉样压平、握紧举起，使样品表面密度与实物标准表面密度相似，在实物标准旁进行对照确定颜色级，凡在本级标准以上、上一级标准以下的原棉即定为该级，逐样记录检验结果。纤维快速测试仪检验时，测出棉花反射率和黄色深度，对照颜色分级图确定棉花颜色级。

(3) 结果评定。计算批样中各颜色级的百分比，结果修约到一位小数。有主体颜色级的，要确定主体颜色级；无主体颜色级的，确定各颜色级所占的百分比。

2. 轧工质量检验

(1) 轧工质量划分。根据皮棉外观形态粗糙程度、所含疵点种类及数量的多少，轧工质量分好、中、差三档，分别用 P_1、P_2、P_3 表示。轧工质量分档条件见表 7-3，轧工质量参考指标见表 7-4。根据轧工质量分档条件和轧工质量参考指标制作轧工质量实物标准，每一档均为底线标准。

表 7-3 轧工质量分档条件

轧工质量分档	外观形态	疵点种类及程度
好	表面平滑,棉层蓬松、均匀,纤维纠结程度低	带纤维籽屑少,棉结少,不孕籽、破籽很少,索丝、软籽表皮、僵片很少
中	表面平整,棉层不均匀,纤维纠结程度一般	带纤维籽屑多,棉结较少,不孕籽、破籽少,索丝、软籽表皮、僵片很少
差	表面不平整,棉层不均匀,纤维纠结程度较高	带纤维籽屑很多,稍多,不孕籽、破籽较少,索丝、软籽表皮、僵片少

表 7-4 轧工质量参考指标

轧工质量分档	索丝、僵片、软籽表皮(粒/100 g)	破籽、不孕籽(粒/100 g)	带纤维籽屑(粒/100 g)	棉结(粒/100 g)	疵点总粒数(粒/100 g)
好	≤230	≤270	≤800	≤200	≤1 500
中	≤390	≤460	≤1 400	≤300	≤2 550
差	>390	>460	>1 400	>300	>2 550

注:① 疵点包括索丝、软籽表皮、僵片、破籽、不孕籽、带纤维籽屑及棉结 7 种。
② 轧工质量参考指标仅作为轧工质量实物标准和指导棉花加工企业控制加工工艺的参考依据。
③ 疵点检验按 GB/T 6103 执行。

(2) 轧工质量检验。依据轧工质量实物标准,结合轧工质量分档条件,通过感官确定轧工质量档次。检验在棉花分级室内进行。检验时,手持棉样压平、握紧举起,使样品表面密度与实物标准表面密度相似,在实物标准旁进行对照确定轧工质量档次,逐样记录检验结果。

(3) 结果评定。计算批样中轧工质量各档次的百分比,结果修约到一位小数。

3. 异性纤维含量检验

异性纤维含量检验仅适用于成包皮棉。采用手工挑拣方法,计算棉包中异性纤维含量,检验结果保留两位小数。成包皮棉异性纤维含量分档及代号见表 7-5。

表 7-5 成包皮棉异性纤维含量分档及代号

分档	代号	成包皮棉异性纤维含量(g/t)
无	N	0.00
低	L	<0.30
中	M	0.30~0.70
高	H	>0.70

4. 锯齿细绒棉长度和马克隆值检验

锯齿细绒棉长度检验参考第二章实验一,马克隆值检验参考第二章实验十。如采用纤维快速测试仪检验,增加反射率、黄色深度、长度整齐度指数、断裂比强度的检验,按 GB/T 20392 进行。

5. 锯齿细绒棉质量标识

锯齿细绒棉质量标识按棉花主体颜色级、长度级、主体马克隆值级顺序标示。

颜色级代号:按照颜色级代号标示;

长度级代号:25 mm 至 32 mm,用“25”,……,“32”标示;

马克隆值级代号:A、B、C 级分别用 A、B、C 标示。

如:白棉三级,长度 28 mm,主体马克隆值级 B 级,质量标识为:3128B;

淡点污棉二级,长度 27 mm,主体马克隆值级 B 级,质量标识为:2227B。

(三)皮辊细绒棉

1. 品级检验

(1)品级划分。根据棉花的成熟程度、色泽特征、轧工质量,棉花品级分为 7 个级,即一至七级。三级为品级标准级。品级条件见表 7-6,品级条件参考指标见表 7-7。

表 7-6　品级条件

品级	皮辊细绒棉		
	成熟程度	色泽特征	轧工质量
一级	成熟好	色洁白或乳白,丝光好,稍有淡黄染	黄根、杂质很少
二级	成熟正常	色洁白或乳白,有丝光,有少量淡黄染	黄根、杂质少
三级	成熟一般	色白或乳白,稍见阴黄,稍有丝光,淡黄染、黄染稍多	黄根、杂质稍多
四级	成熟稍差	色白略带灰、黄,有少量的污染棉	黄根、杂质较多
五级	成熟较差	色灰白带阴黄,污染棉较多,有糟绒	黄根、杂质多
六级	成熟差	色灰黄,略带灰白,各种污染棉、糟绒多	杂质很多
七级	成熟很差	色灰暗,各种污染棉、糟绒很多	杂质很多

表 7-7　品级条件参考指标

品级	成熟系数 ≥	断裂比强度(cN/tex) ≥	轧工质量	
			黄根率(%)≤	毛头率(%)≤
一级	1.6	30	0.3	0.4
二级	1.5	28	0.3	0.4
三级	1.4	28	0.5	0.6
四级	1.2	26	0.5	0.6
五级	1.0	26	0.5	0.6

注:断裂比强度为 3.2 mm 隔距,HVI 校准棉花标准(HV1CC)校准水平。

根据品级条件和品级条件参考指标制作品级实物标准。品级实物标准是评定棉花品级的依据,各级实物标准都是底线,其使用期限为 1 年(自当年 9 月 1 日至次年 8 月 31 日)。

(2)品级检验。品级检验在棉花分级室内进行。检验品级时,手持棉样压平、握紧举起,使棉样密度与品级实物标准密度相似,在实物标准旁进行对照确定品级,凡在本级标准以上、上一级标准以下的原棉即定为该品级。逐样记录检验结果。

(3)结果评定。计算出批样中相邻品级的百分比(修约到一位小数)。有主体品级的,要确定主体品级,检验结果按主体品级和各相邻品级所占百分比出证;无主体品级的,按各品级所占百分比出证。

2. 皮辊细绒棉长度、马克隆值和异性纤维检验

皮辊细绒棉长度检验、马克隆值检验和异性纤维含量检验参见锯齿棉相关检验。如采用

纤维快速测试仪检验，增加长度整齐度指数、断裂比强度的检验，按 GB/T 20392 进行。

3. 皮辊细绒棉质量标识

皮辊细绒棉质量标识按棉花类型、主体品级、长度级、主体马克隆值级顺序标示。

品级代号：一级至七级，用“1”，……，“7”标示；

长度级代号：25 mm 至 32 mm，用“25”，……，“32”标示；

马克隆值级代号：A、B、C 级分别用 A、B、C 标示；

皮辊棉代号：在质量标示符号下方加横线“—”表示。

如：四级皮辊白棉，长度 30 mm，主体马克隆值级 B 级，质量标识为：430B；

五级皮辊灰棉，长度 28 mm，主体马克隆值级 C 级，质量标识为：G528C。

思　考　题

1. 在原棉品质检验中，锯齿细绒棉和皮辊细绒棉有何不同？
2. 在原棉品质检验中会产生检验人员之间的评定误差，如何减少检验误差？

（本实验技术依据：GB 1103.1—2012《棉花　第 1 部分：锯齿加工细绒棉》，GB 1103.2—2012《棉花　第 2 部分：皮辊加工细绒棉》）

实验二　化学短纤维品质检验与评定

一、实验目的与要求

通过实验，了解常用化学短纤维产品性能的检验项目与指标，熟悉化学短纤维品质评定的主要内容和不同化纤分等规定中的共性与个性，掌握化学短纤维各指标的测试方法。实测一种化纤并对其进行评等，并按要求写出综合性实验报告。

二、仪器用具与试样材料

电子单纤维强力仪，中段切断器，卷曲弹性仪，比电阻仪，热收缩仪，烘箱，索氏油脂萃取器，原棉杂质分析仪，镊子，一号夹子，钢尺，黑绒板等。试样为任何一种常见化学短纤维。

三、实验原理与仪器结构

根据化学短纤维所考核的性能项目与指标，分别测试出相应指标值，对照各等级的要求进行评等，最终以各项中最低的等级作为该批产品的等级。

本项目所用到的测试仪器可分别参阅有关章节的实验内容。

四、检验内容与方法

（一）技术要求

1. 黏胶短纤维

黏胶短纤维的产品等级分为优等品、一等品、合格品，低于合格品的为等外品。棉型、中长型、毛型黏胶短纤维的性能项目与指标值分别见表 7-8、表 7-9 和表 7-10。其中，线密度偏差率以名义线密度为计算依据，长度偏差率以名义长度为计算依据。表中所列规定的性能项目均为考核项目。

表 7-8 棉型黏胶短纤维性能项目与指标值

序号	项目		优等品	一等品	合格品
1	干断裂强度(cN/dtex)	≥	2.15	2.00	1.90
2	湿断裂强度(cN/dtex)	≥	1.20	1.10	0.95
3	干断裂伸长率(%)		$M_1\pm2.0$	$M_1\pm3.0$	$M_1\pm4.0$
4	线密度偏差率(%)	±	4.00	7.00	11.00
5	长度偏差率(%)	±	6.0	7.0	11.0
6	超长纤维率(%)	≤	0.5	1.0	2.0
7	倍长纤维(mg/100 g)	≤	4.0	20.0	60.0
8	残硫量(mg/100 g)	≤	12.0	18.0	28.0
9	疵点(mg/100 g)	≤	4.0	12.0	30.0
10	油污黄纤维(mg/100 g)	≤	0	5.0	20.0
11	干断裂强力变异系数(%)	≤	18.0	—	
12	白度(%)		$M_2\pm3.0$	—	

注：M_1为干断裂伸长率中心值，不得低于 19(%)；M_2为白度中心值，不得低于 65(%)；中心值也可根据用户需求确定，一旦确定，不得随意改变。

表 7-9 中长型黏胶短纤维性能项目与指标值

序号	项目		优等品	一等品	合格品
1	干断裂强度(cN/dtex)	≥	2.10	1.90	1.80
2	湿断裂强度(cN/dtex)	≥	1.15	1.05	0.90
3	干断裂伸长率(%)		$M_1\pm2.0$	$M_1\pm3.0$	$M_1\pm4.0$
4	线密度偏差率(%)	±	4.00	7.00	11.00
5	长度偏差率(%)	±	6.0	7.0	11.0
6	超长纤维率(%)	≤	0.5	1.0	2.0
7	倍长纤维(mg/100 g)	≤	4.0	30.0	80.0
8	残硫量(mg/100 g)	≤	12.0	18.0	28.0
9	疵点(mg/100 g)	≤	4.0	12.0	30.0
10	油污黄纤维(mg/100 g)	≤	0	5.0	20.0
11	干断裂强力变异系数(%)	≤	17.0	—	
12	白度(%)		$M_2\pm3.0$	—	

注：M_1为干断裂伸长率中心值，不得低于 19(%)；M_2为白度中心值，不得低于 65(%)；中心值也可根据用户需求确定，一旦确定，不得随意改变。

表 7-10　毛型和卷曲毛型黏胶短纤维性能项目与指标值

序号	项目	优等品	一等品	合格品
1	干断裂强度(cN/dtex)　≥	2.05	1.90	1.75
2	湿断裂强度(cN/dtex)　≥	1.10	1.00	0.85
3	干断裂伸长率(%)	$M_1 \pm 2.0$	$M_1 \pm 3.0$	$M_1 \pm 4.0$
4	线密度偏差率(%)　±	4.00	7.00	11.00
5	长度偏差率(%)　±	7.0	9.0	11.0
6	倍长纤维(mg/100 g)　≤	8.0	50.0	120.0
7	残硫量(mg/100 g)　≤	12.0	20.0	35.0
8	疵点(mg/100 g)　≤	6.0	15.0	40.0
9	油污黄纤维(mg/100 g)　≤	0	5.0	20.0
10	干断裂强力变异系数(%)　≤	16.00	—	
11	白度(%)	$M_2 \pm 3.0$	—	
12	卷曲数(个/25 mm)	$M_3 \pm 2.0$	$M_3 \pm 3.0$	

注：M_1为干断裂伸长率中心值，不得低于 18(%)；M_2为白度中心值，不得低于 55(%)；M_3为卷曲数中心值，由供需双方协商确定，卷曲数只考核卷曲毛型黏胶短纤维；中心值也可根据用户需求确定，一旦确定，不得随意改变。

2. 涤纶短纤维

涤纶短纤维的产品等级分为优等品、一等品、合格品，低于合格品的为等外品。棉型涤纶短纤维的性能项目与指标值见表 7-11，中长型和毛型涤纶短纤维的性能项目与指标值见表 7-12。其中，线密度偏差率以名义线密度为计算依据，长度偏差率以名义长度为计算依据。表中所列规定的性能项目均为考核项目。

表 7-11　棉型涤纶短纤维的性能项目与指标值

序号	考核项目	高强棉型			普强棉型		
		优等品	一等品	合格品	优等品	一等品	合格品
1	断裂强度(cN/dtex)　≥	5.50	5.30	5.00	5.00	4.80	4.50
2	断裂伸长率(%)　$M_1 \pm$	4.0	5.0	8.0	4.0	5.0	10.0
3	线密度偏差率(%)　±	3.0	4.0	8.0	3.0	4.0	8.0
4	长度偏差率(%)　±	3.0	6.0	10.0	3.0	6.0	10.0
5	超长纤维率(%)　≤	0.5	1.0	3.0	0.5	1.0	3.0
6	倍长纤维含量(mg/100 g)　≤	2.0	3.0	15.0	2.0	3.0	15.0
7	疵点含量(mg/100 g)　≤	2.0	6.0	30.0	2.0	6.0	30.0
8	卷曲数(个/25 mm)　$M_2 \pm$	2.5	3.5		2.5	3.5	
9	卷曲率(%)　$M_3 \pm$	2.5	3.5		2.5	3.5	
10	180 ℃干热收缩率(%)　$M_4 \pm$	2.0	3.0		2.0	3.0	
11	质量比电阻(Ω·cm)　≤	$M_5 \times 10^8$	$M_5 \times 10^9$		$M_5 \times 10^8$	$M_5 \times 10^9$	
12	10%定伸长强度(cN/dtex)　≥	2.80	2.40	2.00	—		
13	断裂强度变异系数(%)　≤	10.0	15.0		10.0	—	

注：M_1为断裂伸长率中心值，在 20.0(%)～35(%)范围内选定；M_2为卷曲数中心值，在 8.0～14.0(个/25 mm)范围内选定；M_3为卷曲率中心值，在 10(%)～16(%)范围内选定；M_4为 180 ℃干热收缩率中心值，高强棉型≤7.0(%)，普强棉型≤9.0(%)。以上四个参数确定后不得任意变更。1.0(Ω·cm)≤M_5<10.0(Ω·cm)。

表 7-12 中长型和毛型涤纶短纤维的性能项目与指标值

序号	考核项目		中长型			毛型		
			优等品	一等品	合格品	优等品	一等品	合格品
1	断裂强度(cN/dtex)	≥	4.60	4.40	4.20	3.80	3.60	3.30
2	断裂伸长率(%)	M_1±	6.0	8.0	12.0	7.0	9.0	13.0
3	线密度偏差率(%)	±	4.0	5.0	8.0	4.0	5.0	8.0
4	长度偏差率(%)	±	3.0	6.0	10.0	—		
5	超长纤维率(%)	≤	0.3	0.6	3.0	—		
6	倍长纤维含量(mg/100 g)	≤	2.0	6.0	30.0	5.0	15.0	40.0
7	疵点含量(mg/100 g)	≤	3.0	10.0	40.0	5.0	15.0	50.0
8	卷曲数(个/25 mm)	M_2±	2.5	3.5		2.5	3.5	
9	卷曲率(%)	M_3±	2.5	3.5		2.5	3.5	
10	180 ℃干热收缩率(%)	M_4±	2.0	3.0	3.5	≤5.5	≤7.5	≤10.0
11	质量比电阻(Ω·cm)	≤	$M_5\times10^8$	$M_5\times10^9$		$M_5\times10^8$	$M_5\times10^9$	
12	10%定伸长强度(cN/dtex)	≥	—			—		
13	断裂强度变异系数(%)	≤	13.0	—		—		

注：M_1为断裂伸长率中心值，中长型在25.0(%)～40(%)范围内选定，毛型在35.0(%)～50(%)范围内选定；M_2为卷曲数中心值，在8.0～14.0(个/25 mm)范围内选定；M_3为卷曲率中心值，在10(%)～16(%)范围内选定；M_4为180 ℃干热收缩率中心值，中长型≤10.0(%)。以上四个参数确定后不得任意变更。1.0(Ω·cm)≤M_5<10.0(Ω·cm)。

3. 锦纶短纤维

锦纶6毛型短纤维的品质分优等品、一等品、二等品、三等品，低于三等者为等外品。其技术指标见表7-13，表中M为卷曲数中心值，由供需双方协商确定。

表 7-13 锦纶 6 毛型短纤维的技术指标

序号	检查项目		3.0～5.6 dtex(2.7～5.0 den)				5.7～14.0 dex(5.1～12.6 den)			
			优等品	一等品	二等品	三等品	优等品	一等品	二等品	三等品
1	线密度偏差率(%)	±	6.0	8.0	10.0	12.0	6.0	8.0	10.0	12.0
2	长度偏差率(%)	±	6.0	8.0	10.0	12.0	6.0	9.0	11.0	13.0
3	断裂强度(cN/dtex)	≥	3.80	3.60	3.40	3.20	4.00	3.60	3.40	3.20
4	断裂伸长率(%)	≤	60.0	65.0	70.0	75.0	60.0	65.0	70.0	75.0
5	疵点含量(mg/100 g)	≤	10.0	20.0	40.0	60.0	10.0	20.0	40.0	60.0
6	倍长纤维含量(mg/100 g)	≤	15.0	50.0	70.0	100.0	20.0	60.0	80.0	100.0
7	卷曲数(个/25 mm)	M±	2.0	2.5	3.0	3.0	2.0	2.5	3.0	3.0

4. 腈纶短纤维

腈纶短纤维的产品等级分为优等品、一等品、合格品，低于合格品的为等外品，其性能项目与指标值见表7-14。

表 7-14 腈纶短纤维的性能项目与指标值

序号	性能项目		纤维规格	指标值		
				优等品	一等品	合格品
1	长度偏差率(%)	±	≤76(mm)	6	10	14
			>76(mm)	8	10	14
2	倍长纤维含量(mg/100 g)	≤	1.11～2.21 dtex	40	60	600
			2.22～11.11 dtex	80	300	1 000
3	疵点含量(mg/100 g)	≤	1.11～2.21 dtex	20	40	100
			2.22～11.11 dtex	20	60	200
4	线密度偏差率(%)	±		8	10	14
5	断裂强度(cN/dtex)	M_1±		0.5	0.6	0.8
6	断裂伸长率(%)	M_2±		8	10	14
7	卷曲数(个/25 mm)	M_3±		2.5	3.0	4.0
8	上色率(%)	M_4±		3	4	7

注：M_1为断裂强度中心值，断裂强度下限值——1.11～2.21 dtex 不低于 2.1(cN/dtex)、2.22～6.67 dtex 不低于 1.9 (cN/dtex)、6.68～11.11 dtex 不低于 1.6(cN/dtex)；M_2为断裂伸长率中心值；M_3为卷曲数中心值，卷曲数下限值——1.11～2.21 dtex 不低于 6(个/25 mm)、2.22～11.11 dtex 不低于 5(个/25 mm)；M_4为上色率中心值。以上四个参数由生产单位根据品种自定。

5. 丙纶短纤维

丙纶短纤维产品等级分为优等品、一等品、二等品和三等品，低于三等品的为等外品。纺织用丙纶短纤维的质量指标见表 7-15。

表 7-15 纺织用丙纶短纤维的质量指标

序号	项目		1.7～3.3 dtex				3.4～7.8 dtex			
			优等品	一等品	二等品	三等品	优等品	一等品	二等品	三等品
1	断裂强度(cN/dtex)	≥	4.0	3.5	3.2	2.9	3.5	3.0	2.7	2.4
2	断裂伸长率(%)	≤	60.0	70.0	80.0	90.0	70.0	80.0	90.0	100.0
3	线密度偏差率(%)	±	3.0	8.0	8.0	10.0	4.0	8.0	10.0	12.0
4	长度偏差率(%)	±	3.0	5.0	7.0	9.0	—	—	—	—
5	疵点含量(mg/100 g)	≤	5.0	20.0	40.0	60.0	5.0	25.0	50.0	70.0
6	倍长纤维(mg/100 g)	≤	5.0	20.0	40.0	60.0	5.0	20.0	40.0	60.0
7	超长纤维率(%)	≤	0.5	1.0	2.0	3.0	—	—	—	—
8	卷曲数(个/25 mm)	M_1±	2.5	3.0	3.5	4.0	2.5	3.0	3.5	4.0
9	卷曲率(%)	M_2±	2.5	3.0	3.5	4.0	2.5	3.0	3.5	4.0
10	质量比电阻(Ω·cm)	≤k×	10^7	10^9	10^9	10^9	10^8	10^9	10^9	10^9
11	含油率(%)	M_3±	0.10	—	—	—	0.10	—	—	—
12	断裂强度变异系数(%)	≤	10.0	—	—	—	—	—	—	—

注：M_1为卷曲数中心值，在 12～15 范围内选定，一旦选定不得任意改变；M_2为卷曲率中心值，在 11～14 范围内选定，一旦选定不得任意改变；M_3为含油率中心值，由各厂家自定，但不得低于 0.3%；k 为比电阻系数。

（二）检验方法

(1) 化学短纤维的品质检验方法和程序随化纤短纤维的种类而不同。

(2) 纤维长度、线密度、强伸度、热收缩率、含油率、疵点含量、卷曲、比电阻等项目参阅有关章节进行检测。

(3) 水中软化点检测。在梳理整齐的试样中取出 25 根纤维，合并成一束，在一端夹上一块铅锤(70 mg)，然后绑在玻璃刻度板上(使纤维束下端铅锤的上边线对准刻度的基准线，上端绑结线与下端基准线之间的长度为 20 mm)，每批试样测定 5 束。将绑结有试样的刻度板固定在温度计上，并将温度计插入盛有三分之二体积水的耐压玻璃管中，悬挂在橡皮塞上，加上压紧装置。将耐压玻璃管放在盛有热媒并置于砂浴中加热的烧杯中，温度升到 80 ℃后，控制升温速度在 1 ℃/min。当纤维收缩 10%时，读取温度计上的温度，作为水中软化点的测定值。

(4) 色差试验。先在批量样品中每包随机取一小束(约 1 g)，用手扯法整理纤维，使纤维基本平行。将整理好的纤维束平铺于绒板上(绒板颜色与纤维颜色成对比色)，以其中最深一束与最浅一束的色差(包括同一束内部的色差)，按 GB 250 规定的灰色样卡进行比较，评定等级。本白色纤维不考虑色差。

(5) 纤维上色率测定。首先按标准规定配制染液，并将配制好的染液吸入染色管，放入染色小样机中；当温度达到 70 ℃时，将纤维入染，105 ℃下恒温染色 1 h；染色结束将热水放掉，放入冷却水冷却至室温；然后在染色管中吸取 3 mL 残液，移入 100 mL 容量瓶中，用分光光度计在 620 nm 波长下测定溶液对空白的吸光度；最后按下式计算上色率：

$$\text{上色率}=\frac{\text{染液吸光度}-\text{残液吸光度}}{\text{染液吸光度}}\times 100\% \tag{7-1}$$

在化纤短纤维品质检验中，对不同的纤维还需要进行特殊的检验，如黏胶纤维要进行残硫量检验。

五、实验结果与评等

对不同的化纤，根据逐项检测得到的各项指标，对照标准要求评定其等级。

思　考　题

1. 品质检验有何实际意义？
2. 在化纤短纤维品质评定中，主要有哪些指标？
3. 在化纤短纤维生产中，为什么会产生超长和倍长纤维？对纺织生产有何影响？

(本实验技术依据：GB/T 14463—2008《黏胶短纤维》，GB/T 14464—2008《涤纶短纤维》，FZ/T 52002—1991《锦纶短纤维》，GB/T 16602—2008《腈纶短纤维》，FZ/T 52003－1993《丙纶短纤维》，FZ/T 52008—2006《维纶短纤维》，FZ/T 52001—2007《氯纶短纤维》)

实验三　纺织纤维鉴别

实验操作视频

一、实验目的与要求

通过实验，熟悉鉴别纺织纤维的几种常用方法，鉴别几种未知纺织纤维。

二、实验仪器与试样材料

普通生物显微镜，紫外线试验仪，Y172 型纤维切片器，电炉，烧杯，酒精灯，镊子，玻璃棒，温度计，试管，试管架，试管夹，标准色卡或纤维着色标样，碘-碘化钾饱和溶液，各种化学试剂（包括 37%盐酸、75%硫酸、5%氢氧化钠、85%甲酸、冰醋酸、间甲酚、二甲基甲酰胺、二甲苯等）。试样为各种纺织纤维或纱线、织物若干。

三、实验原理

根据各种纤维特有的物理、化学等性能，采用有效的分析方法对样品进行测试，通过观察纤维物理、化学性质的差异，对照标准照片、标准谱图及标准资料来鉴别未知纤维的类别。

纤维鉴别实验的一般性程序：先采用显微镜法将待测纤维进行大致分类，其中天然纤维素纤维、部分再生纤维素纤维、动物纤维，因其独特的形态特征，用显微镜法即可鉴别；合成纤维、部分再生纤维及其他纤维，经显微镜初步鉴别后，再采用燃烧法、溶解法等一种或几种方法进一步确认，最终确定待测纤维的种类。

四、实验方法与操作步骤

（一）取样

所取试样应具有充分的代表性。对于某些色织或提花织物，试样尺寸至少为一个完整的循环图案或组织。如果试样不均匀，如面料中存在类型、规格和颜色不同的纱线时，应按每个不同的部分分别取样。

（二）鉴别方法

1. 手感目测法

对于纤维集合体，先观察认识各种纤维集合体的外观形态、色泽、长短、粗细、强力、弹性、含杂情况等，对照实物样品学习手感目测法鉴别纤维。它适合于鉴别分散纤维状态的天然纤维、普通黏胶纤维和氨纶纤维。

2. 燃烧法

将酒精灯点着，用镊子夹住一小束纤维（约 20 mg）慢慢移入火焰，根据纤维接近火焰、在火焰中和离开火焰后的燃烧现象、燃烧时散发的气味及燃烧后灰烬的特征，对照已知纤维燃烧特征表（表 7-16），初步鉴别纤维属于哪一类。它适合于鉴别单一成分的纤维、纱线和织物。

表 7-16　常见纤维的燃烧特征

纤维名称	接近火焰	在火焰中	离开火焰后	灰烬形态	气味
棉、麻、黏胶纤维、铜氨纤维、竹纤维、莱赛尔纤维、莫代尔纤维	不缩不熔	迅速燃烧	继续燃烧	棉、竹、莱赛尔、莫代尔纤维呈细软灰黑絮状；麻、黏胶、铜氨纤维呈细软灰白絮状	烧纸味
动物毛绒、蚕丝	熔融卷曲	卷曲、熔融燃烧	不易延燃	松脆黑灰	烧毛发味
醋纤	熔缩	熔融燃烧	熔融燃烧	硬而脆不规则黑块	醋味
大豆蛋白纤维	熔缩	缓慢燃烧	继续燃烧	黑色焦炭状硬块	特异气味

（续　表）

纤维名称	接近火焰	在火焰中	离开火焰后	灰烬形态	气味
牛奶蛋白改性聚丙烯腈纤维	熔缩	缓慢燃烧	继续燃烧，有时自灭	黑色焦炭状，易碎	烧毛发味
聚乳酸纤维	熔缩	熔融缓慢燃烧	继续燃烧	硬而黑的圆珠状	特异气味
涤纶	熔缩	熔融燃烧冒黑烟	继续燃烧，有时自灭	硬而黑的圆珠状	有甜味
锦纶	熔缩	熔融燃烧	自灭	硬淡棕色透明圆珠状	氨基味
腈纶	熔缩	熔融燃烧	继续燃烧，冒黑烟	黑色不规则小珠	辛辣味
维纶	熔缩	收缩燃烧	继续燃烧，冒黑烟	不规则焦茶色硬块	特殊的香味
丙纶	熔缩	熔融燃烧	熔融燃烧，液态下落	灰白色蜡片状	石蜡味
氯纶	熔缩	熔融燃烧冒黑烟	自灭	深棕色硬块	刺鼻气味
偏氯纶	熔缩	熔融燃烧冒烟	自灭	松脆黑色焦炭状	刺鼻气味
氨纶	熔缩	熔融燃烧	开始燃烧后自灭	白色胶状	特殊气味
芳纶 1414	不熔不缩	燃烧冒黑烟	自灭	黑色絮状	特殊气味
乙纶	熔缩	熔融燃烧	熔融燃烧，液态下落	灰白色蜡片状	石蜡味
聚苯乙烯纤维	熔缩	收缩燃烧	继续燃烧，冒黑烟	黑硬小珠状	略有芳香味
碳纤维	不熔不缩	像烧铁丝一样发红	不燃烧	呈原有状态	略有辛辣味
金属纤维	不熔不缩	燃烧并发光	自灭	硬块状	无味
石棉	不熔不缩	发光不燃烧	不燃烧，不变形	不变形，纤维略变形	无味
玻璃纤维	不熔不缩	变软发红光	变硬，不燃烧	变形，硬珠状	无味
酚醛纤维	不熔不缩	像烧铁丝一样发红	不燃烧	黑色絮状	稍有刺激性焦味
聚砜酰胺纤维	不熔不缩	卷曲燃烧	自灭	不规定硬而脆粒状	有浆料味

3. 显微镜观察法

通过显微镜观察纤维纵向特征和纤维截面的特征，根据纤维的形态特征，对照已知纤维的标准照片判断纤维的类别，适合于各种纤维的鉴别。此种鉴别方法需要制作切片（纤维切片的制作参考本书第二章实验二十一）。

4. 着色法

（1）碘-碘化钾饱和溶液着色。

① 将碘 20 g 溶解于 100 mL 的碘化钾饱和溶液中（本实验已制备好）。

② 取约 20 mg 的一小束纤维浸入溶液中 0.5～1 min。

③ 将纤维取出，用水洗干净。

④ 将纤维晾干、整理制成标样，与表 7-17 中的显色情况对照确定纤维类别。

（2）HI-1 号着色剂着色。

① 准确称取 0.5 g HI-1 号着色剂，放置干燥烧杯中，加 5 mL 正丙醇，使其部分溶解，在不断搅拌下，加入 45 mL 60 ℃热水，使其充分溶解，即得 1%浓度的工作液。

② 将纤维投入煮沸的 HI-1 号溶液中，浴比 1∶30，煮 1 min 后取出，用冷水洗净、晾干。

③ 将着色后的试样与纤维着色标样对照，根据着色情况确定纤维类别，或与表 7-17 中的显色情况对照确定纤维类别。

着色法适合于鉴别未经染色和未经整理剂处理的纤维、纱线和织物。

表 7-17　药品着色后的纤维显色反应

纤维	棉	麻	蚕丝	羊毛	黏胶纤维	醋酯纤维	涤纶	锦纶	腈纶	维纶	丙纶	氯纶	氨纶
I_2-KI 显色	不着色	不着色	淡黄	淡黄	黑蓝青	黄褐	不着色	黑褐	褐色	蓝灰色	不着色	不着色	—
HI-1 显色	灰 N	深紫 5B	紫 3R	桃红 5B	绿 3B	艳橙 3R	黄 R	深棕 3RB	艳桃红 4B	桃红 3B	黄 4G	不着色	红棕 2R

5. *溶解法*

将待测纤维约 20 mg 置于小试管中，注入某种溶剂 10 mL，加以搅拌，在良好照明条件下观察溶剂对纤维的作用。一般纺织纤维常用溶剂和溶解性能见表 7-18。它适合于任何纤维的鉴别，还可以定量地测量出混纺产品的混合比。

表 7-18　常见纺织纤维常用溶剂和溶解性能

纤维＼溶剂	盐酸 37% 煮沸	硫酸 70% 煮沸	氢氧化钠 5% 煮沸	甲酸 88% 煮沸	冰乙酸 99% 煮沸	硝酸 65% 煮沸	丙酮 煮沸	四氯化碳 煮沸	二甲基甲酰胺 煮沸	苯酚 煮沸
棉	P	S_0	I	I	I	S_0	I	I	I	I
麻	P	S_0	I	I	I	S_0	I	I	I	I
蚕丝	S	S_0（常温、煮沸）	S_0	I	I	S_0	I	I	I	I
动物毛	P	S_0	S_0	I	I	S_0	I	I	I	I
黏胶纤维	S_0	S_0	I	I	I	S_0	I	I	I	I
莱赛尔纤维	S_0	S_0	I	I	I	S_0	I	I	I	I
莫代尔纤维	S_0	S_0	I	I	I	S_0	I	I	I	I
铜氨纤维	S_0	S_0（常温、煮沸）	I	I	I	S_0	I	I	I	I
醋纤	S_0	S_0（常温、煮沸）	P	S_0（常温、煮沸）	S_0	S_0	S_0	I	S_0	S_0
三醋纤	S_0	S_0（常温、煮沸）	P	S_0（常温、煮沸）	S_0	S_0	P	I	S_0	I
大豆蛋白纤维	S_0	S_0	I	S	I	S_0	I	I	I	I
牛奶蛋白改性聚丙烯腈	I	S_0	I	S	I	S_0	I	I	P	I
聚乳酸纤维	I	S	I	□	P	S_0	P	P	S/P	S_0
涤纶	I	P	I	I	I	I	I	I	S/P	S_0
腈纶	I	S_0	I	I	I	S_0	I	I	S_0	I
锦纶 6	S_0（常温、煮沸）	S_0	I	S_0（常温、煮沸）	S_0	S_0	I	I	S/P	S_0（50 ℃、煮沸）

（续 表）

纤维＼溶剂	盐酸 37% 煮沸	硫酸 70% 煮沸	氢氧化钠 5% 煮沸	甲酸 88% 煮沸	冰乙酸 99% 煮沸	硝酸 65% 煮沸	丙酮 煮沸	四氯化碳 煮沸	二甲基甲酰胺 煮沸	苯酚 煮沸
锦纶 66	S_0（常温）	S_0	I	S_0（常温、煮沸）	S_0	S_0	I	I	I	S_0（50 ℃、煮沸）
氨纶	I	S	I	S_0	S	S	I	I	S_0	I
维纶	S_0（常温）	S_0	I	S_0	I	S_0	I	I	I	Pss
氯纶	I	I	I	I	I	I	P	P	S_0（常温、煮沸）	□
偏氯纶	I	I	I	I	I	I	I	I	S_0	S_0
乙纶	I	□	I	I	I	□	I	I	I	□
丙纶	I	□	I	I	I	I	I	P	I	I
芳纶	I	I	I	I	I	I	I	I	I	I
聚苯乙烯	I	□	I	□	□	I	I	S_0（常温）	I	S
碳纤维	I	I	I	I	I	I	I	I	I	I
酚醛纤维	I	I	I	I	I	I	I	I	I	I
聚砜酰胺纤维	I	S	I	I	I	I	I	I	S_0（常温、煮沸）	I
二唑纤维	I	I	I	I	I	I	I	I	I	I
聚四氯乙烯	I	I	I	I	I	I	I	I	I	I
石棉纤维	I	I	I	I	I	I	I	I	I	I
玻璃纤维	I	I	I	I	I	I	I	I	I	I

注：S_0——立即溶解；S——溶解；P——部分溶解；Pss——微溶解；□——块状；I——不溶解。

6. 荧光法

在暗室中，开启紫外线分析仪，将纤维试样置于紫外光照射下，根据纤维的荧光颜色判断其类别。它不适合荧光颜色差异小的纤维，也不适合加入助剂和进行过某些处理的纤维。常见纺织纤维的荧光颜色见表 7-19。

表 7-19 常见纺织纤维的荧光颜色

纤维	丝光棉	棉	生黄麻	黄麻	羊毛	脱胶蚕丝	黏胶纤维
荧光颜色	淡黄色	淡黄色	紫褐色	淡蓝色	淡黄色	淡蓝色	白色紫阴影
纤维	有光黏胶纤维	醋酯纤维	涤纶	锦纶	腈纶	有光维纶	丙纶
荧光颜色	淡黄色紫阴影	深紫蓝色-青光	白光青光很亮	淡蓝色	浅紫色-浅青白色	淡黄色紫阴影	深青白色

7. 含氯含氮呈色反应法

对含有氯、氮元素的纤维，用火焰、酸碱法检测，会呈现特定的呈色反应。部分含氯含氮纤维的呈色反应见表 7-20。

表 7-20　部分含氯含氮纤维的呈色反应

蚕丝	×	√	锦纶	×	√
动物毛绒	×	√	氯纶	√	×
大豆蛋白纤维	×	√	偏氯纶	√	×
牛奶蛋白改性聚丙烯腈纤维	×	√	腈氯纶	√	×
聚乳酸纤维	×	√	氨纶	×	√
腈纶	×	√			

注：√——有；×——无。

（1）含氯试验。取干净的铜丝，用细砂纸将表面氧化层除去，将铜丝在火焰中烧红，立即与试样接触；然后将铜丝移至火焰中，观察火焰是否呈绿色。如含氯就会呈现绿色的火焰。

（2）含氮试验。在试管中放入少量切碎的纤维，并用适量碳酸钠覆盖，在酒精灯上加热试管，试管口放上红色石蕊试纸。如红色石蕊试纸变蓝色，说明有氮存在。

除上述几种鉴别方法外，还有许多行之有效的鉴别纤维的方法，如熔点法、密度法、双折射率法、红外光谱法等。熔点法是根据各种纤维的熔融特性，在纤维熔点仪或附有加热和测温装置的偏振光显微镜下观察纤维消光时的温度来测定纤维的熔点，从而鉴别纤维。密度法是根据各种纤维具有不同密度的特点来鉴别纤维，常用的密度测定方法是密度梯度法。还可采用现代测试手段，记录纤维的红外吸收光谱和 X 射线衍射图等，以此鉴别纤维；但这些方法要求有一定的仪器设备和分析技术，在一般实际生产中很少采用。

思　考　题

1. 说明常用的纤维鉴别的方法及适用范围。
2. 鉴别棉、毛、丝、麻和涤纶、锦纶、腈纶、丙纶纤维，各采用何种方法最简便可靠，为什么？

（本实验技术依据：FZ/T 01057.1—2007～FZ/T 01057.7—2007《纺织纤维鉴别试验方法　第 1～7 部分》，FZ/T 01057.8—2012～FZ/T 01057.9—2012《纺织纤维鉴别试验方法　第 8～9 部分》，FZ/T 01057.5—1999《纺织纤维鉴别试验方法　着色试验方法》）

实验四　棉本色纱线品质检验与评定

一、实验目的与要求

通过实验，掌握棉本色纱线评等的试验方法、指标计算及等级的评定方法。

二、仪器用具与试样材料

CRE 型单纱强力仪，缕纱测长器，天平，烘箱，纱线条干均匀度仪，纱疵仪及规定的灯光设备。试样为棉本色纱线。

三、实验原理与仪器结构

棉本色单纱的品等由线密度偏差率、线密度变异系数、单纱断裂强度、单纱断裂强力变异系数、条干均匀度变异系数、千米棉结(+200%)、十万米纱疵等七项指标中的最低一项评等。棉本色股线的品等由线密度偏差率、线密度变异系数、单线断裂强度、单线断裂强力变异系数、捻度变异系数等五项指标中的最低一项评等。产品质量等级分为优等品、一等品、二等品,低于二等品为等外品。

本项目所用到的测试仪器可参阅相关章节的有关内容。

四、检验内容与方法

(一)取样

同一原料、同一工艺连续生产的同一规格的产品作为一个或若干检验批。十万米纱疵的检验采用筒子纱(直接纬纱用管纱),其他各项指标的试验均采用管纱。当用户对产品质量有异议时,则以成品质量检验为准。

(二)试验条件

各项试验应在各方法标准规定的条件下进行。由于生产需要,可进行快速试验,但快速试验地点的温湿度应稳定并接近车间温湿度。

(三)技术要求

普梳棉本色纱和精梳棉本色纱的技术要求分别见表 7-21 和表 7-22。

棉本色纱外观质量黑板检验方法由供需双方根据后道产品的要求协商确定,黑板棉结粒数和黑板棉结杂质总粒数(参考值)见表 7-23。

普梳棉本色股线和精梳棉本色股线的技术要求见 GB/T 398—2018 的相关规定。

表 7-21 普梳棉本色纱的技术要求

公称线密度(tex)	等级	线密度偏差率(%)	线密度变异系数(%)≤	单纱断裂强度(cN/tex)≥	单纱断裂强力变异系数(%)≤	条干均匀度变异系数(%)≤	千米棉结(+200%)(个/km)≤	十万米纱疵(个/10^5m)≤
8.1~11.0	优	±2.0	2.2	15.6	9.5	16.5	560	10
	一	±2.5	3.0	13.6	12.5	19.0	980	30
	二	±3.5	4.0	10.6	15.5	22.0	1 300	—
11.1~13.0	优	±2.0	2.2	15.8	9.5	16.5	560	10
	一	±2.5	3.0	13.8	12.5	19.0	980	30
	二	±3.5	4.0	10.8	15.5	22.0	1 300	—
13.1~16.0	优	±2.0	2.2	16.0	9.5	16.0	460	10
	一	±2.5	3.0	14.0	12.5	18.5	820	30
	二	±3.5	4.0	11.0	15.5	21.5	1 090	—
16.1~20.0	优	±2.0	2.2	16.4	8.5	15.0	330	10
	一	±2.5	3.0	14.4	11.5	17.5	530	30
	二	±3.5	4.0	11.4	14.5	20.5	710	—
20.1~30.0	优	±2.0	2.2	16.8	8.0	14.5	260	10
	一	±2.5	3.0	14.8	11.0	17.0	320	30
	二	±3.5	4.0	11.8	14.0	20.0	370	—
30.1~37.0	优	±2.0	2.2	16.5	8.0	14.0	170	10
	一	±2.5	3.0	14.5	11.0	16.5	220	30
	二	±3.5	4.0	11.5	14.0	19.5	290	—

（续　表）

公称线密度（tex）	等级	线密度偏差率（%）	线密度变异系数（%）≤	单纱断裂强度（cN/tex）≥	单纱断裂强力变异系数（%）≤	条干均匀度变异系数（%）≤	千米棉结（+200%）（个/km）≤	十万米纱疵（个/10^5m）≤
37.1～60.0	优	±2.0	2.2	16.5	7.5	13.5	70	10
	一	±2.5	3.0	14.5	10.5	15.5	130	30
	二	±3.5	4.0	11.5	13.5	18.5	200	—
60.1～85.0	优	±2.0	2.2	16.0	7.0	13.0	70	10
	一	±2.5	3.0	14.0	10.0	15.5	130	30
	二	±3.5	4.0	11.0	13.0	18.5	200	—
85.1及以上	优	±2.0	2.2	15.6	6.5	12.0	70	10
	一	±2.5	3.0	13.6	9.5	14.5	130	30
	二	±3.5	4.0	10.6	12.5	17.5	200	—

表7-22　精梳棉本色纱的技术要求

公称线密度（tex）	等级	线密度偏差率（%）	线密度变异系数（%）≤	单纱断裂强度（cN/tex）≥	单纱断裂强力变异系数（%）≤	条干均匀度变异系数（%）≤	千米棉结（+200%）（个/km）≤	十万米纱疵（个/10^5m）≤
4.1～5.0	优	±2.0	2.0	18.6	12.0	16.5	160	5
	一	±2.5	3.0	15.6	14.5	19.0	250	20
	二	±3.5	4.0	12.6	17.5	22.0	400	—
5.1～6.0	优	±2.0	2.0	18.6	11.5	16.5	200	5
	一	±2.5	3.0	15.6	14.0	19.0	340	20
	二	±3.5	4.0	12.6	17.0	22.0	470	—
6.1～7.0	优	±2.0	2.0	19.8	11.0	15.0	200	5
	一	±2.5	3.0	16.8	13.5	17.5	340	20
	二	±3.5	4.0	13.8	16.5	20.5	480	—
7.1～8.0	优	±2.0	2.0	19.8	10.5	14.5	180	5
	一	±2.5	3.0	16.8	13.0	17.0	300	20
	二	±3.5	4.0	13.8	16.0	20.0	420	—
8.1～11.0	优	±2.0	2.0	18.0	9.5	14.5	140	5
	一	±2.5	3.0	16.0	12.0	17.0	260	20
	二	±3.5	4.0	13.0	15.0	19.5	380	—
11.1～13.0	优	±2.0	2.0	17.2	8.5	14.0	100	5
	一	±2.5	3.0	15.2	11.5	16.0	180	20
	二	±3.5	4.0	13.2	14.0	18.5	260	—
13.1～16.0	优	±2.0	2.0	16.6	8.0	13.0	55	5
	一	±2.5	3.0	14.6	10.5	15.0	85	20
	二	±3.5	4.0	12.6	13.5	17.0	110	—
16.1～20.0	优	±2.0	2.0	16.6	7.5	13.0	40	5
	一	±2.5	3.0	14.6	10.0	15.0	70	20
	二	±3.5	4.0	12.6	13.0	17.0	100	—
21.1～30.0	优	±2.0	2.0	17.0	7.0	12.5	40	5
	一	±2.5	3.0	15.0	9.5	14.5	70	20
	二	±3.5	4.0	13.0	12.5	16.5	100	—
30.1～36.0	优	±2.0	2.0	17.0	6.5	12.0	30	5
	一	±2.5	3.0	15.0	9.0	14.0	60	20
	二	±3.5	4.0	13.0	12.0	16.0	90	—

表 7-23 棉本色纱黑板棉结粒数和黑板棉结杂质总粒数

纱线分类	公称线密度(tex)	棉结粒数(粒/g) ≤			棉结杂质粒数(粒/g) ≤		
		优等品	一等品	二等品	优等品	一等品	二等品
普梳棉本色纱	10.0 及以下	22	55	95	45	95	145
	10.1～15.0	30	65	105	55	105	155
	15.1～30.0	30	65	105	55	105	155
	30.1 及以上	35	75	115	65	125	185
精梳棉本色纱	10.0 及以下	20	45	70	25	55	85
	10.1～15.0	15	35	55	20	45	75
	15.1～30.0	15	35	55	20	45	75
	30.1 及以上	15	35	55	20	45	75

五、实验结果与评等

根据不同纱线的技术要求，逐项进行检验和计算，得到各项指标，对照表 7-21 和表 7-22 及评等规定进行评定，最后评出纱线的等别。

思 考 题

棉本色纱线品质评定主要考核哪些内容？检验中应注意什么？

（本实验技术依据：GB/T 398—2018《棉本色纱线》）

实验五　化纤长丝品质检验与评定

一、实验目的与要求

通过实验，了解几种常用化纤长丝，如黏胶长丝、涤纶牵伸丝、涤纶弹力丝的质量指标和技术要求，掌握化纤长丝品质评定的主要内容和不同品种化纤长丝分等的共性与个性。

二、仪器用具与试样材料

CRE 型单纱强力仪，缕纱测长器，捻度实验机，黑绒板或黑色玻璃板，分析天平，烘箱，纱线条干均匀度仪（或摇黑板机、黑板、纱线条干均匀度标准样照等），纱疵仪及规定的灯光设备。试样为化纤长丝一种。

三、实验原理与仪器结构

目前，化纤长丝的主要品种有黏胶长丝、涤纶长丝、锦纶长丝、丙纶长丝等，其中 85%的合纤长丝加工成变形丝，如弹力丝、网络丝、空气变形丝等。不同品种及不同用途的化纤长丝，其品质评定的内容各不相同。根据化纤长丝所考核的项目，分别测出其相应的指标，并计算出相关指标的偏差，对照各等级的要求进行评等，最终以检验批中各项中最低项的品等作为该批化纤长丝的等级。

本项目所用到的测试仪器可参阅相关章节的有关内容。

四、检验内容与方法

（一）黏胶长丝

1. 技术要求

黏胶长丝按物理力学性能、染化性能和外观疵点评等，分为优等品、一等品和合格品。其技术要求见表 7-24。

表 7-24　黏胶长丝的技术要求

项目			单位	等别		
				优等品	一等品	合格品
物理力学性能和染色性能	干断裂强度	≥	cN/dtex	1.85	1.75	1.65
	湿断裂强度	≥	cN/dtex	0.85	0.80	0.75
	干断裂伸长率		%	17.0～24.0	16.0～25.0	15.5～26.0
	干断裂伸长变异系数	≤	%	6.00	8.00	10.00
	线密度偏差	≤	%	±2.0	±2.5	±3.0
	线密度变异系数	≤	%	2.00	3.00	3.50
	捻度变异系数	≤	%	13.00	16.00	19.00
	单丝根数偏差	≤	%	1.0	2.0	3.0
	残硫量	≤	mg/100 g	10.0	12.0	14.0
	染色均匀度	≥	（灰卡）级	4	3～4	3
外观疵点（筒装丝）	色泽		（对照标样）	轻微不匀	轻微不匀	稍不匀
	毛丝	≤	个/万米	0.5	1	3
	结头	≤	个/万米	1	1.5	2.5
	污染		—	无	无	较明显
	成形		—	好	较好	较差
	跳丝		个/筒	0	0	≤2

2. 试样准备

物理力学性能和染化性能检验各项目的实验室样品按 GB/T 6502—2008 的规定取样。

外观检验为全数检验。检验外观疵点时，应逐筒取样。

将每个实验室样品先置于标准大气条件下调湿 24 h（生产厂在正常条件下允许调湿 1 h，但当试样的回潮率大于 15%时，应调湿 24 h），然后摇取试样。

将实验室样品拉去表层丝，用测长机摇取 3 缕，然后放在温度 50 ℃的烘箱内烘至低于公定回潮率（生产厂可在 70 ℃的烘箱内烘 30 min），然后放在标准大气条件下调湿 2～6 h。其中两缕供测定线密度，另一缕供测定单丝根数、干断裂强度、干断裂伸长率和湿断裂强度。

3. 检验方法

干、湿强度和伸长率测试参见第三章“化纤长丝强伸度测试”；线密度测试参见第三章“化纤长丝线密度测试”；捻度测试参见第三章“化纤长丝捻度测试”；单丝根数测试，是从每个实验室样品中取两个试样，放在黑绒板或黑色玻璃板上压好，用挑针数根数，然后计算根数偏差；残硫量测试按 FZ/T 50014—2008 执行，用直接碘量法分析黏胶长丝纱中残硫量；染色均匀度测试按 FZ/T 50015—2009 执行，在单喂纱系统圆形织袜机上，将黏胶长丝试样（丝筒）依次织成袜筒，并在规定的条件下染色，对照变色用灰色样卡，目测评定试样的染色均匀度等级。外观疵点由供需双方协商或按 GB/T 13758—2008 中附录 A 进行。

（二）涤纶牵伸丝

1. 技术要求

根据物理力学性能和染化性能指标，按单丝线密度（dpf）的大小分成三组，分别将涤纶牵伸丝分为优等品（AA 级）、一等品（A 级）、合格品（B 级）三个等级，低于合格品为等外品（C 级）。表 7-25 中，11 项物理力学性能和染化性能指标均为规定的考核项目，外观项目与指标由供需双方根据后道产品的要求协商确定，并纳入商业合同。产品的综合等级，以检验批中物理力学性能和染化性能及外观指标中最低项的等级，定为该产品的等级。

表 7-25 涤纶牵伸丝力学性能和染化性能指标

项目	单丝线密度（dtex）								
	0.3＜dpf≤1.0			1.0＜dpf≤5.6			5.6＜dpf≤7.0		
	优等品（AA 级）	一等品（A 级）	合格品（B 级）	优等品（AA 级）	一等品（A 级）	合格品（B 级）	优等品（AA 级）	一等品（A 级）	合格品（B 级）
线密度偏差率（%）	±2.0	±2.5	±3.5	±1.5	±2.0	±3.0	±1.5	±2.0	±3.0
线密度 *CV* 值（%） ≤	1.50	2.00	3.00	1.00	1.30	1.80	1.00	1.50	2.00
断裂强度（cN/dtex） ≥	3.50	3.30	3.00	3.80	3.50	3.10	3.70	3.40	3.00
断裂强力 *CV* 值（%） ≤	7.00	9.00	11.00	5.00	8.00	11.00	5.00	8.00	11.00
断裂伸长率（%）	M_1±4.0	M_1±4.0	M_1±8.0	M_1±3.0	M_1±5.0	M_1±7.0	M_1±3.0	M_1±5.0	M_1±7.0
断裂伸长率 *CV* 值（%）≤	12.00	18.00	20.00	8.00	15.00	17.00	10.00	15.00	20.00
沸水收缩率（%）	M_2±0.8	M_2±1.0	M_2±1.5	M_2±0.8	M_2±1.0	M_2±1.5	M_2±0.8	M_2±1.0	M_2±1.5
染色均匀度（级） ≥	4～5	4	3～4	4～5	4	3～4	4	4	3～4
含油率（%）	M_3±0.20	M_3±0.30	M_3±0.30	M_3±0.20	M_3±0.30	M_3±0.30	M_3±0.20	M_3±0.30	M_3±0.30
网络度（个/m）	M_4±4	M_4±6	—	M_4±4	M_4±6	—	报告值		
筒重（kg）	定重或定长	≥1.0	—	定重或定长	≥1.5	—	定重或定长	≥2.0	≥1.5

注：M_1 为断裂伸长率中心值，M_2 为沸水收缩率中心值，M_3 为含油率中心值，M_4 为网络度中心值（5.6 dtex＜dpf≤7.0 dtex 时，产品采用报告值），均由供需双方协商确定，一旦确定后不得任意变更。

2. 试样准备

物理力学性能和染化性能测试各项目的实验室样品按 GB/T 6502—2008 的规定取样，其中染色均匀度和筒重测试逐筒取样。

外观检验为全数检验，应逐筒取样。

3. 检验方法

(1) 物理力学性能和染化性能指标

线密度测试参见第三章"化纤长丝线密度测试";断裂强力和断裂伸长测试参见第三章"化纤长丝强伸度测试";沸水收缩率测试参见第三章"化纤长丝沸水收缩率测试";含油率测试参见第三章"化纤长丝含油率测试";二氧化钛含量按 GB/T 8170—2008《纤维聚酯切片》执行。

染色均匀度测试按 GB/T 6508—2015《涤纶长丝染色均匀度试验方法》执行。在实验编织机上,将涤纶长丝试样(丝筒)依次织成袜筒,并在规定的条件下染色,对照变色用灰色样卡,目测评定试样的染色均匀度等级。

网络度是指每米丝条加规定负荷后,具有一定牢度的未散开的网络结数。网络度测试按 FZ/T 50001—2016《合成纤维长丝网络度试验方法》执行。标准规定了三种实验方法:方法 A——手工移针法;方法 B——手工重锤法;方法 C——仪器移针法。其中方法 A 和方法 C 适用于牵伸丝,当对实验结果有争议时,采用方法 A。方法 A 与方法 C 的实验原理是将加有规定解脱力负荷中的针钩在规定长度的丝条中缓缓移动,每遇到网络结时,针钩即停止移动,以此计数网络结数。实验结果的数据处理按 GB/T 8170—2008 执行。

筒重实验,用适宜称量范围的衡器(按 GB/T 23111—2008 的要求,准确度等级:Ⅲ级)称取卷装的质量,扣除已知的皮质量,该净质量即为筒重。

(2) 外观检验

用照度表测定工作点的照度。在普通分级台上进行检验:手握筒管两端,转动一周,观察筒子的两个端面和一个柱表面;在自动检验台上检验:检验台自动旋转筒管,用反光镜观察筒子的两个端面和一个柱表面。对每个被检筒管进行外观检验并记录。

(三) 涤纶低弹丝

根据物理力学性能和染化性能指标(表 7-26),按单丝线密度大小分为四组,分别将涤纶低弹丝产品分为优等品(AA 级)、一等品(A 级)、合格品(B 级)三个等级,低于合格品为等外品(C 级)。外观指标由利益双方根据后道产品的要求协商确定,必要时纳入商业合同。产品的综合等级,以检验批中物理指标和外观指标中最低项的等级,定为该产品的等级。

涤纶低弹丝的试样准备和检验方法参见涤纶牵伸丝。

表 7-26 涤纶低弹丝的物理力学性能和染化性能指标

序号	项目		单位	0.3 dtex≤dpf<0.5 dtex			0.5 dtex≤dpf<1.0 dtex		
				优等品	一等品	合格品	优等品	一等品	合格品
1	线密度偏差率 ≤		%	±2.5	±3.0	±3.5	±2.5	±3.0	±3.5
2	线密度 *CV* 值 ≤		%	1.80	2.40	2.80	1.40	1.80	2.40
3	断裂强度 ≥	<222 dtex	cN/tex	3.20	3.00	2.80	3.30	3.00	2.80
		≥222 dtex							
4	断裂强力 *CV* 值 ≤		%	8.00	10.00	13.00	7.00	9.00	12.00
5	断裂伸长率		%	M_1±3.0	M_1±5.0	M_1±8.0	M_1±3.0	M_1±5.0	M_1±8.0
6	断裂伸长 *CV* 值 ≤		%	10.00	13.00	16.00	10.00	12.00	16.00
7	卷曲收缩率		%	M_2 (1±20%)	M_2 (1±30%)	M_2 (1±40%)	M_2 (1±20%)	M_2 (1±30%)	M_2 (1±40%)

（续　表）

序号	项目		单位	0.3 dtex≤dpf<0.5 dtex			0.5 dtex≤dpf<1.0 dtex		
				优等品	一等品	合格品	优等品	一等品	合格品
8	卷曲收缩率 *CV* 值　≤		%	9.00	15.00	20.00	9.00	15.00	20.00
9	卷曲稳定度　≥		%	60.0	50.0	40.0	65.0	55.0	45.0
10	沸水收缩度		%	$M_3\pm0.6$	$M_3\pm0.8$	$M_3\pm1.2$	$M_3\pm0.6$	$M_3\pm0.8$	$M_3\pm1.2$
11	染色均匀度　≥		级	4	4	3	4	4	3
12	含油率		%	$M_4\pm1.00$	$M_4\pm1.20$	$M_4\pm1.40$	$M_4\pm1.00$	$M_4\pm1.20$	$M_4\pm1.40$
13	网络度		个/m	M_5 (1±15%)	M_5 (1±20%)	M_5 (1±25%)	M_5 (115%)	M_5 (1±20%)	M_5 (1±25%)
14	筒重		kg	定长或定重	≥0.8	—	定长或定重	≥1.0	—

序号	项目		单位	1.0 dtex≤dpf≤1.7 dtex			1.7 dtex≤dpf<5.6 dtex		
				优等品	一等品	合格品	优等品	一等品	合格品
1	线密度偏差率　≤		%	±2.5	±3.0	±3.5	±2.5	±3.0	±3.5
2	线密度 *CV* 值　≤		%	1.00	1.60	2.00	0.90	1.50	1.90
3	断裂强度 ≥	<222 dtex	cN/tex	3.30	2.90	2.80	3.30	3.00	2.60
		≥222 dtex					2.80	2.60	2.40
4	断裂强力 *CV* 值　≤		%	6.00	10.00	14.00	6.00	9.00	13.00
5	断裂伸长率		%	$M_1\pm3.0$	$M_1\pm5.0$	$M_1\pm7.0$	$M_1\pm3.0$	$M_1\pm5.0$	$M_1\pm7.0$
6	断裂伸长 *CV* 值　≤		%	10.00	14.00	18.00	9.00	13.00	17.00
7	卷曲收缩率		%	M_2 (1±20%)	M_2 (1±30%)	M_2 (1±40%)	M_2 (1±20%)	M_2 (1±30%)	M_2 (1±40%)
8	卷曲收缩率 *CV* 值　≤		%	7.00	14.00	16.00	7.00	15.00	17.00
9	卷曲稳定度　≥		%	68.0	60.0	55.0	68.0	60.0	55.0
10	沸水收缩度		%	$M_3\pm0.5$	$M_3\pm0.8$	$M_3\pm0.9$	$M_3\pm0.5$	$M_3\pm0.8$	$M_3\pm0.9$
11	染色均匀度　≥		级	4	4	3	4	4	3
12	含油率		%	$M_4\pm0.80$	$M_4\pm1.00$	$M_4\pm1.20$	$M_4\pm0.80$	$M_4\pm1.00$	$M_4\pm1.20$
13	网络度		个/m	M_5 (1±15%)	M_5 (1±20%)	M_5 (1±25%)	M_5 (115%)	M_5 (1±20%)	M_5 (1±25%)
14	筒重		kg	定长或定重	≥1.0	—	定长或定重	≥1.2	—

注：M_1为断裂伸长率中心值；M_2为卷曲收缩率中心值；M_3为沸水收缩率中心值；M_4为含油率中心值（dpf≤1.0 dtex 时，$M_4\leq4.0\%$；dpf>1.0 dtex 时，$M_4\leq3.5\%$）；M_5为网络度中心值。均由供需双方确定。

五、实验结果与评等

根据不同化纤长丝的技术要求，逐项进行检验和计算，得到各项指标，对照技术要求及评等规定进行评定，最后评出化纤长丝的等别。

思　考　题

1. 黏胶长丝如何进行质量检验？

2. 涤纶牵伸丝和涤纶低弹丝质量评等的依据有何异同？

（本实验技术依据：GB/T 13758—2008《粘胶长丝》，GB/T 8960—2015《涤纶牵伸丝》，GB/T 14460—2015《涤纶低弹丝》）

实验六　棉织物品质检验与评定

一、实验目的与要求

通过实验，掌握棉本色布和棉印染布品质检验与评定的方法，培养综合实验能力。

二、仪器用具与试样材料

本项目所用到的仪器用具可参阅相关章节的有关内容。试样为棉本色布和棉印染布。

三、实验原理

根据棉本色布和棉印染布所考核的项目，分别测试相应的指标，并计算出相关指标的数值及其偏差，对照各等级的要求进行评等。

四、检验内容与方法

（一）技术要求

1. 棉本色布

棉本色布的品等分为优等品、一等品、二等品，低于二等品为等外品。棉本色布品质检验包括内在质量和外观质量两个方面：内在质量包括织物组织、幅宽偏差率、密度偏差率、断裂强力偏差率、单位面积无浆干燥质量偏差率、棉结杂质疵点格率、棉结疵点格率七项；外观质量为布面疵点一项。棉本色布的评等以匹为单位，织物组织、幅宽偏差率、布面疵点按匹评等，密度偏差率、单位面积无浆干燥质量偏差率、断裂强力偏差率、棉结杂质疵点格率、棉结疵点格率按批评等，以其中最低一项品等作为该匹布的品等。

棉本色布内在质量分等规定分别见表 7-27 和表 7-28。

表 7-27　棉本色布内在质量分等规定

项目	标准		优等品	一等品	二等品
织物组织	按设计规定		符合设计要求	符合设计要求	符合设计要求
幅宽偏差率(%)	按产品规格		−1.0～+1.2	−1.0～+1.5	−1.5～+2.0
密度偏差率(%)	按产品规格	经向	−1.2～+1.2	−1.5～+1.5	—
		纬向	−1.0～+1.2	−1.0～+1.5	—
单位面积无浆干燥质量偏差率(%)	按设计标称值		−3.0～+3.0	−5.0～+5.0	−5.0～+5.0
断裂强力偏差率(%)	按设计断裂强力	经向	≥−6.0	≥−8.0	—
		纬向	≥−6.0	≥−8.0	—

注：① 织物组织对照贸易双方确认样评定。

② 当幅宽偏差率超过+1.0%时，经密负偏差率不超过−2.0%。

表 7-28 棉本色布棉结杂质疵点格率、棉结疵点格率分等规定

织物总紧度(%)			棉结杂质疵点格率(%)≤		棉结疵点格率(%)≤	
			优等品	一等品	优等品	一等品
精梳织物		70 以下	13	15	3	7
		70～85 以下	14	17	4	9
		85～95 以下	15	19	4	10
		95 及以上	17	21	6	11
半精梳织物		—	22	29	6	14
非精梳织物	细织物	65 以下	20	29	6	14
		65～75 以下	23	34	6	16
		75 及以上	26	37	7	18
	中粗织物	70 以下	26	37	7	18
		70～80 以下	28	41	8	19
		80 及以上	30	44	9	21
	粗织物	70 以下	30	44	9	21
		70～80 以下	34	49	10	23
		80 及以上	38	51	10	25
	全线或半线织物	90 以下	26	35	6	18
		90 及以上	28	39	7	19

注:① 棉结杂质疵点格率、棉结疵点格率超过本表规定,降到二等为止。
② 棉本色布按经、纬纱平均线密度分类,经、纬纱平均线密度=(经纱线密度+纬纱线密度)÷2。特细织物 9.8 tex 及以下(60^s及以上),细织物 9.8～14.8 tex(60^s～40^s),中粗织物 14.8～29.5 ex(40^s～20^s),粗织物 29.5 ex 以上(20^s以下)。

每匹布的布面疵点允许评分数规定见表 7-29。

表 7-29 棉本色布布面疵点允许评分数分等规定 **单位:分/100 m²**

优等品	一等品	二等品
≤18	≤28	≤40

注:① 每匹布允许总评分(分/匹)=布面疵点允许评分数(分/100 m²)×匹长(m)×幅宽(m)/100,按 GB/T 8170 修约为整数。
② 一匹布中所有疵点评分加合累计超过允许总评分为降等品。

布面疵点评分以布的正面为准。平纹织物和山形斜纹织物以交班印一面为正面。斜纹织物中,纱织物以左斜为正面,线织物以右斜为正面。破损性疵点以严重一面为正面,也可根据客户要求确认织物正面。布面疵点检验采用 4 分制评分法,评分规定见表 7-30。

表 7-30 棉本色布 4 分制评分规定

疵点分类	评分数			
	1	2	3	4
经向疵点	8 cm 及以下	8 cm 以上～16 cm	16 cm 以上～24 cm	24 cm 以上～100 cm
纬向疵点	8 cm 及以下	8 cm 以上～16 cm	16 cm 以上～24 cm	24 cm 以上
横档	—	—	半幅及以下	半幅以上

(续 表)

疵点分类		评分数			
		1	2	3	4
严重疵点	根数评分	—	—	3 根	4 根及以上
	长度评分	—	—	1 cm 以下	1 cm 及以上

注:① 布面疵点具体内容和疵点名称说明见 GB/T 17759—2018《本色布布面疵点检验方法》;严重疵点在根数和长度评分矛盾时从严评分;不影响后道质量的横档疵点评分,由供需双方协定。
② 1 m 内严重疵点评 4 分为降等品;1 m 中累计评分最多评 4 分;每百米内不允许有超过 3 个难以修织的评 4 分的疵点。

织物的断裂强力以 5 cm×20 cm 布条的断裂强力表示,计算公式如下(计算结果取整数):

$$Q=\frac{P_0\times N\times K\times \mathrm{Tt}}{2\times 100} \tag{7-2}$$

式中:Q 为织物断裂强力,N;P_0 为单根纱线一等品断裂强度,cN/tex;N 为织物中纱线标准排列密度,根/(10 cm);K 为织物中纱线强力利用系数(表 7-31);Tt 为纱线线密度,tex。

表 7-31　纱线强力利用系数

织物组织		经向		纬向		
		紧度(%)	K	紧度(%)	K	
平布	粗特	37～55	1.06～1.15	35～50	1.06～1.21	
	中特	37～55	1.01～1.10	35～50	1.03～1.18	
	细特	37～55	0.98～1.07	35～50	1.03～1.18	
纱府绸	中特	62～70	1.05～1.13	33～45	1.06～1.18	
	细特	62～75	1.13～1.26	33～45	1.06～1.18	
线府绸		62～70	1.00～1.08	33～45	1.03～1.15	
哔叽、斜纹	粗特	55～75	1.06～1.26	40～60	1.00～1.20	
	中特及以上	55～75	1.01～1.21	40～60	1.00～1.20	
	线	55～75	0.96～1.12	40～60	1.00～1.20	
华达呢、卡其	粗特	80～90	1.27～1.37	40～60	1.00～1.20	
	中特及以上	80～90	1.20～1.30	40～60	0.96～1.16	
	线	90～110	1.13～1.23	40～60	粗特	1.00～1.20
					中特及以上	0.96～1.16
直贡	纱	65～80	1.08～1.23	45～55	0.93～1.03	
	线	65～80	0.98～1.13	45～55	0.93～1.03	
横贡		44～52	1.02～1.10	70～77	1.18～1.25	

注:① 紧度在表定紧度范围内时,K 值按比例增减;小于表定紧度范围时,按比例递减;大于表定紧度范围时,按最大 K 值计算。
② 表内未规定的股线,按相应单纱线密度取 K 值(如 14 tex×2,按 28 tex 取 K 值)。
③ 麻纱按照平布,绒布坯根据织物组织取 K 值。
④ 纱线按粗细程度分为特细、细特、中特、粗特四档:特细 9.8 tex 及以下(60^s及以上),细特 9.8～14.8 tex(60^s～40^s),中特 14.8～29.5 tex(40^s～20^s),粗特 29.5 tex 及以上(20^s及以下)。

2. 棉印染布

棉印染布的品等分为优等品、一等品、二等品，低于二等品为等外品。棉印染布品质检验包括内在质量和外观质量两个方面：内在质量包括密度偏差率、单位面积质量偏差率、断裂强力、撕破强力、水洗尺寸变化率、色牢度和安全性能七项；外观质量包括幅宽偏差、色差、歪斜、局部性疵点和散布性疵点五类。内在质量按批评等，外观质量按匹（段）评等，以其中最低一项品等作为该匹（段）布的品等。在同一匹（段）布内，局部性疵点采用每百平方米允许评分的办法评定等级；散布性疵点按严重一项评等。

棉印染布内在质量评等规定见表 7-32。产品的安全性能应符合 GB 18401《国家纺织产品基本安全技术规范》或 GB 31701《婴幼儿及儿童纺织产品安全技术规范》的规定。

表 7-32　棉印染布内在质量评等规定

项目			优等品	一等品	二等品
密度偏差率(%)		经向	−3.0～+3.0	−4.0～+4.0	−5.0～+5.0
		纬向	−2.0～+2.0	−3.0～+3.0	−4.0～+4.0
单位面积质量偏差率(%)		—	−5.0～+5.0		
断裂强力(N)≥	20 0g/m^{2}以上	经向	600		
		纬向	350		
	150 g/m^{2}以上～200 g/m^2	经向	350		
		纬向	250		
	100 g/m^{2}以上～150 g/m^2	经向	250		
		纬向	200		
撕破强力(N)≥	200 g/m^{2}以上	经向	17.0		
		纬向	15.0		
	150 g/m^{2}以上～200 g/m^2	经向	13.0		
		纬向	11.0		
	100 g/m^{2}以上～150 g/m^2	经向	7.0		
		纬向	6.7		
水洗尺寸变化率(%)		经向	−3.0～+1.0	−4.0～+1.5	−5.0～+2.0
		纬向	−3.0～+1.0	−4.0～+1.5	−5.0～+2.0
色牢度(级)≥	耐光	变色	4	3	3
	耐皂洗	变色	4	3～4	3
		沾色	3～4	3～4	3
	耐摩擦	干摩	4	3～4	3
		湿摩	3	3	2～3
	耐汗渍	变色	3～4	3	3
		沾色	3～4	3	3
	耐热压	变色	4	4	3～4
		沾色	4	3～4	3

注：① 单位面积质量在 100 g/m^2 及以下的，断裂强力、撕破强力按供需双方协商确定。

② 耐光色牢度有特殊要求，按供需双方协商确定。

③ 耐湿摩色牢度，深色一等品可降半级。深、浅色程度按照 GB/T 4841.3《染料染色标准深度色卡　2/1、1/3、1/6、1/12、1/25》的规定，颜色大于 1/12 染料染色标准深度为深色，颜色小于等于 1/12 染料染色标准深度为浅色。

棉印染布幅宽偏差、色差、歪斜评等规定见表 7-33。

表 7-33　棉印染布幅宽偏差、色差、歪斜评等规定

疵点名称和类别				优等品	一等品	二等品
幅宽偏差(cm)	幅宽 140 cm 及以下			−1.0～+2.0	−1.5～+2.5	−2.0～+3.0
	幅宽 140 cm 以上～240 cm			−1.5～+2.5	−2.0～+3.0	−2.5～+3.5
	幅宽 240 cm 以上			−2.5～+3.5	−3.0～+4.0	−3.5～+4.5
色差(级)≥	原样	漂色布	同类布样	4	4	3～4
			参考样	4	3～4	3
		花布	同类布样	4	3～4	3
			参考样	4	3～4	3
	左中右		漂色布	4～5	4	3～4
			花布	4	3～4	3
	前后			4	3～4	3
歪斜(%)≤	花斜或纬斜			2.5	3.5	5.0
	条格花斜或纬斜			2.0	3.0	4.5

注：① 幅宽 240 cm 以上的品种，左、中、右色差允许放宽半级。
② 歪斜以花斜或纬斜、条格花斜或纬斜中严重的一项考核，幅宽 240 cm 以上的，歪斜允许放宽 0.5%。

每匹(段)布的局部性疵点允许评分数与棉本色布相同。棉印染布局部性疵点的评分规定见表 7-34。1 m 评分不应超过 4 分；距边 2.0 cm 以上的所有破洞(断纱 3 根及以上或者经纬各断 1 根且明显的 0.3 cm 以上的跳花)，不论大小，均评 4 分；距边 2.0 cm 及以内的破损性疵点评 2 分。难以数清、不易量计的分散斑渍，根据其分散的最大长度和宽度，参照表 7-33 分别量计、累计评分。疵点长度按经向或纬向的最大长度量计。除破损和边疵外，距边 1.0 cm 及以内的其他疵点不评分。评定布面疵点时，均以布匹正面为准，反面有通匹、散布性的严重疵点时，应降一个等级。

表 7-34　棉印染布局部性疵点评分规定

疵点长度	评分
疵点在 8.0 cm 及以下	1 分
疵点在 8.0 cm 以上至 16.0 cm 及以下	2 分
疵点在 16.0 cm 以上至 24.0 cm 及以下	3 分
疵点在 24.0 cm 以上	4 分

棉印染布散布性疵点评等规定见表 7-35。

表 7-35　棉印染布散布性疵点评等规定

疵点名称和类别	优等品	一等品	二等品
花纹不符、染色不匀	不影响外观	不影响外观	影响外观
条花	不影响外观	不影响外观	影响外观
棉结杂质、深浅细点	不影响外观	不影响外观	影响外观

注：花纹不符按用户确认样为准，印花布的布面疵点应根据总体效果的影响程度评定。

（二）检验方法

棉本色布和棉印染布外观质量检验条件与方法分别见标准 GB/T 406—2018 和 GB/T 411—2017，内在质量检验方法见表 7-36。

表 7-36　内在质量检验方法

序号	项目	检验方法
1	长度、幅宽	GB/T 4666《纺织品 织物长度和幅宽的测定》
2	密度	GB/T 4668《机织物密度的测定》
3	单位面积无浆干燥质量	GB/T 406—2018《棉本色布》附录 C
4	断裂强力	GB/T 3923.1《纺织品　织物拉伸性能　第 1 部分：断裂强力和断裂伸长率的测定（条样法）》。在常规试验及工厂内部质量控制检验时，可在普通大气条件下进行快速试验，然后按 FZ/T 10013.2《温度与回潮率对棉及化纤纯纺、混纺制品断裂强力的修正方法 本色布断裂强力的修正方法》进行修正。
5	棉结杂质疵点格率、棉结疵点格率	FZ/T 10006《本色布棉结杂质疵点格率检验方法》
6	单位面积质量	GB/T 4669—2008《纺织品 机织物 单位长度质量和单位面积质量的测定》中方法 6
7	撕破强力	GB/T 3917.1《纺织品　织物撕破性能　第 1 部分：冲击摆锤法撕破强力的测定》
8	水洗尺寸变化率	GB/T 8628《纺织品　测定尺寸变化的试验中织物试样和服装的准备、标记及测量》、GB/T 8629—2001《纺织品　试验用家庭洗涤和干燥程序》（洗涤程序 2A，干燥程序 F）和 GB/T 8630《纺织品　洗涤和干燥后尺寸变化的测定》
9	耐光色牢度	GB/T 8427—2008《纺织品　色牢度试验　耐人造光色牢度：氙弧》中方法 3
10	耐皂洗色牢度	GB/T 3921—2008《纺织品　色牢度试验　耐皂洗色牢度》表 2 中 C(3)单纤维贴衬
11	耐摩擦色牢度	GB/T 3920《纺织品　色牢度试验　耐摩擦色牢度》
12	耐汗渍色牢度	GB/T 3922—2013《纺织品　色牢度试验　耐汗渍色牢度》中单纤维贴衬
13	耐热压色牢度	GB/T 6152—1997《纺织品　色牢度试验　耐热压色牢度》潮压法，温度(150±2)℃
14	变色、色差	GB 250《评定变色用灰色样卡》
15	沾色	GB 251《评定沾色用灰色样卡》
16	歪斜（花斜、纬斜、条格斜）	GB/T 14801《机织物与针织物纬斜和弓斜试验方法》

注：凡是注日期的标准，其随后的修订版不适用于本版《棉本色布》和《棉印染布》标准，但鼓励协议各方研究是否可使用这些标准的最新版本；凡是不注日期的标准，其最新版本适用于本版《棉本色布》和《棉印染布》标准。

五、实验结果与评等

本实验因条件限制，棉本色布、棉印染布的外观质量假设符合一等品的要求，根据分等规定，最后分别确定棉本色布和棉印染布的品等。

思　考　题

1. 棉本色布评等的依据是什么？

2. 棉印染布评等的依据是什么?

(本实验技术依据:GB/T 406—2018《棉本色布》,GB/T 411—2017《棉印染布》)

实验七　毛织品品质检验与评定

一、实验目的与要求

通过实验,掌握精梳毛织品(羊毛及其他动物纤维含量30%以上)和粗梳毛织品的品质检验与评定的方法,培养综合实验能力。

二、仪器用具与试样材料

本项目所用到的仪器用具可参阅相关章节的有关内容。试样为精梳、粗梳毛织品。

三、实验原理

根据精梳毛织品和粗梳毛织品所考核的项目,分别测试相应的指标,并计算出相关指标的数值及其偏差,对照各等级的要求进行评等。

四、检验内容与方法

(一) 技术要求

毛织品技术要求包括安全性要求、实物质量、内在质量和外观质量。毛织品基本安全技术要求应符合国家标准GB 18401的规定;实物质量包括呢面、手感和光泽三项;内在质量包括幅宽偏差、平方米质量允差、静态尺寸变化率、起球、断裂强力、撕破强力、汽蒸尺寸变化率、脱缝程度、纤维含量、落水变形(仅精梳毛织品)、含油脂率(仅粗梳毛织品)等物理指标和染色牢度;外观质量包括局部性疵点和散布性疵点两项。

毛织品的质量等级分为优等品、一等品和二等品,低于二等品的降为等外品。毛织品的品等以匹为单位,按实物质量、内在质量和外观质量三项检验结果评定,并以其中最低一项定等。三项中最低品等有两项及以上同时降为二等品的,则直接降为等外品。

实物质量系指织品的呢面、手感和光泽。凡正式投产的不同规格产品,应分别以优等品和一等品封样。对于来样加工,生产方应根据来样方要求建立封样,并经双方确认,检验时逐匹比照封样评等。符合优等品封样者为优等品;符合或基本符合一等品封样者为一等品;明显差于一等品封样者为二等品;严重差于一等品封样者为等外品。

内在质量的评等由物理指标和染色牢度综合评定,并以其中最低一项定等。

外观疵点按其对服用的影响程度与出现状态不同,分局部性外观疵点与散布性外观疵点两种,分别予以结辫和评等。精梳毛织品和粗梳毛织品的外观疵点结辫、评等要求分别见GB/T 26382—2011和GB/T 26378—2011的相关规定。

1. 精梳毛织品

精梳毛织品物理指标和染色牢度的评等要求分别见表7-37、表7-38、表7-39。

表 7-37　精梳毛织品物理指标要求

项目		限度	优等品	一等品	二等品
幅宽偏差(cm)		不低于	−2.0	−2.0	−5.0
平方米质量允差(%)		—	−4.0～+4.0	−5.0～+7.0	−14.0～+10.0
静态尺寸变化率(%)		不低于	−2.5	−3.0	−4.0
起球(级)	绒面	不低于	3-4	3	3
	光面		4	3-4	3-4
断裂强力(N)	$80^s/2\times80^s/2$ 及单纬纱高于等于 $40^s/1$	不低于	147	147	147
	其他		196	196	196
撕破强力(N)	一般精梳毛织品	不低于	15.0	10.0	10.0
	$70^s/2\times70^s/2$ 及单纬纱高于等于 $35^s/1$		12.0	10.0	10.0
汽蒸尺寸变化率(%)		—	−1.0～+1.5	−1.0～+1.5	—
落水变形(级)		不低于	4	3	3
脱缝程度(mm)		不高于	6.0	6.0	8.0
纤维含量(%)		按 FZ/T 01053 执行			

注:① 双层织物连接线的纤维含量不考核。
② 休闲类服装面料的脱缝程度为 10 mm。

表 7-38　精梳毛织品染色牢度指标要求　　　　单位:级

项目		限度	优等品	一等品	二等品
耐光色牢度	≤1/12 标准深度(中浅色)	不低于	4	3	2
	>1/12 标准深度(深色)		4	4	3
耐水色牢度	色泽变化	不低于	4	3-4	3
	毛布沾色		4	3	3
	其他贴衬沾色		4	3	3
耐汗渍色牢度	色泽变化	不低于	4	3-4	3
	毛布沾色		4	3-4	3
	其他贴衬沾色		4	3-4	3
耐熨烫色牢度	色泽变化	不低于	4	4	3-4
	棉布沾色		4	3-4	3
耐摩擦色牢度	干摩擦	不低于	4	3-4	3
	湿摩擦		3-4	3	2-3
耐洗色牢度	色泽变化	不低于	4	3-4	3-4
	毛布沾色		4	4	3
	其他贴衬沾色		4	3-4	3
耐干洗色牢度	色泽变化	不低于	4	4	3-4
	溶剂变化		4	4	3-4

注:① 使用 1/12 深度卡判断面料的“中浅色”或“深色”。
② “只可干洗”类产品可不考核耐洗色牢度和耐湿摩擦色牢度;“手洗”和“可机洗”类产品可不考核耐干洗色牢度;未注明“小心手洗”和“可机洗”类的产品耐洗色牢度按“可机洗”类执行。

表 7-39 “可机洗”类精梳毛织品水洗尺寸变化率要求

项目		限度	优等品、一等品、二等品	
			西服、裤子、服装外套、大衣、连衣裙、上衣、裙子	衬衣、晚装
松弛尺寸变化率(%)	宽度	不低于	−3	−3
	长度		−3	−3
洗涤程序			1×7A	1×7A
总尺寸变化率(%)	宽度	不低于	−3	−3
	长度		−3	−3
	边沿		−1	−1
洗涤程序			3×5A	5×5A

2. 粗梳毛织品

粗梳毛织品的物理指标和染色牢度的评等要求分别见表 7-40 和表 7-41。

表 7-40 粗梳毛织品的物理指标要求

项目	限度	优等品	一等品	二等品	备注
幅宽偏差(cm)	不低于	−2.0	−3.0	−5.0	
平方米质量允差(%)	—	−4.0～+4.0	−5.0～+7.0	−14.0～+10.0	
静态尺寸变化率(%)	不低于	−3.0	−3.0	−4.0	特殊产品指标可在合约中约定
起球(级)	不低于	3-4	3	3	顺毛产品指标可在合约中约定
断裂强力(N)	不低于	157	157	157	
撕破强力(N)	不低于	15.0	10.0	—	
含油脂率(%)	不高于	1.5	1.5	1.7	
脱缝程度(mm)	不高于	6.0	6.0	8.0	
汽蒸尺寸变化率(%)	—	−1.0～+1.5	—	—	
纤维含量(%)	—	按 FZ/T 01053 执行			

注:① 双层织物连接线的纤维含量不考核。
② 休闲类服装面料的脱缝程度为 10 mm。

表 7-41 粗梳毛织品的染色牢度指标要求　　单位:级

项目		限度	优等品	一等品	二等品
耐光色牢度	≤1/12 标准深度(中浅色)	不低于	4	3	2
	>1/12 标准深度(深色)		4	4	3
耐水色牢度	色泽变化	不低于	4	3-4	3
	毛布沾色		3-4	3	3
	其他贴衬沾色		3-4	3	3
耐汗渍色牢度	色泽变化	不低于	4	3-4	3
	毛布沾色		4	3-4	3
	其他贴衬沾色		4	3-4	3

（续　表）

项目		限度	优等品	一等品	二等品
耐熨烫色牢度	色泽变化	不低于	4	4	3-4
	棉布沾色		4	3-4	3
耐摩擦色牢度	干摩擦	不低于	4	3-4(3 深色)	3
	湿摩擦		3-4	3	2-3
耐干洗色牢度	色泽变化	不低于	4	4	3-4
	溶剂变化		4	4	3-4

注：使用 1/12 深度卡判断面料的“中浅色”或“深色”。

（二）检验方法

1. 幅宽试验

按 GB/T 4666《纺织品　织物长度和幅宽的测定》执行（织物的幅宽也可由工厂在检验机上直接测量，但是在仲裁试验时，应按 GB/T 4666 执行）。幅宽偏差为实际测量的幅宽值和幅宽设定值之差，单位为厘米（cm）。

2. 平方米质量允差试验

按 FZ/T 20008《毛织物单位面积质量的测定》执行。

3. 静态尺寸变化率试验

按 FZ/T 20009《毛织物尺寸变化的测定　静态浸水法》执行。

4. 纤维含量试验

按 GB/T 2910—2009（所有部分）《纺织品　定量化学分析》、GB/T 16988《特种动物纤维与绵羊毛混合物含量的测定》、FZ/T 01026《四组分纤维混纺产品定量化学分析方法》、FZ/T 01048《蚕丝/羊绒混纺产品混纺比的测定》执行，折合公定回潮率计算，公定回潮率按 GB 9994《纺织材料公定回潮率》执行。

5. 起球试验

按 GB/T 4802.1《纺织品　织物起毛起球性能的测定　第 1 部分：圆轨迹法》执行。精梳毛织品（绒面）起球次数为 400，并按精梳毛织品（光面）起球或精梳毛织品（绒面）起球样照评级；粗梳毛织品按粗梳毛织品起球样照评级。

6. 断裂强力试验

按 GB/T 3923.1《纺织品　织物拉伸性能　第 1 部分：断裂强力和断裂伸长率的测定　条样法》执行。

7. 撕破强力试验

按 GB/T 3917.2《纺织品　织物撕破性能　第 2 部分：裤形试样（单缝）撕破强力的测定》执行。

8. 落水变形试验（仅精梳毛织品考核）

(1) 仪器及工具：温度计、量杯、浸渍盆、灯光评级箱、合成洗涤剂、落水变形标准评级样照一套。

(2) 操作方法：

① 裁取 25 cm×25 cm 的试样 2 块。配制溶液：每 1 000 mL 水加 4 g 合成洗剂，浴比 1∶30。

② 将试样放入盛有温度为（25±2）℃的溶液的浸渍盆内，浸渍 10 min（一次试验同时浸入

试样最多 6 块)。然后,用双手执其相邻两角,逐块提出液面。

③ 将试样置于温度 20～30 ℃的清水中,用手执其两角,在水中上下摆动,经、纬向各反复操作 5 次。逐块提出液面,再在清水中过清一次,操作同前。

④ 试样在滴水状态下,用夹子夹住试样经向两角。在室温下,将样品悬挂晾干,至其质量与原质量相差±2%时,平置在恒温恒湿室内暴露 6 h 以上。

⑤ 平衡 6 h 后,使用熨斗熨烫样品时,不要让熨斗在样品上来回熨烫,将熨斗直接压在面料上即可。熨斗温度为(150±2)℃。

⑥ 随后将试样在(20±2)℃、相对湿度为(65±3)%的环境下,平衡 4h 后,对照落水变形标准样照进行评级,在评级箱内进行评级。

9. 脱缝程度试验

按 FZ/T 20019《毛机织物脱缝程度试验方法》执行。

10. 汽蒸尺寸变化率试验

按 FZ/T 20021《织物经气蒸后尺寸变化试验方法》执行。

11. 耐光色牢度试验

按 GB/T 8427—2008《纺织品　色牢度试验　耐人造光色牢度:氙弧》中的方法 3 执行。

12. 耐水色牢度试验

按 GB/T 5713《纺织品　色牢度试验　耐水色牢度》执行。

13. 耐汗渍色牢度试验

按 GB/T 3922《纺织品耐汗渍色牢度试验方法》执行。

14. 耐熨烫色牢度试验

按 GB/T 6152《纺织品　色牢度试验　耐热压色牢度》执行。耐熨烫色牢度试验中,不同纤维的规定试验温度:麻(200±2)℃;纯毛、黏纤、涤纶、丝(180±2)℃;腈纶(150±2)℃;锦纶、维纶(120±2)℃。混纺和交织物的规定试验温度采用其中温度的一种(混纺比例低于 10%的不作考虑)。

15. 耐摩擦色牢度试验

按 GB/T 3920《纺织品　色牢度试验　耐摩擦色牢度》执行。

16. 耐洗色牢度试验(仅精梳毛织品考核)

"手洗"类产品按 GB/T 12490—2007《纺织品　色牢度试验　耐家庭和商业洗涤色牢度》(试验条件 A1S,不加钢珠)执行,"可机洗" 类产品按 GB/T 12490—2007(试验条件 B1S,不加钢珠)执行。

17. 耐干洗色牢度试验

按 GB/T 5711《纺织品　色牢度试验　耐干洗色牢度》执行。

18. 水洗尺寸变化率试验(仅精梳毛织品考核)

按 FZ/T 70009《毛针织产品经机洗后的松弛及毡化收缩试验方法》执行。

19. 含油脂率试验(仅粗梳毛织品考核)

按 FZ/T 20002《毛纺织品含油脂率的测定》执行。

五、实验结果与评等

根据精梳、粗梳毛织品的评等内容和评等方法的规定,对相关项目进行检验、记录,并评定其等级。

思　考　题

1. 比较精梳、粗梳毛织品的物理指标和染色牢度要求的异同，并根据自己的理解，加以解释。
2. 该实验中，你认为容易造成误判的主要原因是什么？应怎样提高准确率？

（本实验技术依据：GB/T 26382—2011《精梳毛织品》，GB/T 26378—2011《粗梳毛织品》）

实验八　针织布品质检验与评定

一、实验目的与要求

通过实验，掌握针织坯布和针织成品布的品质检验与评定的方法，培养综合实验能力。

二、仪器用具与试样材料

本项目所用到的仪器用具可参阅相关章节的有关内容。试样为针织坯布和针织成品布。

三、实验原理

根据针织坯布和针织成品布所考核的项目，分别测试相应的指标，并计算出相关指标的数值及其偏差，对照各等级的要求进行评等。

四、检验内容与方法

针织坯布和针织成品布以匹为单位，按内在质量和外观质量的最低一项评等，分为优等品、一等品、合格品。

（一）技术要求

1. 针织坯布

针织坯布内在质量要求见表 7-42，包括纤维含量、平方米干燥质量偏差和顶破强力三项，按批以其中的最低一项定等。

表 7-42　针织坯布内在质量要求

项目		优等品	一等品	合格品
纤维净干含量(%)		按 FZ/T 01053 的规定		
平方米干燥质量偏差(%)		±4.0	±5.0	
顶破强力(N)≥	单面、罗纹、绒织物	180		
	双面织物	240		

注：镂空织物和氨纶织物不考核顶破强力。

针织坯布的外观质量以匹为单位，允许疵点评分见表 7-43。散布性疵点、接缝和长度大于 60 cm 的局部性疵点，每匹超过 3 个 4 分者，顺降一等。

表 7-43　针织坯布外观质量要求　　　　单位：分/(100 m^2)

优等品	一等品	合格品
≤16	≤20	≤24

2. 针织成品布

针织成品布的内在质量要求见表 7-44，包括 pH 值、甲醛含量、异味、可分解芳香胺染料、纤维含量、平方米干燥质量偏差、顶破强力、起球、水洗后扭曲率、水洗尺寸变化率和染色牢度 11 项，按批以其中的最低一项定等。

表 7-44　针织成品布内在质量要求

项目			优等品	一等品	合格品
pH 值、甲醛含量、异味、可分解芳香胺染料			按 GB 18401 规定	按 GB 18401 规定	按 GB 18401 规定
纤维含量(净干含量)			按 FZ/T 01053 执行	按 FZ/T 01053 执行	按 FZ/T 01053 执行
平方米干燥质量偏差(%)			±4.0	±5.0	±5.0
顶破强力(N)　≥	单面、罗纹、绒织物		150	150	150
顶破强力(N)　≥	双面织物		220	220	220
起球(级)　≥			3.5	3.0	3.0
水洗后扭曲率(%)　≤			4.0	5.0	6.0
水洗尺寸变化率(%)	纤维素纤维总含量 50%及以上	直向	−5.0～+2.0	−7.0～+3.0	−7.0～+3.0
水洗尺寸变化率(%)	纤维素纤维总含量 50%及以上	横向	−7.0～+2.0	−9.0～+2.0	−9.0～+2.0
水洗尺寸变化率(%)	纤维素纤维总含量 50%以下	直向	−4.0～+2.0	−5.0～+3.0	−5.0～+3.0
水洗尺寸变化率(%)	纤维素纤维总含量 50%以下	横向	−5.0～+2.0	−6.0～+2.0	−6.0～+2.0
染色牢度(级)	耐皂洗	变色	4	3-4	3
染色牢度(级)	耐皂洗	沾色	4	3-4	3
染色牢度(级)	耐汗渍	变色	4	3-4	3(婴幼儿 3-4)
染色牢度(级)	耐汗渍	沾色	4	3-4	3(婴幼儿 3-4)
染色牢度(级)	耐水	变色	4	3-4	3(婴幼儿 3-4)
染色牢度(级)	耐水	沾色	4	3-4	3(婴幼儿 3-4)
染色牢度(级)	耐摩擦	干摩	4	3-4(婴幼儿 4)	3(婴幼儿 4)
染色牢度(级)	耐摩擦	湿摩	3-4	3(深色 2-3)	2-3(深色 2)
染色牢度(级)	耐唾液	变色	4	4	4
染色牢度(级)	耐唾液	沾色	4	4	4

注：① 色别分档，>1/12 标准深度为深色，≤1/12 标准深度为浅色。
② 镂空织物和氨纶织物不考核顶破强力。
③ 耐唾液色牢度只考核婴幼儿类产品用途的面料。
④ 顶破强力、水洗尺寸变化率和染色牢度指标，根据用途执行其成衣标准相应的等级要求；用途不明确或无成衣标准，执行本规定。

针织成品布的外观质量以匹为单位，允许疵点评分见表 7-45。散布性疵点、接缝和长度大于 60 cm 的局部性疵点，每匹超过 3 个 4 分者，顺降一等。

表 7-45 针织成品布外观质量要求 单位：分/100 m^2

优等品	一等品	合格品
≤20	≤24	≤28

（二）检验方法

1. 外观质量检验

按 GB/T 22846《针织布（四分制）外观检验》的规定执行。针织布外观质量分品种、规格，按式（7-3）计算不符品等率。不符品等率在 5%及以内，判该批产品外观质量合格；超过者，判该批产品外观质量不合格。

$$F = A/B \times 100\% \tag{7-3}$$

式中：F 为不符品等率，%；A 为不合格量，m；B 为样本量，m。

2. 内在质量检验

内在质量全部合格，判该批产品内在质量合格；有一项不合格，则判该批产品内在质量不合格。

（1）纤维含量试验。按 GB/T 2910《纺织品 二组分纤维混纺产品定量化学分析方法》、GB/T 2911《纺织品 三组分纤维混纺产品定量化学分析方法》、FZ/T 01026《四组分纤维混纺产品定量化学分析方法》、FZ/T 01057《纺织纤维鉴别试验方法》、FZ/T 01095《纺织品 氨纶产品纤维含量的试验方法》执行。

（2）平方米干燥质量。按 FZ/T 70010《针织物平方米干燥质量的测定》执行。

（3）顶破强力试验。按 GB/T 19976《纺织品 顶破强力的测定 钢球法》执行，球的直径为（38±0.02）mm。

（4）pH 值、甲醛含量、异味、可分解芳香胺染料试验。按 GB 18401《国家纺织产品基本安全技术规范》执行。

（5）起球试验。按 GB/T 4802.1《纺织品 织物起毛起球性能的测定 第 1 部分：圆轨迹法》执行，压力 780 cN，起毛次数 0 次，起球次数 600 次。评级按针织物起毛起球样照。

（6）水洗尺寸变化率试验。按 GB/T 8628《纺织品 测定尺寸变化的试验中织物试样和服装的准备、标记及测量》、GB/T 8629《纺织品 试验用家庭洗涤和干燥程序》（5A 程序、悬挂晾干）、GB/T 8630《纺织品 洗涤和干燥后尺寸变化的测定》执行。其中，试样取全幅 700 mm，非筒状织物对折成 1/2 幅宽缝合成筒状，将筒状试样的一端缝合，并在两侧剪50 mm 开口，洗后穿在直径为 20～30 mm 的圆形直杆上晾干。测量标记见图 7-2，直向、横向的各自三个标记在一条直线上且互相垂直。以三块试样的测试结果的平均值作为试验结果。当三块试样的测试结果的正负号不同时，分别计算，并以两块试样的相同符号的测试结果的平均值作为试验结果。

（7）水洗后扭曲率试验。以图 7-2 中左上角或右上角的标记为基准（图中虚线所示），测出试样水洗后直向标记线（以洗后两端标记为准）与横向标记线垂线的偏离距离 a 和对应的直向距离 b，按式（7-4）计算水洗后扭曲率。以三块试样的测试结果的平均值作为试验结果，保留至一位小数。

$$T = (a/b) \times 100\% \tag{7-4}$$

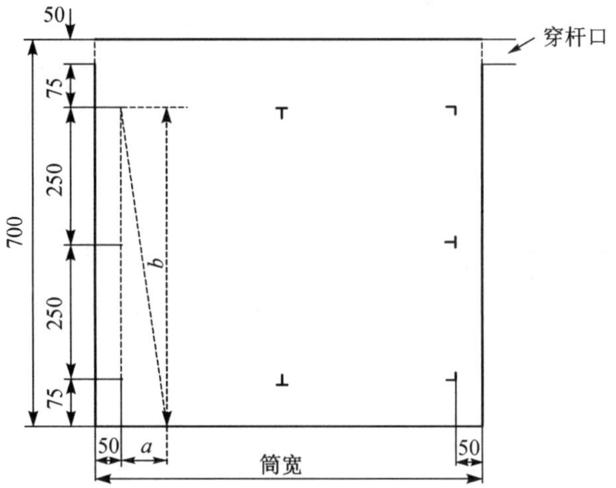

图 7-2　测量标记(单位:mm)

式中:T 为水洗后扭曲率,%;a 为偏离距离,mm;b 为偏离距离对应的直向距离,mm。

(8) 染色牢度试验。耐皂洗色牢度按 GB/T 3921 执行,试验条件按 A(1)执行;耐汗渍色牢度按 GB/T 3922 执行;耐水色牢度按 GB/T 5713 执行;耐摩擦色牢度按GB/T 3920执行;耐唾液色牢度按 GB/T 18886 执行。色牢度检验用单纤维贴衬,评级按 GB/T 250、GB/T 251 评定。

五、实验结果与评等

根据针织坯布、针织成品布的评等内容和评等方法的规定,对相关项目进行检验、记录,并评定其等级。

思　考　题

1. 针织坯布和针织成品布的内在质量要求有何区别?请根据自己的理解,加以解释。
2. 该实验中,你认为容易造成误判的主要原因是什么?应怎样提高准确率?

(本实验技术依据:GB/T 22847—2009《针织坯布》,GB/T 22848—2009《针织成品布》)

实验九　纺织品定量分析

一、实验目的与要求

通过实验,了解混纺产品中纤维含量分析的原理,掌握二组分产品定量化学分析的测试方法,学会测定其混纺比。

二、仪器用具与试样材料

分析天平(感量为 0.000 2 g),恒温烘箱,恒温水浴锅,索氏萃取器(接收容量为 250 mL),

真空泵，干燥器（装有变色硅胶），带玻璃塞三角烧瓶（容量不小于 500 mL），玻璃砂芯坩埚（容量为 30～50 mL，微孔直径为 90～150 μm），称量瓶，铝盒，抽气滤瓶，温度计，烧杯等。石油醚，75％硫酸，2％氨水，蒸馏水等。试样为各类纺织混纺产品。

三、实验原理

混纺产品中的纤维含量测试方法有两种。一种为化学分析方法，即用不同的化学试剂溶解相应的原料来鉴定。如涤/棉混纺产品、棉/黏混纺产品等，利用各种纤维对不同化学试剂的溶解性能不同，选择适当的试剂，把混纺产品中某一个或几个纤维组分溶解，从溶解失重或不溶解纤维的质量计算出各纤维组分的含量。另一种为物理分析方法。对一些化学成分相同或基本相同的混纺产品，如棉/麻、羊绒/羊毛等混纺产品，不能用化学分析方法测定其成分含量；通常用人工识别或图像分析软件，分别测其根数和直径来计算各组分的含量，也可利用混纺纤维的吸湿速率及其对染料的吸附性不同来测其含量。

四、实验方法与操作步骤

本实验选择几种典型产品，重点介绍二组分纤维混纺产品的定量分析方法。

（一）涤/棉混纺产品

1. 试样准备

（1）取样。从由单个长度不超过 1 m 的样品所组成的批样中取样时，除去布边，沿布样对角裁一个对角线布条，作为实验室样品。预处理后将其分成四等份，重叠在一起，从中裁取试样，并保证每一层试样的长度一致。从由单个长度超过 1 m 的样品所组成的批样中取样时，从批样的两端分别截取一段不多于 1 m 的全幅布样，将这两块布样沿其经向分成两等份，剪切线左右两部分打上标记。把一块布样的左半部分与另一块布样的右半部分拼在一起，且使剪切线重合。去掉布边，沿一块布样的下方角到另外一块布样的上方角剪取一对角线布条。若经、纬纱的纤维含量不同，拆出的经、纬纱分别烘干并称量，分别测经、纬纱的纤维含量。

（2）试样的一般预处理方法。取试样至少 1 g，用石油醚和水萃取，以去除非纤维物质。将试样放在索氏萃取器中，用石油醚萃取 1 h，每小时至少循环 6 次。待试样中的石油醚挥发后，把试样浸入冷水中 1 h，再在温度为（65±5）℃的水中浸泡 1 h。两种情况下，浴比均为 1∶100。不断搅拌，然后挤干，抽吸（或离心脱水）后晾干。

（3）特殊试样预处理方法。试样上的水不溶性浆料、树脂和某些天然纤维素中的非纤维物质，如果不能用石油醚和水萃取，可采用适当方法去除。对于染色纤维中的染料，可视为纤维的一部分，不必去除。

（4）烘干、冷却、称量。首先将称量瓶、坩埚漏斗在烘箱内烘不少于 4 h，取出，放入干燥器内，冷却时间不少于 2 h，分别用分析天平准确称其质量，并记录。然后，取经过预处理的试样，每份约 1 g，将其剪成 10 mm 左右的长度，放入已知质量的称量瓶内，连同瓶盖一起放入（105±5）℃烘箱内至烘干（连续两次称得质量的差异不超过 0.1％）。迅速盖上瓶盖，并移至干燥器内冷却至常温（一般不少于 2 h）。最后，从干燥器中取出，在 2 min 内完成称量（称出至少1 g的试样），精确至 0.000 2 g，求得样品的干量（g）。

2. 试剂配制

（1）75％硫酸溶液配制。取浓硫酸（密度为 1.84 g/mL）700 mL，慢慢倒入 350 mL 水中。

待溶液冷却至室温后，再加水至 1 L。硫酸浓度控制在 74%～76%。

(2) 稀氨水溶液配制。取 80 mL 浓氨水(密度为 0.880 g/mL)，加水稀释至 1 L。

3. 化学分析

(1) 将试样放入有塞三角烧瓶中，每克试样加入 75%硫酸溶液 200 mL，盖紧瓶塞，摇动烧瓶，使试样浸湿。

(2) 将烧瓶放在温度保持在(50±5)℃的恒温水浴锅内 1 h，每隔 10 min 摇动一次，加速溶解。

(3) 取三角烧瓶，将残留物过滤到玻璃砂芯坩埚内，真空抽吸排液，再加少量硫酸清洗烧瓶。真空抽吸排液，加入新的硫酸溶液至坩埚中清洗残留物，重力排液至少 1 min 后再用真空抽吸。冷水连续洗涤若干次，稀氨水中和两次，再用冷水洗涤。每次洗涤，先用重力排液，再用抽吸排液。

(4) 将残留物连同玻璃砂芯坩埚一起放入(105±5)℃烘箱内，烘至不变质量，取出，放入干燥器内冷却不少于 2 h，再用分析天平称量，精确至 0.000 2 g，即可求得不溶纤维(涤纶)的干燥质量。

4. 测试结果与计算

(1) 净干含量百分率：

$$P_1 = \frac{100\, m_1 d}{m_0} \tag{7-5}$$

$$P_2 = 100 - P_1 \tag{7-6}$$

式中：P_1为经试剂处理后不溶纤维(涤纶)的净干含量百分率，%；P_2为溶解纤维(棉)净干含量百分率，%；m_1为经试剂处理后剩余的不溶纤维(涤纶)干量，g；m_0为预处理后的试样干量，g；d 为经试剂处理后，不溶纤维(涤纶)质量变化的修正系数(1.00)。

(2) 结合公定回潮率的含量百分率：

$$P_m = \frac{100P_1(1+0.01\alpha_1)}{P_1(1+0.01\alpha_1)+P_2(1+\alpha_2)} \tag{7-7}$$

$$P_n = 100 - P_m \tag{7-8}$$

式中：P_m为不溶纤维(涤纶)公定质量的含量百分率，%；P_n为溶解纤维(棉)公定质量的含量百分率，%；α_1为不溶纤维(涤纶)的公定回潮率，%；α_2为溶解纤维(棉)的公定回潮率，%。

(3) 结合公定回潮率以及预处理中非纤维物质和纤维物质的损失率：

$$P_A = \frac{100P_1[1+0.01(\alpha_1+b_1)]}{P_1[1+0.01(\alpha_1+b_1)]+P_2[1+0.01(\alpha_2+b_2)]} \tag{7-9}$$

$$P_B = 100 - P_A \tag{7-10}$$

式中：P_A为不溶纤维(涤纶)结合公定回潮率和预处理损失的含量百分率，%；P_B为溶解纤维(棉)结合公定回潮率和预处理损失的含量百分率，%；b_1为预处理中不溶解纤维(涤纶)的质量损失，和(或)溶解纤维(涤纶)中非纤维物质的去除率，%；b_2为预处理中溶解纤维(棉)的质量损失，和(或)溶解纤维(棉)中非纤维物质的去除率，%。

（二）黏胶/棉混纺产品

1. 试剂配制

甲酸/氯化锌试剂：取 20 g 无水氯化锌（质量分数>98%）和 68 g 无水甲酸，加水至 100 g。此试剂有害，使用时宜采取妥善的防护措施。

稀氨水溶液：取 20 mL 浓氨水（密度为 0.880 g/mL），用水稀释至 1 L。

2. 化学分析

将试样迅速放入盛有已预热、温度达 40 ℃的甲酸/氯化锌溶液的具塞三角烧瓶中。每克试样加 100 mL 甲酸/氯化锌溶液，盖紧瓶塞，摇动烧瓶，在 40 ℃下保温 2.5 h，每隔 45 min 摇动一次，共摇动两次，此时，黏胶纤维被溶解于甲酸/氯化锌溶液中。

用试液把烧瓶中的残留物洗到已知质量的玻璃砂芯坩埚中。用 20 mL 40 ℃溶液清洗，再用 40 ℃水清洗，然后用 100 mL 稀氨溶液中和清洗，并使残留物浸没于溶液中，再用冷水冲洗。每次清洗液靠重力排液后，再用真空抽吸排液。最后烘干、冷却、称重。

3. 测试结果与计算

测试结果与计算和涤/棉混纺产品的定量分析相同，40 ℃时棉的 d 值为 1.02。

（三）棉/麻混纺产品

棉和麻都是植物性纤维素纤维，其内部结构、化学组成及理化性能基本相同，混纺后既不能用化学分析方法测定其含量，也不能用机械的方法将它们分离开，只能用普通生物显微镜或纤维投影仪进行观察分辨，并测量纤维直径（或横向截面积）和根数。再根据有关公式，计算出各组分的质量百分率。

1. 试样着色液的配置

将 2.5 g RM 纤维着色剂放入玻璃容器内，倒入 20 mL 酒精，用玻璃棒充分搅匀，再倒入 180 mL 煮沸蒸馏水，搅匀。

2. 试样准备

(1) 取样。取 10 cm×10 cm 的织物试样，拆取纱线（上有浆的试样，先进行退浆处理，然后再拆纱线），随机取长 10 cm 的纱线试样段共 30 段，合并为一束。当经纱和纬纱的纤维含量不同时，拆出的经/纬纱分别烘干、称量，然后分别计算经/纬纱的纤维含量。

(2) 染色。将准备好的试样，按 1∶50 的浴比，以着色液沸染 1 min，取出，用水冲洗至无浮色，烘干后按 GB 6529 的规定进行调湿平衡。如果试样为有色纱，则无需染色，直接进行调湿平衡。

(3) 试样制作。将两份试样分别制成两块测试用载玻片，一块用于测量纤维直径（或截面积），另一块用于计数纤维根数。其中一份试样的载玻片用于平行测试。

① 纤维纵向载玻片的制备。将整理的试样装入纤维切片器，用单面刀片切掉切片器两面露出的试样，调节精密螺丝，使切取的长度为 0.2～0.36 mm（只能切一次）。然后，将切下的粉末状纤维直接移至滴有少量石蜡油的载玻片上，用细针充分搅匀，使其分离成单根纤维，并向左右均匀展开，再盖上盖玻片固定。需特别注意，不能使纤维随石蜡油向外挤出，挤出的石蜡油应用滤纸吸干、擦净。载玻片上的纤维根数应在 1 000 以上。

② 纤维横截面载玻片的制备。将染色后的试样放入纤维切片器，涂上胶棉液，均匀切取厚度为 20～30 μm 的纤维横截面薄片，并将其移至滴有液体石蜡的载玻片上，盖上盖玻片。制成的纤维横截面切片应薄而均匀，以便在显微投影仪或 CU-I 型纤维细度分析仪下获得清晰

的截面轮廓。

3. 测试

(1) 测定纤维根数。采用显微投影仪或CU-I型纤维细度分析仪。将准备好的载玻片放在显微镜载物台上,通过目镜观察进入视野的纤维,根据棉、麻纤维的形态结构特征区分。从靠近视野的最上角或最下角开始计数,当载玻片沿水平方向缓缓移动越过视野时,识别和计数通过目镜十字线中心的所有纤维;在越过视野每一个行程以后,将载玻片垂直移动1~2 mm,再沿水平方向缓缓移动越过视野,识别和计数纤维;如此重复,直至把全部载玻片看完,其计数总数应在1 000根以上。如果载玻片全范围内不足1 000根,需另制载玻片,使累计纤维根数达到1 000根以上。每批试样计数两组1 000根以上纤维,分别计算两组纤维中每种纤维的折算根数。两次测试,每种纤维的折算根数之差不大于10根。

(2) 测定纤维直径。将测量直径的载玻片放在显微镜载物台上,使待测的纤维都在投影圆圈内。调整显微投影仪或纤维细度分析仪,使纤维图像的边缘清晰,然后测量每根纤维中部的宽度作为直径,并计数。注意:如果视野中纤维边缘不清或纤维种类无法识别或测量处纤维重合等,则不测量;测量点在两根纤维交叉处的纤维和短于150 μm的纤维,不测量。每种纤维测量200根以上。测量结束后计算每种纤维的平均直径(μm)。

4. 测试结果与计算

根据测定纤维的平均直径和根数,计算每种纤维的质量百分含量。

$$P_1 = \frac{nd_1^2\gamma_1 k_1}{n_1 d_1^2\gamma_1 k_1 + n_2 d_2^2\gamma_2 k_2} \tag{7-11}$$

$$P_2 = 100 - P_1 \tag{7-12}$$

式中:P_1,P_2为麻、棉纤维的质量百分率,%;n_1,n_2为计数所得的麻、棉纤维根数,根;d_1,d_2为麻、棉纤维的平均直径,mm;γ_1,γ_2为麻、棉纤维的密度,g/cm³;k_1,k_2为麻、棉纤维的形状修正系数(表7-46)。

表7-46 棉、麻纤维的密度与形状修正系数

纤维名称	棉	苎麻	亚麻	大麻	罗布麻
密度(g/cm³)	1.55	1.51	1.50	1.48	1.50
形状修正系数	0.293 9	0.265 2	0.420 0	0.350 0	0.390 0

测试结果以两次测试的平均值表示。若两次测试结果之差大于2%,应进行第三次测试,测试结果以三次测试的平均值表示。

(四) 山羊绒/绵羊毛混纺产品

使用扫描电子显微镜的二次电子像,依据山羊绒、绵羊毛的鳞片结构特征,即鳞片形状、密度、厚度的差异进行鉴别。在鉴别的基础上,通过荧光屏准确地测定各类纤维的直径和根数。代入相关公式进行计算,得到各类纤维的含量。

1. 试样准备

(1) 取样。取尺寸为5 cm×5 cm的试样一块,随机从经纬向取至少20根纱(线),其根数应与该块织物的经纬密度成比例。若经纬纱的纤维含量不同,将拆出的经纬纱分别烘干、称量,然后分别测量经纬纱的纤维含量。

（2）制片。整理试样，使用纤维切断器，将每份试样分别切取长度为 0.5～1 mm 的纤维小段。将纤维小段收集，放入玻璃试管内，滴入 1～2 mL 的乙酸乙酯，用不锈钢棒搅拌均匀后，倒在准备好的玻璃板上，形成直径约 10 cm 的均匀斑点。用 10 mm×15 mm 的双面胶纸黏下样品，并贴在样品台上。

（3）镀膜。用真空喷镀仪，将样品镀上一层厚约 25 nm 的金膜。

2. 纤维鉴别、计数和测量

将镀膜的样品在扫描电子显微镜下放大 10 000 倍，根据山羊绒、绵羊毛的鳞片结构特征鉴别其纤维的种类，同时计数。每一个 10 mm×15 mm 面积，沿水平方向至少鉴别 200 根，其总数至少为 1 000 根，分别记下各类纤维的根数。在 10 000 放大倍数下，测量每根纤维的直径（μm）。

3. 测试结果与计算

将各类纤维的根数、平均直径和各类纤维的密度代入下列公式，计算各类纤维的含量（质量百分率）：

$$X_i = \frac{N_i D_i^2 S_i}{\sum (N_i D_i^2 S_i)} \times 100 \tag{7-13}$$

式中：X_i为第 i 类纤维的质量百分率，%；N_i为第 i 类纤维的根数；D_i为第 i 类纤维的平均直径，μm；S_i为第 i 类纤维的密度（表 7-47），g/cm^3。

表 7-47　常见动物纤维密度

纤维种类	纤维密度（g/cm^3）	纤维种类	纤维密度（g/cm^3）
山羊绒	1.272	兔毛	1.100
绵羊毛	1.310	驼绒	1.310
山羊毛	1.222	真丝	1.330

思　考　题

1. 有哪些因素会影响实验结果？

2. 在混纺产品的定量化学分析方法中，为什么要规定试样预处理方法？试剂的浓度、温度和试样的溶解时间对分析结果是否有影响？

（本实验技术依据：GB/T 10629—2009《纺织品　用于化学试验的实验室样品和试样的准备》，GB/T 2910.1—2009《纺织品　定量化学分析　第 1 部分：试验通则》，GB/T 2910.11—2009《纺织品　定量化学分析　第 11 部分：纤维素纤维与聚酯纤维的混合物（硫酸法）》，GB/T 2910.6—2009《纺织品　定量化学分析　第 6 部分：黏胶纤维、某些铜氨纤维、莫代尔纤维或莱赛尔纤维与棉的混合物（甲酸/氯化锌法）》）。

实验十　织物来样分析

一、实验目的与要求

通过实验，了解机织物来样分析中各种测试仪器的结构与工作原理，掌握机织物来样分析的内容和顺序，学会织物来样分析的各项测定方法和指标计算办法，了解影响实验结果的因素，培养综合实验能力。

二、仪器用具与试样材料

纱线捻度仪，电子秤或分析天平，通风烘箱，织物密度镜，照布镜，显微镜，放大镜，钢尺，剪刀，夹子，分析针，不褪色的打印墨水，小模板(正方形或长方形，其大小与规定的试样面积一致，长与宽之比不超过4)，大模板(正方形，其大小以包围小模板的面积为宜)，有关的化学药品等。试样为机织物若干种。

三、实验原理

机织物来样分析的内容主要有：织物正反面的识别，织物经纬向的确定，织物中纤维种类的识别，织物中纱线结构识别，织物组织分析，织物密度的测定，织物中纱线织缩率测定，织物中纱线线密度的测定，织物中纱线捻度和捻向的测定，织物单位面积经纬纱线质量的测定。

四、实验方法与操作步骤

(一) 取样

从整匹织物中取样时，样品到布边的距离不小于5 cm；试样与织物两端的距离，棉织物不少于1.5～3 m，毛织物不小于3 m，丝织物约3.5～5 m。此外，样品上不得带有显著的疵点。

取样大小，一般简单组织为15 cm×15 cm，组织循环较大的色织物可以取20 cm×20 cm或更大；当样品尺寸较小时，只要比5 cm×5 cm稍大也可以进行分析。

(二) 织物正反面的识别

常用的织物正反面的识别方法有：

(1) 一般花纹、色泽较清晰悦目，且毛羽较少且短的一面为织物正面。

(2) 平纹织物，正面比较平整光洁，色泽匀净鲜明。

(3) 斜纹类织物，单面斜纹织物的正面纹路明显、清晰，反面则模糊不清；双面斜纹织物的正反面纹路都比较明显、饱满、清晰；线斜纹织物的斜纹由左下斜向右上者为正面，斜纹的倾斜角为45°～65°；纱斜纹织物的斜纹由右下斜向左上者为正面，斜纹的倾斜角为65°～73°。

(4) 缎纹织物，正面平整光洁，而反面较暗淡。经密大时，经组织点多的一面为正面；纬密大时，纬组织点多的一面为正面。

(5) 条格织物和配色模纹织物，正面的格子或条纹比反面明显、均匀、整齐。

(6) 凸条及凹凸织物，正面紧密而细腻，具有条状或图案凸纹，而反面较粗糙，有较长的浮长线。

(7) 纱罗织物，纹路较清晰、绞经较突出的一面为正面。

(8) 毛巾织物，毛圈密度较大的一面为正面。

(9) 提花织物，提出纱线长度较短、较紧，且花纹较清晰的一面为正面。

(10) 双层、多层及多重织物，如正反面的经纬密度不同，则结构较紧密或纱线品质较好的一面为正面。

(11) 单面起毛织物，有毛绒的一面为正面；双面起毛织物，绒毛光洁、整齐的一面为正面。

(12) 整匹织物,如贴有商标纸或盖有梢印的为反面,另一面为正面。

(13) 一般织物,布边光洁、整齐平整的一面为正面;反面则向里,稍有卷曲状,且不很平整。

多数织物的正反面有明显区别,但也有不少织物的正反面极为近似,两面均可应用,因此对这类织物可不强求区别正反面。

(三) 织物经纬向的确定

区别织物经纬向的主要依据如下:

(1) 如被分析织物的样品有布边,则与布边平行的纱线为经纱(经向),与布边垂直的则为纬纱(纬向)。

(2) 含浆的是经纱,不含浆的是纬纱。

(3) 一般织物密度大的为经纱(经向),密度小的为纬纱(纬向)。

(4) 筘痕明显的织物,则筘痕方向为织物的经向。

(5) 织物中若纱线的一组是股线,而另一组是单纱时,则通常股线为经纱,单纱为纬纱。

(6) 若单纱织物的成纱捻向不同,则 Z 捻纱为经向,而 S 捻纱为纬向。

(7) 若织物成纱的捻度不同,则捻度大的多数为经向,捻度小的为纬向。

(8) 如织物的经纬纱线密度、捻向、捻度都差异不大,则纱线条干均匀、光泽较好的为经纱。

(9) 毛巾类织物,其起毛圈的纱线为经纱,不起毛圈者为纬纱。

(10) 条子织物,其条子方向通常是经纱。

(11) 若织物中有一个系统的纱线具有多种不同线密度时,这个方向则为经向。

(12) 纱罗织物,有扭绞的纱线为经纱,无扭绞的纱线为纬纱。

(13) 以不同原料交织时,一般来说,棉毛或棉麻的交织物,棉为经纱;毛丝交织物,丝为经纱;毛丝棉交织物,则丝、棉为经纱;天然丝与绢丝交织物,天然丝为经纱;天然丝与人造丝交织物,则天然丝为经纱。

由于织物用途极广,因而对织物原料和组织结构的要求也多种多样,因此判断时要根据织物的具体情况进行分析。

(四) 织物中纤维种类的识别

1. 织物经纬纱原料的定性分析

把织物中的经纱或纬纱抽出,拉扯成纤维状,利用各种纤维的外观形态或内在性质的差异,采用各种方法将其区分开来。鉴别纤维一般采用的步骤是先决定纤维的大类,属天然纤维素纤维、天然蛋白质纤维或是化学纤维,再具体决定是哪一品种。常用的鉴别方法有手感目测法、燃烧法、显微镜法、着色法和化学溶解法等,可参阅纺织纤维鉴别的相关内容。

2. 混纺织物成分的定量分析

对织物原料进行定性分析后,再对织物中纤维成分进行定量分析。一般采用溶解法,选用适当的溶剂,使混纺织物中的一种纤维溶解,称取留下的纤维质量,从而知道溶解纤维的质量,然后计算混合百分率,具体方法同混纺纱线含量分析法;若织物由天然纤维与化学纤维混纺,也可用显微镜观察法,把织物中的经纬纱线抽出,分解成纤维,分别放在载玻片上,观察天然纤维与化学纤维的根数,从而计算两组纤维的混纺比。

（五）织物中纱线结构识别

把织物中的经纱或纬纱抽出（至少一个完全组织），仔细观察纱线的外观形态，如伸缩性、蓬松性、丝圈、网络结、单丝形态、合股数等，对照纱线外观形态特征，判别出经纱或纬纱的种类。

（六）织物组织分析

从织物中选取一块含有若干个完全组织的试样。

1. 确定拆纱方向

根据已判断的织物正反面和经纬向，确定拆纱方向。

2. 分析织物组织

拆除试样两垂直边处的纱线，露出 1 cm 长的纱缨，沿平行于纱缨的方向，用分析针拨动纱线，在意匠纸上记录组织点。连续从织物中逐根拨出纱线，观察和记录每根纱线的交织情况，直至获得一个完全组织。如果需要，可对织物的浮面进行灼烧和轻微修剪，以改善组织点的清晰度。

对简单组织和一些组织较稀疏的织物，不需要分解织物，可采用直接观察法或用照布镜观察试样中经纬纱的浮沉规律。将分析得到的织物组织交织规律，用组织图的表示方法在意匠纸上画出来。

3. 分析经纱和纬纱的排列

花纹配色循环的色纱排列顺序用表格法表示，如图 7-3 所示。图中的横行格子表示颜色相同的纱线在一个色纱循环中所用的根数，图中的纵行格子（从上到下）表示不同颜色纱线的排列顺序。如果其中顺序有重复，则不需要全部填写，可以用括号把重复的部分括起来，同时在括号的尖点处标注循环次数。图中的第一根纱线相当于完全组织中的第一根纱线。

经纱排列

蓝	2				2		2				2	760
黄	2			2			2			2		760
橙		4	4					4	4			760
白嵌线		2				2		2				378
	×2			×2				×2		×2		
	×94											2 658 总计

纬纱排列

绿	8		8	16
橙	4	4		8
白嵌线	2		2	4
				28 总计

图 7-3 色经和色纬排列

（七）织物密度的测定

参见本书第四章实验三“机织物密度与紧度测试”。

（八）织物中纱线织缩率测定

测定经纬纱织缩率的目的是计算织物用纱量，并为织造工艺提供依据等。织缩率的测定是在标记过的已知长度织物布条中拆下纱线，在一定的张力作用下使之伸直，并在该状态下测量其长度，根据纱线在织物中的长度和其伸直长度计算织缩率。

1. 试样准备

试样在标准温湿度条件下调湿 16 h，把调湿过的样品摊平，不受张力并避免折皱。在样品上标记 5 块长方形试样，其中 2 块试样的长度方向沿样品经向，3 块试样的长度方向沿样品纬向。裁剪试样时，试样的长度至少为试样夹钳长度的 20 倍，宽度至少含有 10 根纱线。测量并记录试样的长度(mm)。

如果要将织缩率与纱线线密度结合在一起进行测定，需要再准备 2 块纬向试样，并保证能代表 5 个不同的纬纱卷装。所有试样的长度统一为 250 mm，宽度至少包括 25 根纱线。

当样品为提花织物时，宜在花纹的完全组织中抽取试验用的纱线。当织物采用大面积的、浮长差异较大的组织图案时，则抽取各个面积中的纱线进行测定，并在报告中分别叙述。

2. 操作步骤

(1) 调整张力装置。按表 7-48 提供的伸直张力调整纱线捻度仪上的张力装置，以便尽可能地消除纱线的卷曲。

表 7-48　不同纱线所用的伸直张力

纱线类型	线密度(tex)	伸直张力(cN)
棉纱、棉型纱	≤7 >7	0.75×线密度值 (0.2×线密度值)+4
毛纱、毛型纱、中长型纱	15～60 61～300	(0.2×线密度值)+4 (0.07×线密度值)+12
非变型长丝纱	所有线密度	0.5×线密度值

(2) 夹持纱线。用分析针轻轻地从试样中部拨出最外侧的一根纱线，在两端各留下约 1 cm仍交织着。从交织的纱线中拆下纱线的一端，尽可能握住端部以避免退捻，把这一头端夹入捻度机的右纱夹，使纱线的标记处和右纱夹钳口对齐；从织物中拆下纱线的另一端，用同样的方法夹入捻度机的左纱夹。

(3) 测量纱线的伸直长度。纱线在选定的张力作用下伸直，测量并记录两夹钳之间的距离，作为纱线的伸直长度。

(4) 重复步骤(2)和(3)，随时把留在布边的纱缨剪去，避免纱线在拆取过程中受到拉伸。5 个试样，各测 10 根纱线的伸直长度。

3. 实验结果计算与修约

根据测定的每个试样的 10 根纱线长度，计算平均伸直长度，结果保留一位小数。按下式计算每个试样的织缩率，结果保留一位小数：

$$C = \frac{L - L_0}{L} \times 100 \tag{7-14}$$

式中：C 为织缩率，%；L 为从织物中拆下的 10 根纱线的平均伸直长度，mm；L_0 为纱线在织物中的长度，mm。

在测定中应注意以下几点：

① 在拨出和拉直纱线时，不能使纱线发生退捻或加捻。对某些捻度较小或强力很差的纱线，应尽量避免发生意外伸长。

② 分析刮绒和缩绒织物时，应先用火柴或剪刀除去表面绒毛，然后再仔细地将纱线从织物中拨出。

③ 黏胶纤维在潮湿状态下极易伸长，故操作时避免手汗沾湿纱线。

（九）织物中纱线线密度的测定

线密度的测定是对构成织物的经、纬纱线的线密度进行测试。其测试原理是从长方形的织物试样中拆下纱线，使纱线在规定张力下，测定其伸直长度及其在标准大气下经调湿后的质量(方法 A)；或在规定条件下测定其烘干质量。若测定纱线干燥质量时(加热到 105 ℃)，除水以外的挥发性物质容易引起显著的损失，应使用方法 A。根据纱线线密度的定义，由纱线质量与伸直长度总和计算线密度。

1. 试样准备

将样品在规定的标准大气条件中调湿至少 24 h。从调湿过的样品中裁剪 7 块长方形的试样，其中 2 块为经向试样，5 块为纬向试样。每块试样的长度最好相同，为 250 mm；宽度至少包括 50 根纱线。

2. 操作步骤

(1) 未除去非纤维物质的织物中拆下纱线的线密度测定。

从每个试样中取出 10 根经纱和 10 根纬纱，在规定的张力下测量其伸直长度(精确至 0.5 mm)。纱线从织物中拆下后所用的伸直张力可参考表 7-44。然后从每个试样中拆下至少 40 根纱线，与同一试样中已测取长度的 10 根形成一组。

方法 A——在标准大气中调湿。将试样暴露在测试用标准大气中 24 h，或每隔至少 30 min 进行称量，直至质量的递变量不大于 0.1%，使试样达到含湿平衡。称量每组纱线。

方法 B——烘干值。把试样放在 105 ℃通风烘箱中烘至恒重，直至每隔 30 min 称得的质量递变量不大于 0.1%，称量每组纱线。

(2) 除去非纤维物质的织物中拆下纱线的线密度测定。

从每个试样中取出 10 根经纱和 10 根纬纱，在规定的张力下测量其伸直长度(精确至 0.5 mm)。纱线从织物中拆下后所用的伸直张力可参考表 7-44。然后从每个试样中拆下至少 40 根纱线，与同一试样中已测取长度的 10 根形成一组。

采用 GB/T 2910.1 中关于纤维混合物定量分析前非纤维物质的去除方法，去除非纤维物质后，按方法 A 在标准大气中调湿与称量或按方法 B 进行烘干与称量。

(3) 股线中单纱线密度的测定。

按上述程序测定的股线的线密度值，其结果表示最终线密度值。如果需要各单纱的线密度值(例如，单纱线密度不同的股线)，先分离股线，将待测的一组分单纱留下，然后按上述方法测定其伸直长度和质量。

3. 实验结果计算与修约

(1) 方法 A：

$$\mathrm{Tt} = \frac{m_c \times 1\,000}{\bar{L} \times N} \tag{7-15}$$

式中：Tt 为调湿纱线的线密度，tex；m_c 为调湿纱线的质量，g；$\bar{L}$ 为纱线的平均伸直长度，m。

（2）方法 B：

$$Tt = \frac{m_D \times 1\,000}{\bar{L} \times N} \tag{7-16}$$

式中：Tt 为烘干纱线的线密度，tex；m_D为烘干纱线的质量，g；$\bar{L}$ 为纱线的平均伸直长度，m；N 为称量的纱线根数。

$$T_R = \frac{Tt}{100}(100 + W_k) \tag{7-17}$$

式中：T_R为结合商业允贴或公定回潮率的纱线线密度，tex；Tt 为烘干纱线的线密度，tex；W_k 为纱线的商业允贴或公定回潮率，%。

（十）织物中纱线捻度和捻向的测定

从织物布条中拆下纱线，在一定伸直张力条件下夹紧于两个相隔已知距离的夹钳中，使一个夹钳转动，直到把该段纱线内的捻回退尽为止。测出该段纱线内的捻回数，由试验长度和捻回数计算出纱线的捻度。

1. 试样准备

试样在标准温湿度条件下调湿至少 16 h，取样长度至少比试验长度长 7～8 cm。经向取 1 块条样，纬向在不同部位取 5 块条样。不同纱线种类，所测纱线根数和试验长度不同：股线、缆线、长丝纱，测试 20 根，试验长度为 20 cm；短纤纱测试 50 根，试验长度为 2.5 cm。

2. 操作步骤

首先判断捻向。从织物中抽出纱线，并握持两端，使其一段（大约 10 cm）处于铅垂位置，观察捻回螺线的倾斜方向，与字母“S”的中间部分一致的，为 S 捻；与字母“Z”的中间部分一致的，为 Z 捻。

在不使纱线受到意外伸长和退捻的条件下，将纱线一端从织物中侧向抽出，夹紧于一个夹钳中，在试样受到一定的伸直张力（参考表 7-44）下，夹紧纱线的另一端。转动夹钳以退解捻度。对于股线、缆线及长丝纱，插入分析针并于其间移动，以示捻回的退尽；对于短纤纱，使用放大镜和衬板来判断捻回退尽与否。记录试验结果，记录精度根据实际需要选择。

3. 实验结果计算与修约

按下式计算经纬纱的捻度，结果保留一位小数：

$$T_m(\text{捻}/\text{m}) = \frac{\text{试验长度上的捻回数的平均值}}{\text{试验长度(cm)}} \times 100 \tag{7-18}$$

（十一）织物单位面积经纬纱线质量的测定

通常用单位面积质量和经纬纱密度来描述织物，但不能确定织物中经纱和纬纱的比例。如果分别给出织物单位面积的经纱和纬纱质量，则不用说明纱线的线密度，就可以阐明经纬覆盖对比情况。测试方法主要有两种：方法 A——在待测的织物样品上画矩形试样标记，去除非纤维物质后，分解拆下经纱和纬纱，分别测定其质量；方法 B——分解已知面积的织物的经纬纱，从经纬纱中去除非纤维物质后，分别测定其质量。

1. 试样准备

在标记或剪切试样前，将样品暴露在调湿用标准大气条件下至吸湿平衡。

(1) 方法 A:用大模板和铅笔,在样品上标画一正方形,其对角线沿织物的经纱和纬纱方向。在正方形的中间,用小模板和不褪色的墨水,画一面积不小于 150 cm^2 的正方形或长方形试样,其各边与经纱或纬纱平行。用剪刀从样品中裁剪大模板标画的正方形。

当不需要测定非纤维物质的含量时,只要保证试样部分的纱线在去除非纤维物质的过程中不丢失,样品可以为任何形状和尺寸。

(2) 方法 B:用小模板和铅笔标画一面积不小于 150 cm^2 的正方形或长方形试样,其各边与经纱或纬纱平行。用剪刀从样品中裁剪试样,也可以用冲模切割。

2. 操作步骤

(1) 方法 A:按 GB/T 2910.1 中关于纤维混合物定量分析前非纤维物质的去除方法除去非纤维物质。试样干燥后,置于试验用标准大气中调湿至平衡。

沿着小模板标画的试样各边裁剪,并测定其质量,精确至称见值的 1%。

在颜色适当的有色纸上分解试样,以便收集试样中较易落下的纱线和纤维断屑。不时地把留在另一方向的纱缨剪掉,并将其收集在一起,把它们与较易拆下的纱线分开。当标画的整个面积被分解成经纱和纬纱后,分别测定两组纱线的质量,精确至称见值的 1%。两组纱线的质量之和与分解前试样的质量差异应不大于 1%。如果差异大于 1%,应重复该程序,以获得所需的精度。

(2) 方法 B:按照方法 A 中的规定,把已知面积的试样分解成经纱和纬纱,完成后按照 GB/T 2910.1 中关于纤维混合物定量分析前非纤维物质的去除方法除去非纤维物质。操作中不要丢失纤维。

将去除非纤维物质的纱线按 GB/T 6529 的规定进行预调湿,然后充分地暴露于试验用标准大气中达到平衡,分别测定两组纱线的质量,精确至称见值的 1%。

3. 实验结果计算与修约

根据测得的经纬纱质量和分解的已知试样面积,计算单位面积织物的经纱质量、纬纱质量和织物质量,以克每平方米(g/m^2)表示。精确到小数点后一位。

五、实验结果

在意匠纸上画出组织图,并将逐项检测得到的各项指标填入分析结果汇总表 7-49,为设计、改进或仿造织物提供全面的技术资料。

表 7-49 分析结果汇总

<table>
<tr><td rowspan="2">纤维种类</td><td>经</td><td></td><td rowspan="2">纱线结构</td><td>经</td><td></td></tr>
<tr><td>纬</td><td></td><td>纬</td><td></td></tr>
<tr><td rowspan="2">织缩率(%)</td><td>经</td><td></td><td rowspan="2">纱线线密度(tex)</td><td>经</td><td></td></tr>
<tr><td>纬</td><td></td><td>纬</td><td></td></tr>
<tr><td rowspan="2">纱线捻向</td><td>经</td><td></td><td rowspan="2">纱线捻度(捻/m)</td><td>经</td><td></td></tr>
<tr><td>纬</td><td></td><td>纬</td><td></td></tr>
<tr><td rowspan="2">密度(根/10 cm)</td><td>经</td><td></td><td rowspan="3">单位面积质量
(g/m²)</td><td>经</td><td></td></tr>
<tr><td>纬</td><td></td><td>纬</td><td></td></tr>
<tr><td>—</td><td>—</td><td></td><td>织物</td><td></td></tr>
</table>

思 考 题

1. 如何确定织物的正反面与经纬向？

2. 试验样布的密度分析和组织分析采用哪种方法较好？分析时应该注意什么问题？

3. 分析经纬纱缩率、线密度、单位面积质量等实验项目产生误差的原因。

（本实验技术依据：GB/T 29256.1—2012《机织物结构分析方法　织物组织图与穿综、穿筘及提综图的表示方法》，GB/T 29256.3—2012《机织物结构分析方法　织物中纱线织缩的测定》，GB/T 29256.4—2012《机织物结构分析方法　织物中拆下纱线捻度的测定》，GB/T 29256.5—2012《机织物结构分析方法　织物中拆下纱线线密度的测定》，GB/T 29256.6—2012《机织物结构分析方法　织物单位面积经纬纱线质量的测定》）

第八章　纺织材料大型测试系统

本章知识点：

1. 仪器的结构原理与操作使用方法。
2. 仪器的主要测试项目及其指标。
3. 仪器操作过程中的注意事项。

实验一　HVI 大容量纤维测试仪

一、实验目的与要求

通过实验，了解 HVI 大容量纤维测试仪的测试原理、仪器结构和测试项目，熟悉仪器的操作方法和各项测试指标的概念。

二、仪器用具与试样材料

HVI 大容量纤维测试仪，色特征校准瓷板（一套标有 Rd 和 $+b$ 值的五块工作校准瓷板），杂质校准瓷板（一套用于仪器校准并标有数值的工作校准瓷板），天平（最大称量不小于 50 g，分度值不大于 0.1 g），马克隆值校准棉样，长度和比强度校准棉样（HVICC）。试样为原棉样品 125 g 左右。

三、实验原理与仪器结构

（一）实验原理

1. 色特征

白光光束以与棉样表面法线成 45°角的方向入射到棉样表面，在法线方向上测量棉样表面的反射光，分析其光谱成分和反射率大小，获得棉样的 Rd、$+b$ 值及棉花色特征级代码编号。

2. 杂质

采用高分辨率摄像机扫描一定照度的棉样表面，在排除棉样表面平均色特征的情况下，对扫描图像进行分析，计算杂质数量和面积。

3. 马克隆值

将预定质量的松散棉样放入试样筒，压缩到固定的体积，使用恒定压力的压缩空气通过棉样，测得纤维集合体的渗透流的阻力，或使用恒定流量的空气流过纤维集合体，测得气流的压差，折算为马克隆值。

4. 平均长度、上半部平均长度和长度整齐度

纤维沿其长度方向被梳夹随机夹持，排列在梳夹上，构成棉须。光学系统对棉须从根部至梢部进行扫描，根据透过棉须光通量的变化，获得精确的照影仪曲线，计算出各长度指标。

5. 断裂比强度和断裂伸长率

一对夹持器在实验棉束的某一部位以 3.2 mm 隔距夹持纤维，纤维断裂比强度是通过测量到最大力值和估算断裂纤维质量来计算的。断裂伸长率直接由纤维最大断裂负荷时样品夹头间的位移确定。

（二）仪器结构

HVI 大容量纤维测试仪是美国 USTER 公司研制的棉纤维测试仪器，在世界主要产棉国都有使用。目前主要有 HVI 900A（全自动）型、HVI 900SA（半自动）型、HVI SPECTRUM（新型全自动）型和 HVI 1000（中国公证检验专用）型等。各种型号的测试原理和结构基本相同，一般都由取样部分、长度/强力组件、马克隆值组件、颜色和杂质组件、终端控制器等组成。

四、实验方法与操作步骤

（一）取样

棉花样品在测试前必须在标准大气条件下平衡 24 h，平衡后的样品回潮率应在 6.5％至 8.8％之间。每个棉花样品由两个部分组成，每部分约 260 mm 长、124 mm 或 105 mm 宽，总质量不少于 125 g。两个部分中间应卷入标有样品编号的一维条形码标签。

（二）操作步骤

1. 长度/强力试验

(1) 仪器的校准。

① 大容量纤维测试仪能同时测定平均长度、上半部平均长度、长度整齐度、断裂比强度和断裂伸长率。可用硬件装置，按照设计原理对仪器进行校准。经过正确校准后，如有必要，可借助软件调整方法，使实测值与实验室校准棉样的标定值相一致。

② 校准前，仪器需要预热 0.5 h，使电子元件性能稳定。

③ 至少选择两个已确定马克隆值的具有上半部平均长度、长度整齐度、断裂比强度和断裂伸长率标定值的校准棉样（HVICC），其标定值足以覆盖测试范围。

④ 从显示屏上显示的菜单中选定“长度/强力校准”程序。

⑤ 按照显示指令，输入校准棉样（HVICC）的标定值，按仪器程序软件执行校准。

⑥ 进入测试程序，对每个样品做一组试样的测定，以验证校准情况，使实验室校准棉样的实测值符合要求。

(2) 测试。

① 从实验室样品中取出 35 g 样品作为试验试样。

② 从显示屏上显示的菜单中选择“长度/强力测试”程序。

③ 将样品放在取样器上，取样臂压迫样品，使棉纤维通过取样器；空梳夹在取样器下方移动，棉纤维进入梳夹，在梳夹上生成一排棉纤维束；梳夹上的纤维束经分梳器分梳和毛刷梳理，平行伸直；带有平直纤维束的梳夹自动置入“长度/强力”模块，进行测试。

④ 显示屏将显示测试值和其他有关信息，同时显示下一次测试的指令。

⑤ 每个试验试样至少测试两次以上。

2. 马克隆值试验

(1) 仪器的校准。

① 从显示屏上显示的菜单中选定“马克隆值校准”程序。

② 选择两个马克隆值校准棉样，一个标有 3.0 及以下的马克隆值，另一个标有 5.0 及以上的马克隆值。

③ 按照显示指令，输入校准棉样的标定值，并用天平准确称取校准棉样质量，精确至 (10±0.01)g。试样质量显示在显示屏上。

④ 每个校准棉样测试后，仪器将自动进行校准。

(2) 测试。

① 从实验室样品中抽取试验试样，除去明显的、大块非纤维物质，称取一个试验试样至 (10±0.5)g，拉松试样中的纤维，以便清除棉块。

② 从显示屏上显示的菜单中选择“马克隆值测试”程序。

③ 将试验试样塞入仪器样品筒内，盖上盖板。

④ 仪器自动进行测定，测定值、其他相关信息及下次测试的指令均显示在显示屏上。

3. 色特征试验

(1) 仪器的校准。

① 仪器需预热至少 4 h，使光源和电子元件性能稳定。

② 从显示屏上显示的菜单中选定“色特征校准”程序。

③ 按照显示指令，输入每块色特征校准瓷板的 Rd 和 $+b$ 值，将色特征校准瓷板放在仪器上，仪器自动校准电路，使显示值与瓷板标定值一致。

④ 进入测试程序，测定色特征校准瓷板的色特征值，以验证校准情况。

⑤ 如果色特征校准瓷板色特征的测试结果不能接受，须重复上述③、④的设备调整步骤，直到取得可接受的测试结果为止。

(2) 测试。

① 从实验室样品中抽取两个试验试样，每个试验试样不少于 40 g。样品表面应完全盖满仪器的测试窗口，其厚度足以挡住光线，样品厚度应在 5 cm 以上。

② 从显示屏上显示的菜单中选择“色特征测试”程序。

③ 将试验试样表面盖满测试窗口，按下按钮启动仪器，使压板给试验试样施加适当压力。保持试验试样原状，直到仪器显示屏显示测试已经完成。

④ 每个试验试样各测试一次，除非试验试样色特征明显不匀。

⑤ 色特征值不匀的控制范围可由实验室确定并明示。如果两个试验试样的色特征值超出控制范围，需重新测试；如仍超出控制范围，应在实验结果中注明。

4. 杂质试验

(1) 仪器的校准。

① 仪器需预热至少 1 h，使光源和电子元件性能稳定。

② 从显示屏上显示的菜单中选定“杂质校准”程序。

③ 按照显示指令，输入杂质校准瓷板的杂质粒数和杂质面积百分率，以便使显示值与瓷板标定值一致。

④ 进入测试程序，测定杂质校准瓷板，以验证校准情况。

(2) 测试。

① 采用色特征试验试样。

② 从显示屏上显示的菜单中选择“杂质测试”程序。

③ 将需要测定的试样表面盖满测试窗口，按下按钮启动仪器，使压板给试样施加适当压力。保持试样原状，直到仪器显示屏显示测试已经完成。

④ 每个试验试样各测试一次。

5. 仪器维护

(1) 每天用吸尘器对仪器内外进行清洁处理，包括长度箱内的取样器针布(用仪器自配的钢丝刷清洁)及梳夹、导轨、毛刷上的残留棉花。注意吸尘器工作时不要靠近电子元件。

(2) 清洁真空箱内的棉花，清洁真空箱内金属网及滤网(注意过滤网的安装方向)，清洁电源箱上及电脑后的风扇过滤网。

(3) 检查总气路入口处过滤器是否有存水；若有，旋转过滤器底部与皮管连接处放出存水。用软布擦拭颜色测试窗口。

五、实验结果计算与修约

所有的计算、修约由仪器内部可编程微处理器执行。*Rd* 和 $+b$ 保留到一位小数；杂质面积百分率保留到两位小数，杂质粒数保留到个位；马克隆读数精确到一位小数；平均长度和上半部平均长度值均以毫米(mm)为单位，保留到一位小数；长度整齐度指数保留到一位小数；断裂比强度保留到一位小数，断裂伸长率取一位小数的百分率。

思　考　题

1. HVI 大容量测试仪由哪些基本模块组成？可以测试棉纤维的哪些指标？
2. HVI 大容量测试仪测得的上半部平均长度与手扯尺量长度有什么关系？
3. 什么是 HVI 大容量测试仪测得的色特征级？

(本实验技术依据：GB/T 20392—2006《HVI 棉纤维物理性能试验方法》，HVI 大容量测试仪使用说明书)

实验二　AFIS 单纤维测试系统

一、实验目的与要求

通过实验，了解 AFIS 单纤维测试系统的测试原理、仪器结构和测试项目，熟悉仪器的操作方法和各项测试指标的概念。

二、仪器用具与试样材料

AFIS 单纤维测试仪。试样为棉纤维或棉条若干。

三、实验原理与仪器结构

(一) 实验原理

AFIS(Advanced Fiber Information System)单纤维测试系统,能快速方便地测试原棉、棉条和粗纱中的纤维细度、长度、短绒率、棉结、杂质、成熟度等指标,有效地鉴别评定梳棉机、精梳机、并条机、粗纱机制品的质量变化,分析优选原棉、设备和生产工艺。

仪器将试样开松、梳理,利用气流将微尘、杂质和纤维三种成分分离。首先进入多孔针辊导气孔中的气流,使较重的杂质在第一道逆向导流槽中与纤维和微尘分开,并排出系统之外,较轻的纤维和微尘在导流槽气流的作用下返回针辊。微尘在离心力作用下被分离,并被抛入多孔针辊由套筒限制的区域内。纤维经过第一和第二固定梳理板梳理后被直接送入第二针辊,由第二逆向导流槽去除残余的杂质,经过第三固定梳理板梳理后被气流输出系统之外。三种互相分离的成分有不同的气流轨迹,可用光电或其他方法进行测量。

单根纤维和棉结被高速气流从第二个针辊上剥取下来,并通过一加速喷管被送至光电传感器(图 8-1)。当单根纤维在其中通过时,引起光散射,散射光和纤维的长度、成熟度、直径有关。测量散射光,并将其转换为电压信号,然后再转换为图 8-2 所示的特性波形。纤维产生矩形波,棉结产生三角形波,棉结三角形波的波幅数倍于纤维矩形波的波幅。借助计算机就可以得到棉结和杂质尺寸、数目、纤维长度、直径等分布。

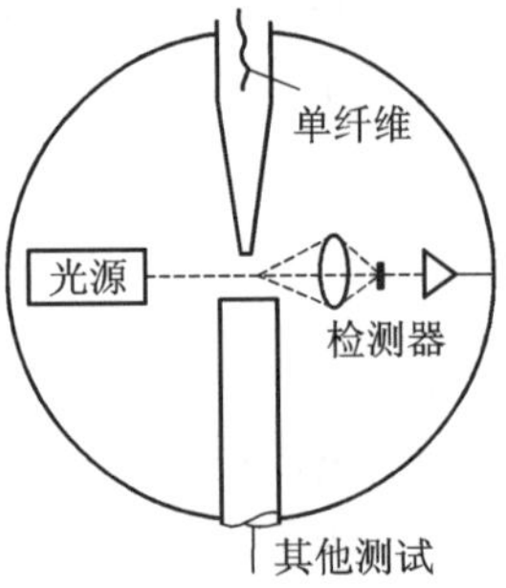

图 8-1　AFIS 仪纤维传感器流程图

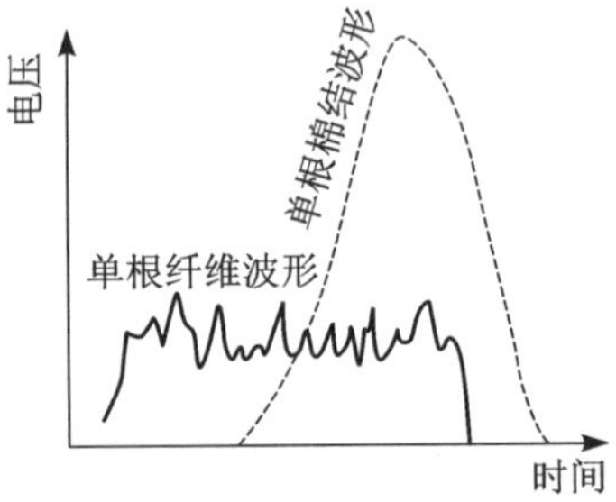

图 8-2　AFIS 仪纤维和棉结波形

(二) 仪器结构

乌斯特公司的 AFIS 单纤维测试系统是模块化的结构,有分析棉结数量和大小的 N 模块,测试纤维长度、成熟度和直径的 L&M 模块,确定异物、微尘和杂质颗粒数量与大小的 T 模块。AFIS 基本单元可以仅与一个组件或多个组件结合构成多种配置形式的测试系统。整台仪器测试由计算机控制。AFIS 单纤维测试系统的结构如图 8-3 所示,其单纤维分离器的结构如图 8-4 所示。

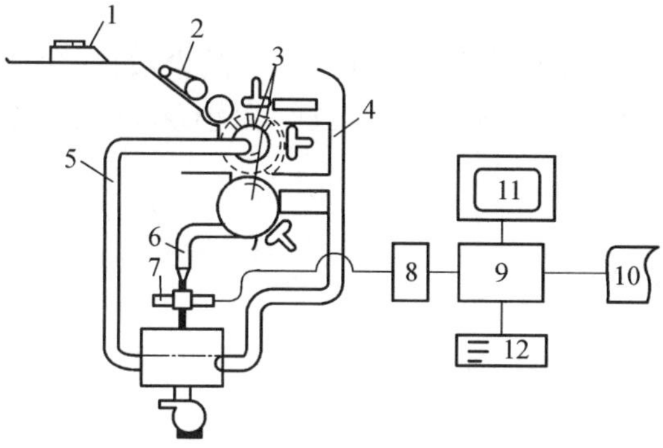

1—电子天平 2—输送装置 3—针辊
4—除杂质管道 5—除微尘管道
6—纤维和棉结加速喷管 7—光敏元件
8—电信号测量 9—微机
10—打印机 11—监视器 12—键盘

图 8-3 AFIS 仪结构示意图

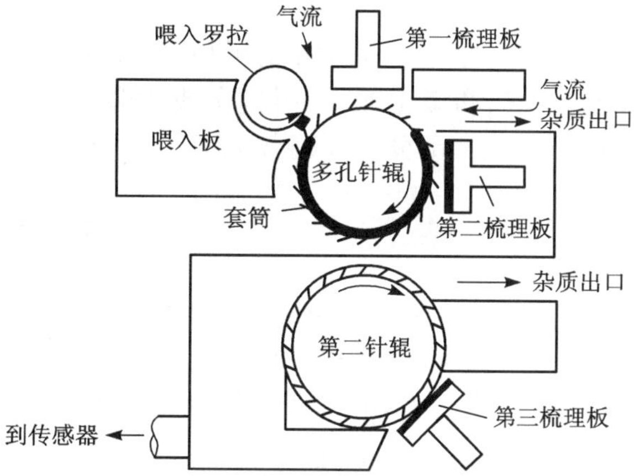

图 8-4 AFIS 仪单纤维分离器

四、实验方法与操作步骤

（一）AFIS—N（组件）

测试指标为：每个试样（0.5 g）的棉结数、每克试样的棉结数、试样中棉结大小的平均值（μm）。棉结的图形输出：从 0.1 mm 至 2 mm 分成 20 个等级，根据棉结的大小和数目，用频率分布图来表示。

（二）AFIS N—L&M（L＋M 组件）

长度的测试指标有：平均长度，平均长度变异系数（%），短纤维率（长度小于 12.7 mm），由长至短累计 25%纤维的长度（上四分位长度），由长至短累计 1%纤维的长度，由长至短累计 2.5%纤维的长度，单位为毫米或英寸。纤维长度的图形输出：以纤维根数和质量为权的频率分布图和纤维排列图表示，从 2 mm 至 60 mm 分成 30 组，组距 2 mm。

棉纤维成熟度和细度的测试指标有：成熟度比及其变异系数，纤维直径及其变异系数，未成熟纤维百分率（IFC）及其变异系数。纤维直径图形输出：从 2 μm 至 60 μm 分成 30 组，组距 2 μm，以纤维根数为权的频率分布图表示。经实验，批与批之间未成熟纤维百分率平均值的差异比较小，而每批内部的变异却很大。如一批棉花抽取 21 包，包与包之间差异较大，最低的为 7.2%，最高的为 14.2%。为了使混配棉更为合理，相邻两批 IFC 平均值之间相差不得大于 0.5%，相邻两批各自内部的 IFC 变异系数不得大于 2%。

$$IFC = \frac{\theta < 0.25\text{ 的纤维根数}}{\text{测试纤维的总根数}} \times 100\% \quad (8\text{-}1)$$

式中：IFC 为未成熟纤维百分率，%；θ 为胞壁增厚比，即胞壁充塞的面积与相同周长的圆面积之比。

AFIS 认定 θ 小于 0.25 为不成熟纤维，θ=0.25～0.50 为薄胞壁纤维，θ=0.50～1.0 为成熟纤维。

（三）AFIS N—T(T 组件)

测试指标为：杂质大小的平均值(μm)，每克试样中杂质数目，每克试样中微尘数目，每克试样中杂质和微尘的总数目，杂质和微尘质量百分率。杂质疵点颗粒的大小从 50 μm 至 300 μm按 10 μm 分组，以个数频率分布图表示。

思　考　题

1. AFIS 单纤维测试系统由哪些模块组成？能测试棉纤维的哪些指标？
2. AFIS 单纤维测试系统单纤维分离器的作用是什么？

（本实验技术依据：AFIS 单纤维测试系统使用说明书）

实验三　XJ128 快速棉纤维性能测试仪

实验操作视频

一、实验目的与要求

通过实验，了解 XJ128 快速棉纤维性能测试仪测试棉纤维长度、强度、马克隆值、色泽和杂质的原理，熟悉仪器的操作方法和各项测试指标的概念。

二、仪器用具与试样材料

XJ128 快速棉纤维性能测试仪，天平，马克隆值校准棉样。试样为棉纤维样品若干。

三、实验原理与仪器结构

（一）实验原理

1. 长度测量

采用照影仪法，根据照影仪曲线计算出棉纤维的平均长度 L_m、上半部平均长度 L_{uhm}、长度整齐度指数 U_i，并可输出照影仪曲线。根据照影仪曲线和经验公式可估算出短纤维指数 SFI。

2. 强度测量

采用 CRE 等速拉伸方式，3.18 mm 隔距，束纤维拉伸方法，根据拉断一定量纤维所需的力计算出比强度 Str，根据拉断距离计算出伸长率 Elg，并可输出拉伸曲线。

3. 马克隆值测量

采用一次压缩气流法，根据气压差计算出棉纤维的马克隆值 Mic，并根据质量的不同予以修正，根据马克隆值和比强度估算出成熟度指数 Mat。

4. 色泽测量

采用 45/0 照明方式，光线以与棉样表面法线成 45°角的方向入射至棉样表面，在法线上测量棉样表面反射光，分析得到的光谱成分，计算出反射率 Rd 和黄色深度 $+b$，根据美国或中国色泽等级标准输出色泽等级 CG。

5. 杂质测量

利用 CCD 摄像、图像处理和软件分析方法，计算出棉花表面杂质粒数 TC、杂质面积百分率 TA、杂质等级 TG。杂质粒数 TC 为面积大于 0.065 mm^2 的杂质在被测区域的数目，杂质面

积百分率 TA 为杂质所占阴影面积与被测量面积的百分比。

（二）仪器结构

XJ128 快速棉纤维性能测试仪由长强主机（包括长度/强度模块和电控箱）、色征主机（包括马克隆模块和色泽/杂质模块）、主处理机、显示器、键盘、鼠标、打印机、电子天平、条形码读取器及附属电缆组成，其结构如图 8-5 所示。

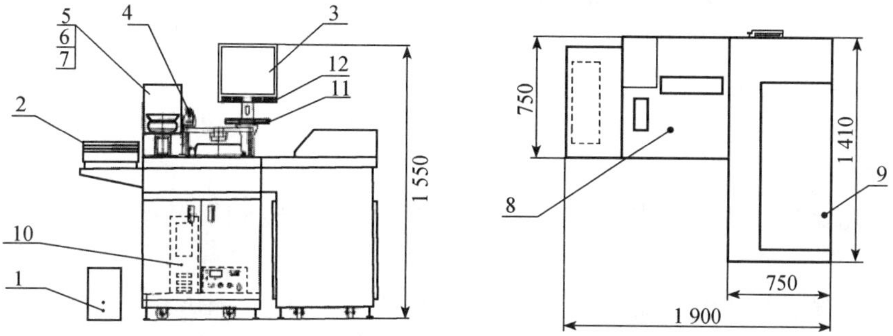

1—不间断电源 2—彩色喷墨打印机 3—液晶显示器 4—条形码读取器 5—电子天平 6—螺钉 M4×6 7—电子天平罩 8—色征主机 9—长强主机 10—主处理器 11—鼠标/键盘 12—扬声器

图 8-5 XJ128 快速棉纤维性能测试仪结构示意图

四、实验方法与操作步骤

（一）取样

将棉样（标准温湿度条件下约 12～16 g）双手对捏撕成两半（质量基本一致），放在仪器平台上，将样品四周用双手抓一抓，去除周边多余部分，然后双手各抓一样品放入取样筒测试窗口（下平面与样筒取样板相贴）。在测试中，如果出现取样量偏大或偏小，应及时增加或减少棉样。每次放入的样品取样次数不得超过两次，最好在每次测试结束后双手抓起棉样重新放入。

（二）操作步骤

1. 开机

长按 UPS 稳压电源的“ON”按钮，听到“嘀”一声后即可打开主电源。然后打开长强主机前门，启动电控箱 220 V 电源开关，打开色征主机前门。启动计算机，再打开色征主机、显示器、电子天平、打印机电源开关，即可开启 XJ128 测试仪。点击桌面上的“XJ128 测试仪”快捷按钮，即可启动 XJ128 测试仪。

2. 参数设置

参数设置菜单可以进行参数项的设置选择、参数值的输入、批量限值的设置、重测允差的设置、范围限制的设置，以及查看或打印长强校准参数、马克隆校准参数、马达参数、校准历史状态。

点击主菜单上的“参数设置”按钮，即可进入参数设置；点击参数设置菜单上的“返回”按钮，即可退出参数设置。

3. 仪器校准

每次开机后、测试前都要对仪器进行校准。仪器校准采用自动校准模式，点击主菜单上的“校准”按钮，即可进入仪器校准界面；点击相应的校准按钮，即可进入相应的校准菜单进行校准。长度/强度模块用长度/强度校准棉花进行校准，马克隆值模块用校准塞和马克隆值校准棉花进行校准，颜色杂质模块用杂质校准瓷板进行校准。点击“返回”按钮，即可退出仪器校准。

4. 测试

在主菜单上点击“模块测试”按钮，即可进入模块测试菜单界面。在模块测试菜单，可选择“长度/强度模块”“马克隆模块”“色泽/杂质模块”三个模块进行测试。点击“返回”按钮，即可返回上级菜单。在每一个模块测试完成后，屏幕会显示测试数据及其统计结果，并可进行打印，同时测试数据自动存储至测试结果文件中。

(1) 长度/强度测试。在模块测试菜单，点击“长度/强度模块”按钮，即可进入长度/强度模块测试菜单。

① 输入样品编号，选择马克隆数据，选择长度/强度数据选项，选择短纤维标准，选择测试模块。

② 在长度/强度模块测试菜单，点击“开始”按钮，即可进入测试。

③ 在两个取样筒中放入被测棉样，按压长强主机台面上的测试按钮。

④ 取样器门自动合上，梳夹取样、棉样梳理、长度测量、强度测量等自动完成，梳夹返回原始位置，取样器门自动打开。

⑤ 一次测试结束后，数据显示在屏幕上。

⑥ 循环进行②～⑤操作，直到测试完成。

⑦ 点击“完毕”按钮即可结束测试。点击“显示数据”或“显示曲线”按钮，可以使测试结果在数据和曲线间切换。在显示数据界面，点击相应的按钮，可以显示或打印四种测试结果：左梳夹数据、右梳夹数据、左右梳夹数据、全部数据；在显示曲线界面，点击“上一个曲线”或“下一个曲线”按钮，可以进行测试结果曲线的显示及打印，包括照影仪曲线、拉伸曲线等。

⑧ 点击“返回”按钮，即可退出长度/强度模块测试。

注意：长度/强度测试时，长强和短弱棉样的测试次序不能颠倒，先测短弱棉样，然后根据提示再测长强棉样。

(2) 马克隆值测试。在模块测试菜单，点击“马克隆模块”按钮，即可进入马克隆模块测试菜单。

① 输入样品编号，选择测试模式，设置文件名。

② 在马克隆模块测试菜单，点击“开始”按钮，进入马克隆模块测试。

③ 在电子天平上称取适量(设置范围内)的样品，马克隆气流打开，样品质量显示在屏幕上。

④ 把称好的样品放入马克隆测试筒，合上马克隆门。

⑤ 马克隆气缸自动运行，完成测试动作和信号检测，马克隆门自动打开。

⑥ 一次测试结束，数据显示在屏幕上。

⑦ 循环进行②～⑥操作，直到测试完成。

⑧ 点击“完毕”按钮即可结束测试，并进行测试数据的统计、保存。

⑨ 点击“返回”按钮，即可退出马克隆模块测试。

注意：马克隆值测试时，高、低马克隆值棉样的校准次序不能颠倒，先测试低马克隆值，然后根据提示再测试高马克隆值；棉样放入马克隆测试筒时应当松散，不得捻成团。

(3) 色泽/杂质测试。在模块测试菜单，点击“色泽/杂质模块”按钮，即可进入色泽/杂质模块测试菜单。

① 输入样品编号，色泽压板托盘运动(否/否、是/是、是/否)，棉花类型(中国、美国)，选择测试模块，设置文件名。

② 在色泽/杂质测试菜单，点击“开始”按钮，进入色泽/杂质模块测试。

③ 把样品放在测试窗口上；若选择托盘运动，则把样品放入托盘内。

④ 按压色征主机台面上的测试按钮。

⑤ 测试动作和信号检测自动完成

⑥ 一次测试结束，数据显示在屏幕上。

⑦ 循环进行②～⑥操作，直到测试完成。

⑧ 点击“完毕”按钮即可结束测试，并进行测试数据的统计、保存。

⑨ 点击“返回”按钮，即可退出色泽/杂质模块测试。

注意：色泽/杂质测试时，色板的次序不能颠倒；色板或杂质板必须覆盖整个测试窗口；进行棉样测试时，棉样的厚度不得小于 40 mm，且分布均匀。

5. 关机

点击主菜单上的“退出”按钮，即可退出 XJ128 测试仪。依次关掉计算机、色征主机、电控箱、显示器、电子天平、打印机电源开关，再长按 UPS 稳压电源的“OFF”按钮，听到“滴”一声后关闭 UPS 电源，即可关闭 XJ128 测试仪。

注意：关闭色征主机时，先按压色征主机电控箱面板上的“上升/下降”按钮，等到电流下降至小于“0.1”时，再关闭 220 V 电源开关。

五、实验结果计算与修约

测试结束后，仪器自动显示棉纤维的平均长度、上半部平均长度、整齐度指数、短纤维指数、比强度、伸长率、最大断裂负荷、马克隆值、成熟度指数、色泽等级、杂质粒数、杂质等级等指标。

思　考　题

1. XJ128 快速棉纤维性能测试仪可以测试棉纤维的哪些指标？
2. XJ128 快速棉纤维性能测试仪由哪些基本模块组成？每个模块的测试原理是什么？

(本实验技术依据：XJ128 快速棉纤维性能测试仪使用说明书)

实验四　INSTRON 万能材料试验机

一、实验目的与要求

通过实验，了解 INSTRON 万能材料试验机测量材料拉伸、压缩、弯曲、蠕变、剪切性能的原理，熟悉仪器的操作方法和各项测试指标的概念。

二、仪器用具与试样材料

INSTRON 万能材料试验机，天平，剪刀等。试样为机织物、针织物、纤维若干。

三、实验原理与仪器结构

（一）实验原理

力值测量通过测力传感器、放大器和数据处理系统来实现，最常用的测力传感器是应变片式传感器。形变测量通过形变测量装置来测量试样在试验过程中产生的形变。该装置上有两个夹头，经过一系列传动机构，与装在测量装置顶部的光电编码器连在一起，当两夹头间的距离发生变化时，带动光电编码器的轴旋转，光电编码器就有脉冲信号输出，再由处理器对此信号进行处理，就可以得出试样的变形量。横梁位移的测量原理与形变测量大致相同，都是通过测量光电编码器的输出脉冲数来获得横梁的位移量。

（二）仪器结构

INSTRON 万能材料试验机采用机电一体化设计，主要由测力传感器、伺服驱动器、微处理器、计算机及彩色喷墨打印机构成，其结构如图 8-6 所示。

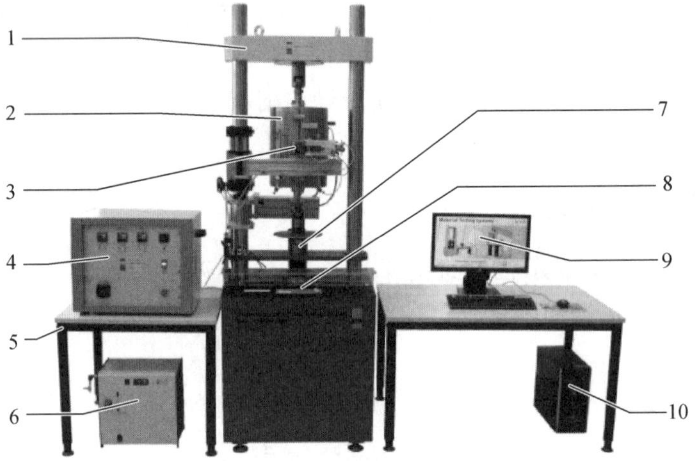

1—蠕变测试装置　2—高温熔炉　3—高温轴向引伸计　4—高温熔炉控制箱　5—桌子
6—闭环电路水冷却系统　7—压力传感器　8—材料试验控制系统　9—显示器　10—电脑主机

图 8-6　INSTRON 万能材料试验机结构示意图

四、实验方法与操作步骤

（一）开机和设置

（1）启动计算机，打开仪器总开关，系统进行自检，感应器示数降到“2”以后完成。

（2）打开控制软件 Bluehill，注意观察机架控制面板，“机台启动”灯闪烁，正常启动后停止闪烁，机台待命中，红灯熄灭。

（3）打开控制面板，选择键“1”为载荷调零，键“2”为重设标距。

（4）设置机架横梁零点位置，以便在连续的实验过程中按“返回”键使机架横梁能迅速移动到零位。正确设置上、下机械位移限位装置，特别是下限位装置，确保上、下夹具不发生碰撞。按控制面板上“▲”“▼”键调整机架横梁位置至正确安装样条位置（样条两端必须完全被夹面夹住，防止夹持时样条倾斜产生应力），鼠标左键单击重设标距，设置机架横梁“0”点，等待设定完毕后，单击确定。

（5）传感器设置时，先标定，然后应变调零。标定是为了校验载荷传感器，此时上夹具上不应有任何物品。

（二）创建或修改试验方法

（1）单击主屏幕上的“方法”按钮。

（2）在最近使用文档列表中，选择参数设置最接近本次实验需要的方法文件（材料拉伸、压缩、弯曲或纤维拉伸），然后单击“打开”按钮。如果需要的方法文件不在最近使用文档列表中，单击“浏览” 按钮，找到所需文件后单击对话框中的“打开”按钮。

（3）如果要创建一个全新的试验方法文件，单击“新建 ”按钮，选择将要创建的方法文件的试验类型，然后单击“创建”按钮，系统将创建一个所有参数均为缺省值的新方法文件。

（4）依次单击导航条中的“试样”“控制”“计算”“结果”“报告”等各个项目，查看并设置试验方法中的所有参数。

（5）单击“另存为”按钮，并命名试验方法文件，如果要覆盖原方法文件，单击“保存”按钮。

（三）测试

（1）鼠标左键单击“测试”图标，然后单击“新样品”，再选择正确的试验方法；点击“下一步”图标，输入样品名，再点击“下一步”，出现样品测试界面。观察空压机工作是否正常（应间歇工作）；如长期不停机，应进行检查。

（2）按试验方法要求正确安装样条。脚踩踏板，使气动夹具先夹住样条上部，然后夹下部，避免上下同时夹住样条，产生扭力，使载荷传感器出现较大读数。

（3）正确安装引伸器夹具，必须松紧适度，不能对样条产生损伤，安装完毕后引伸器上下夹具必须紧紧靠在一起，确保标距为 50 mm。录入精确的样品条长、宽、高等数据。

（4）确认所有安装正确，确认压缩空气管线有足够的伸长空间。鼠标左键单击“开始”，应变自动调零，拉伸开始。

（5）软件实时自动显示应变-应力曲线。样条在 5 min 内被拉断后，测试自动停止。必须先移去引伸器夹具，踢离踏板，移除断裂样条，确认气动夹具移动范围内没有任何物品，按“返回”，使机架横梁返回“0”点，进行下一个样品的测试。观察移除断裂样品后载荷是否在附近；如不在，按载荷调零。

（6）测试完毕后，剔除非正常样品，读取至少 5 个样品的拉伸屈服应力、拉伸弹性模量的平均值。

（7）点击“退出”，退出系统。

五、实验结果计算与修约

测试结束后，仪器可自动显示试样的相关测试结果。

思 考 题

1. INSTRON 万能材料试验机可以测试哪些材料的力学性能?
2. INSTRON 万能材料试验机能测量材料的哪些力学性能? 指标有哪些?

(本实验技术依据:INSTRON 万能材料试验机使用说明书)

实验五 USTER 纱条均匀度仪

一、实验目的与要求

通过实验,了解 USTER 纱条均匀度仪测试纱线条干均匀度和纱线毛羽的原理,熟悉 USTER 纱条均匀度仪的操作方法和各项测试指标的概念。

二、仪器用具与试样材料

USTER 5 型纱条均匀度仪。试样为细纱、粗纱、条子等若干。

三、实验原理与仪器结构

(一) 实验原理

USTER 纱条均匀度仪是利用非电量转换原理对纱条均匀度进行测定的。仪器中电容器电容量的变化随其中电介质的不同而异,当相同的电介质通过电容器时,其电容量的变化与介质线密度成比例变化。因此,当比空气介电系数大的纱条以一定速度连续通过电容器时,则电容量增加,此时纱条线密度变化将转换为电容量变化。在常规的纱线条干均匀度指标测试的同时,可进行毛羽的测定。将光束直射到纱线上,突出的纤维会反射光线,故光线密度可代表毛羽数。

(二) 仪器结构

USTER TESTER 是享誉纺织业的条干测试仪。这一产品系列最先进的代表产品有 USTER TESTER 5-S800 和 USTER TESTER 5-S400。各种型号的测试原理和仪器结构基本相同。USTER 5 型纱条均匀度仪包括纱架、检测器、控制仪、纱疵仪、频谱仪及记录仪等。其结构如图 8-7 所示。

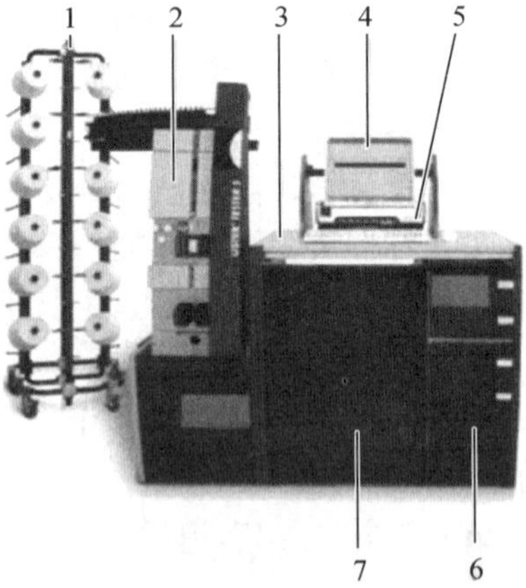

1—纱架 2—测试单元 3—控制台
4—LED 监视器 5—打印机
6—控制单元 7—废物箱

图 8-7 USTER 5 型纱条均匀度仪

四、实验方法与操作步骤

(一) 取样

待测的条子、纱线等在标准温湿度条件下平衡 24 h,使纱线张力器朝向 USTER 5 型纱条均匀度仪,将纱架定位在测试单元后方。卷装必须按照顺序放在纱架后方，对于气流纺纱等大型卷转，必须间隔使用纱架，以避免发生纱线卡住。然后，利用穿纱钩，将各个卷装的纱线拉过纱线张力器。将要测试的第一个卷装的纱线拉到换纱器模块后方的第一个导纱轮。要固定第一个纱线夹中的测试原料，须从后边的导纱轮上拉出纱线，引入到换纱器滑块上的导向中，并略微拉出纱线夹，纱线端部应该突出到纱线夹之外最大 1 cm。

（二）操作步骤

1. 开机

打开 USTER 5 型纱条均匀度仪时需将拨动开关置于位置“|”，打印机和监视器也必须同时打开。屏幕显示“USTER TESTER 5”徽标，所有需要的软件均进行初始化并启动，在所有软件应用程序均连接后，系统将进行自检。为确保设备正常运行，必须确认检测已经“完成”。在主菜单栏上的按钮高亮显示后，设备准备好运行。

注意：在打开设备后到开始测量前，需要经过下述等待时间，以便机器预热——

① 从冷态开机，需要等待最长 30 min；

② 仪器复位后，需要等待约 10 min；

③ 仪器重新启动后，需要等待 2～3 min。

2. 参数设置

使用测试作业编辑器，完成各项测试的所有设置，主要包括要测试的原料的 ID 和特性、实验室操作员的姓名和注释、报表的类型和显示方式、试样编号、设备相关数据、测试模式等。测试作业设置可以作为一个测试程序保存，并且可以再次调出。其设置步骤如下：

(1) 使用键盘上的“F2”功能键，或者工具栏上的对应按钮切换到测试作业编辑器显示。

(2) 选择存储有试样的目录。

(3) 在“特性数据”选项中输入要求的试样 ID 数据，设置为“原料分类”定义测试程序和设置默认测试条件；“名义支数”，在设置为自动时，仪器会自动选择正确的测试槽，测试槽与纤维细度的选择见表 8-1。

表 8-1 测试槽规矩及对应的纱条细度

测试槽号	1	2	3	4
公制支数(Nm)	0.083～0.83	0.83～6.25	6.25～48	48～1 000
棉英制支数(Nec)	0.049～0.49	0.49～3.7	3.7～29.5	29.5～5 900
线密度(tex)	1 200～12 000	160～1 200	21～160	1～21

(4) 在“报表”选项卡中选择所需要的报表，并显示在监视器上。

(5) 设置测试单元中的测试条件，首先选择“测试槽”，其次选择“不匀率曲线分辨率”，对于常规测试，推荐采用“标准”或“低”设置。“高”设置仅用于特殊分析。存储高分辨不匀率曲线的内存要求是标准分辨率曲线的 2 倍。不匀率曲线分辨率如表 8-2 所示。

表 8-2 不匀率曲线的标准设置

不匀率曲线分辨率	低	标准	高
曲线点的数目，20 m/min 测试速度	5.42 mm	1.35 mm	0.68 mm
曲线点的数目，25 m/min 测试速度	5.42 mm	1.35 mm	0.68 mm
曲线点的数目，50 m/min 测试速度	10.8 mm	2.71 mm	1.35 mm

（续　表）

不匀率曲线分辨率	低	标准	高
曲线点的数目，100 m/min 测试速度	21.7 mm	5.42 mm	2.71 mm
曲线点的数目，200 m/min 测试速度	43.3 mm	10.8 mm	5.42 mm
曲线点的数目，400 m/min 测试速度	86.7 mm	21.7 mm	10.8 mm
曲线点的数目，800 m/min 测试速度	173.4 mm	43.3 mm	21.7 mm

3. 测试

（1）在测试作业准备好后，可以立即开始测试。将试样放在测试槽外，使用“测试控制”菜单上的“启动测试作业”命令，或者点击工具栏 “启动”按钮，启动准备好的测试作业。

（2）测试作业队列操作：在测试作业准备好后，使用“测试控制”菜单中的“测试控制”命令，先将测试作业添加并存储在测试作业队列中，再启动测试。整个试样的测试以全自动方式进行。

（3）使用“测试菜单”中的“停止测试”命令，将立即停止正在执行的测试。

（4）在测试开始和测试时发生的故障，会在监视器屏幕上通过消息框显示，按照消息所述指导继续进行测试。

4. 关机

使用“测试控制”菜单中的“关机”命令，或者“晚安”工具栏按钮来关闭 USTER 5 型纱条均匀度仪。

注意：不要在短时间内频繁开关仪器，以免损坏仪器。

五、实验结果计算与修约

利用记录仪将实验结果打印在记录图纸上。波谱图及不匀曲线图的分析，需要有一张纺制试样的机器传动图及详细的工艺参数，根据有疵病的波长，结合传动图及工艺参数，推算出产生疵点的部件。

思　考　题

1. 乌斯特纱条均匀度仪测试的纱条不匀与黑板条干不匀有何异同？

2. 已知细纱由双皮圈细纱机纺制而成，在细纱波谱图上，有一波长为 7.5 cm 的机械波，试分析该机械波产生的原因。

（本实验技术依据：USTER 5 型纱条均匀度仪使用说明书）

实验六　CT3000 条干均匀度测试分析仪

实验操作视频

一、实验目的与要求

通过实验，了解 CT3000 条干均匀度仪测试纱线条干均匀度的原理，熟悉 CT3000 条干均匀度仪的操作方法和各项测试指标的概念。

二、仪器用具与试样材料

CT3000 条干均匀度测试分析仪。试样为棉条、粗纱、细纱若干。

三、实验原理与仪器结构

（一）实验原理

试样以一定的速度受罗拉牵引，通过毛羽检测单元、直径检测单元、电容检测槽，依次将纱线的毛羽信息、直径变化、线密度不匀转化为相应的电信号，各个信号经过相应的信号处理，经 AD 采样后送至主处理机系统，实时计算质量变异系数 $CV_m\%$、质量不匀率 $U_m\%$、毛羽值 H、直径 D、直径变异系数 $CV_D\%$和各档疵点值。单次测试完成后，依次计算毛羽和线密度的波谱图、变异-长度曲线、线密度-频率图和偏移率-门限图等指标。批次测试完成后，计算批次统计值，并存盘、打印等。

测试竹节纱时，实时计算 $CV_m\%$、$U_m\%$、H、D、$CV_D\%$，单次测试完成后，计算竹节长度、竹节间距、密度、倍数等指标，输出散点图、柱状图、三维图等图形。批次测试完成后，计算各个指标的统计指标，并将结果自动存盘。

（二）仪器结构

CT3000 条干均匀度仪主要由检测分机（包括毛羽检测单元、光电检测单元和电容单元）、主处理机（包括键盘、鼠标）、显示器、打印机、供纱架及粗纱架等组成，其结构如图 8-8 所示。

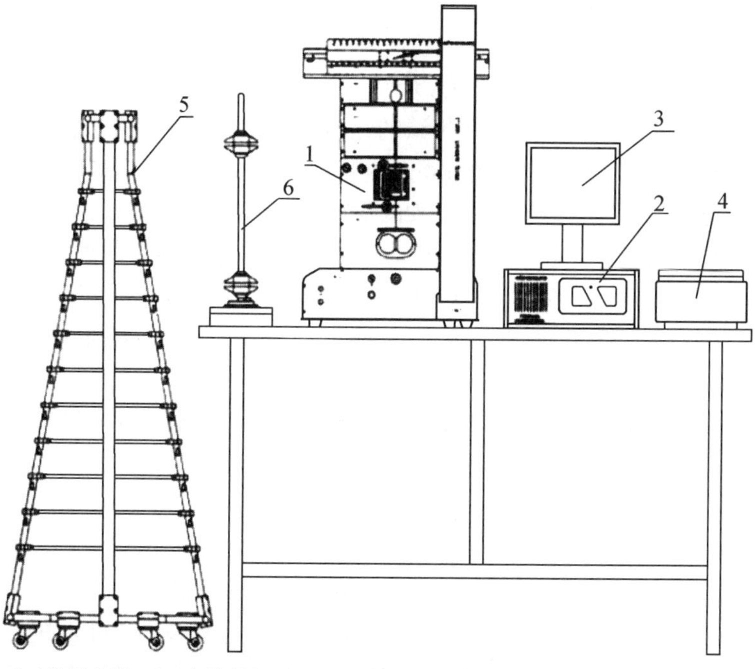

1—检测分机　2—主处理机　3—显示器　4—打印机　5—供纱架　6—粗纱架

图 8-8　CT3000 条干均匀度测试分析仪

四、实验方法与操作步骤

（一）取样

待测试的条子、纱线等在标准温湿度条件下平衡 24 h，然后将试样分别置于供纱架上，并通过导纱环引入夹纱器。测试细纱时仪器会按照所设置的参数自动完成引纱、喂纱等操作。在全自动测试过程中，引纱操作是自动完成的。当采用手动测试时，可将纱线置于移纱架在初始位置时的“0”位进行手动测试。

（二）操作步骤

1. 开机

开机时，首先接通压缩空气，再接通电源插座开关，并依次接通检测分机电源开关、打印机、显示器电源开关，然后接通主处理机电源开关。

注意：开机前先通压缩空气，开机预热 0.5 h 后方可正常使用。

2. 参数设置

打开主处理机电源，计算机进行系统自检后，将启动 Windows 操作系统，完成后，将显示版权信息，然后自动进入 CT3000 监控软件。在主菜单下用鼠标左键单击“参数设置”，将进入参数设置功能。主要的参数设置包括：材料名，试样类型（分为棉型和毛型，材料的平均纤维长度小于 40 mm，选择棉型，否则为毛型），试样号数（指当前测试纱线的细度，单位为 tex），纤维长度，纤维细度，纱线品种，竹节纱，测试速度（测试纱线毛羽时，只能选择 800 m/min、400 m/min和200 m/min），测试时间，量程设置，测试次数，张力设置，不匀曲线刻度，测试槽号（测试毛羽时，只能用 3 号和 4 号槽）等。

3. 测试

（1）细纱的测量。当参数设置好以后，开始进行测试。用鼠标左键单击按钮“启动/停止”或在键盘上按下“F9”，将启动测试；如果测试的是细纱，仪器将自动完成测试。

注意：细纱测试时，必须及时清理废纱；否则废纱可能堵塞排纱管，引起罗拉缠纱，使机器故障。

（2）粗纱和棉条的测量。启动测试后，如果测试的是粗纱或条子，系统首先弹出提示信息“请从测试槽中取出测试试样，按‘Enter’键继续”。此时，用户从测试槽中取出测试试样，确保测试槽中为空后选择“确认”键，系统将关闭提示信息框，并弹出调零提示对话框，自动调零。调零准确后，用户牵引纱线通过检测槽，按回车键启动罗拉，待速度稳定后自动进行首管调均值，完成均值调整后自动进入测试状态。

① 粗纱的测量。用固定夹夹紧纱管，松开锁紧旋钮，调节锁紧盘旋转角度，使纱管旋转阻尼合适。将粗纱架置于合适的位置，并调节指形张力器，使粗纱紧贴导向轮根部运行，可以避免粗纱在测量区前后蹿动。调节指形张力器可以增加粗纱的张力，使之在运行中平稳无抖动。调节张力使粗纱呈现一定的张力，但不能太大，否则容易拉断，也不能太小，否则测试时容易抖动，一般以上下指形柱接触到粗纱为宜。调整检测槽上下导向轮的位置，使粗纱通过 2 号槽时贴着左边的极板运行，并使粗纱进出 2 号槽时所形成的角度相同（左进左出）。测量粗纱时选择较低速度，罗拉启动为软启动。吸纱口处放置一个斜面盒，可使粗纱滑落到下面；也可不放置斜面盒，使粗纱通过吸纱口落到后面。

② 棉条的测量。首先旋动粗纱架底座上的锁紧旋钮，将竖杆锁定，再将导杆锁定在竖杆

上。将粗纱架置于合适位置，并调节指形张力器，使棉条穿过导杆时紧贴导向轮根部运行，避免棉条在测量区前后蹿动，调节指形张力器使棉条张力合适，使之在运行中平稳无抖动。调整检测槽上下导向轮的位置，使棉条通过 1 号槽时贴着左边的极板运行，并使棉条进出 1 号槽时所形成的角度相同(左进左出)。测量棉条时罗拉启动为软启动。吸纱口处放置一个斜面盒，可使棉条滑落到下面。

(3) 结果显示与打印。测试界面的上部为测试数据，每秒钟刷新一次。下部为不匀曲线图，红色为纱条瞬态不匀的记录值，便于记录短片段不匀和粗节、细节；绿色线为经过不同等效切割长度积分后的不匀变化，便于记录长片段不匀。

在单次测试完成后进行下次测试时，操作者可以直接用鼠标左键选择界面右下部分的图形选项，查看上次测试的图形指标。测试批次完成后，自动计算统计值。退出测试时，若选中打印报表或打印图形功能，则打印相应的项目。

在测试过程中，如果发现有异常情况或出现操作失误、纱线缠罗拉、断纱等现象，可用鼠标单击“启动/停止”按钮中断当前的测试(注意：必须在不匀曲线出现时而不要在调零、调均值时进行此操作)。检测分机罗拉将停止转动，排除异常后，再选择“启动/停止”进行测试。

4. 退出系统和关机

用鼠标左键单击“退出系统”按钮关闭系统。退出系统后，关闭主处理机电源开关，再关闭显示器、打印机电源开关、检测分机开关，然后关闭电源插座开关，最后关闭压缩空气。

注意：在关闭主处理机电源前，一定要选择“退出系统”，等主处理机上出现相应的提示信息时才能关闭主处理机电源。在 Windows 下直接关电源易造成系统损坏。在测试过程中，检测分机如有意外或出错情况而被关机后，应在当前界面退出本批次测试后再开机。为了更好地保护机器的使用寿命，24 h 内关机一次，关断时间至少 1 h。

五、实验结果计算与修约

利用记录仪将实验结果打印在记录图纸上。波谱图及不匀曲线图的分析，需要有一张纺制试样的机器传动图及详细的工艺参数，根据有疵病的波长，结合传动图及工艺参数推算出发生疵点的部件。

思 考 题

1. CT3000 条干均匀度测试分析仪可以测试纱线的哪些指标？
2. CT3000 条干均匀度测试分析仪的测试原理是什么？与 USTER 5 型纱条均匀度仪有何异同？

(本实验技术依据：CT3000 条干均匀度测试分析仪使用说明书)

实验七 KES 织物风格仪

一、实验目的与要求

通过实验，了解 KES 织物风格仪的主要结构和评定织物风格的原理，掌握织物的拉伸、剪切、弯曲、压缩、摩擦、粗糙度的测试方法。

二、仪器用具与试样材料

KES 织物风格仪。试样为不同风格的织物若干。

三、实验原理与仪器结构

（一）实验原理

KES 织物风格仪可测定织物的拉伸、剪切、弯曲、压缩、摩擦、粗糙度六项基本力学性能，共考核 16 个指标。根据这些性能指标可综合评价织物的手感特征，如变形弹性、挺括性、丰满性、蓬松性、滑爽性及匀整性等。

（二）仪器结构

KES 织物风格仪由四台试验主机组成，分别为 KES-FB1 拉伸剪切试验仪、KES-FB2 纯弯曲试验仪、KES-FB3 压缩性试验仪、KES-FB4 表面性能试验仪，并配备有计算机、打印机等，用于测定织物的拉伸、剪切、弯曲、压缩、摩擦、粗糙度六项基本力学性能。

四、实验方法与操作步骤

（一）取样

按产品标准规定的取样方法取样，样品表面应平整，且无明显疵点，每匹剪取长度不少于 80 cm。在距布边 10 cm 内，按阶梯形排列方式取样。试样分经向和纬向，试样的试验方向应平行于经纱（或纬纱），各条试样内不应含有相同的经纱（或纬纱）。裁取经纬向试样各一块，尺寸为 200 mm×200 mm。如果是坯布等性能离散性较大的织物，每一品种应在不同的部位分别裁取经纬向试样各三块。要求试样平整并拆去边纱，以防止纤维屑、纱线掉入仪器中。

（二）操作步骤

由于经过拉伸测试的织物试样变化最大，因此，同一块织物试样按照下列顺序测试：表面性能→弯曲→压缩→剪切→拉伸，即最后测试拉伸性能。测试前，应打开仪器电源预热 30 min。

1. KES-FB1 拉伸剪切试验仪

（1）沿织物经向，用手指将试样垂直推入夹具中，待指示灯亮时说明试样已放置好。

（2）先做剪切试验。按压剪切“Shear”按钮，并按压测试“Measure”按钮，“Measure”灯亮。

（3）夹具自动夹紧试样后，“Measure”灯闪烁。

（4）采用对应的计算机软件，开始对试样的剪切性能进行测试，计算机记录试样在正剪切及其回复过程、负剪切及其回复过程中的剪切力-剪切角关系曲线。试验完成后，保存试验结果。

（5）待夹具自动开启后，再测试该试样纬向的剪切性能。

（6）待剪切性能测试完成后，测试该试样经向的拉伸性能。在一般情况下，按压“Tensile Standard”按钮后，再按压“Measure”。

（7）夹具自动夹紧试样后，“Measure”灯闪烁。

（8）采用对应的计算机软件，开始对试样的拉伸性能进行测试，计算机记录试样在拉伸及其回复过程中的应力-应变关系曲线。试验结束后，保存试验结果。

（9）以同样方法测试试样纬向的拉伸性能。

2. KES-FB2 纯弯曲试验仪

(1) 将试样按照从薄到厚或从厚到薄的顺序进行测试。

(2) 沿织物经向,用手指将试样垂直推入夹具中,待指示灯亮时说明试样已放置好。

(3) 按压"Measure"按钮,"Measure"灯亮。

(4) 夹具自动夹紧试样后,"Measure"灯闪烁。

(5) 采用对应的计算机软件,开始对试样的纯弯曲性能进行测试,计算机记录试样在表弯曲及其回复过程、里弯曲及其回复过程中的弯矩-曲率关系曲线。试验完成后,保存试验结果。

(6) 待夹具自动开启后,以同样方法测试该试样纬向的纯弯曲性能。

3. KES-FB3 压缩试验仪

(1) 将试样按照从薄到厚或从厚到薄的顺序进行测试。

(2) 将试样置于测试台上,待指示灯亮时说明试样已放置好。

(3) 按压"Measure"按钮,"Measure"灯亮。

(4) 当压头初始位置调好后,"Measure"灯闪烁。

(5) 采用对应的计算机软件,开始对试样的压缩性能进行测试,计算机记录试样在压缩及其回复过程中的压力-厚度关系曲线[标准测试最大压力为 50 gf/cm^2(0.5 N)]。测试完成后,保存试验结果。

(6) 同一块试样测试三个位置,当第一个位置测试完成后,试样台水平移动 20 mm,到达第二个测试点。

(7) 三个测试位置完成后,试样台回到初始位置。

4. KES-FB4 表面试验仪

(1) 用手指将试样垂直推入测试台,待指示灯亮时说明试样已放置好。

(2) 按压"Measure"按钮,"Measure"灯亮。

(3) 测试摩擦的金属指纹触头与测试厚度的单根琴钢丝触头自动下降,调好初始位置后,"Measure"灯闪烁。

(4) 采用对应的计算机软件,开始对试样的表面性能进行测试,计算机记录试样在 2 cm 长度内来回运动时的摩擦因数、厚度变化曲线。测试完成后,保存试验结果。

(5) 同一块试样需要测试三个位置,当第一个位置测试完成后,触头自动抬起,运动到试样的第二个测试位置。

(6) 三个测试位置完成后,夹具回到初始位置,并自动打开,释放布样。

(7) 以同样方法测试织物另一个方向的表面性能。

注意:保存测试结果时,AUTO 测试系统自动计算软件要求同一块试样的文件名一致。测试过程中,应避免水及其他异物进入仪器,同时不能对机器有任何振动干扰。在自动测试过程中,如想停止测试,按压"Measure"键;如遇噪音、烟雾等紧急情况,应迅速切断电源。

五、实验结果计算与修约

测试出织物的 16 个力学性能指标以后,利用多元回归方法,建立 16 个力学物理指标与织物基本风格值 HV 的回归方程式:

$$HV = C_0 + \sum_{i=1}^{16} C_i X_i \tag{8-2}$$

式中：HV 为基本风格值；i 为物理指标的序号；C_0，C_i 为回归系数，C_i 反映第 i 项指标对基本风格值的影响程度；X_i 表示经标准化处理后的各项指标平均值。

综合风格值 THV 的评定，可以在基本风格值得到后，根据其与综合风格值的回归方程获得：

$$THV = Z_0 + \sum_{j=1}^{k} Z_j \tag{8-3}$$

$$Z_j = Z_{j1}\left(\frac{Y_j - \overline{Y}_j}{\sigma_{j1}}\right) + Z_{j2}\left(\frac{Y_j^2 - \overline{Y}_j^2}{\sigma_{j2}}\right) \tag{8-4}$$

式中：Y_j 为所测织物的基本风格值；$\overline{Y}_j$，$\overline{Y}_j^2$ 为建立回归方程时标准试样的基本风格值的平均值及平均值平方的平均值；σ_{j1}，σ_{j2} 为建立回归方程时标准试样的基本风格值的标准偏差及其基本风格值平方的标准偏差；Z_{j1}，Z_{j2} 为对既定用途织物是常数。

思　考　题

1. KES 织物风格仪评定织物风格的原理是什么？
2. KES 织物风格仪由哪几台试验主机组成？可测试织物的哪些性能？

（本实验技术依据：KES 织物风格仪使用说明书）

实验八　FAST 织物风格测试系统

一、实验目的与要求

通过实验，了解 FAST 织物风格仪评定织物风格的原理和测试指标，掌握织物压缩、弯曲、拉伸、剪切和尺寸稳定性的测试方法。

二、仪器用具与试样材料

FAST 织物风格测试系统。试样为不同风格的织物若干。

三、实验原理与仪器结构

（一）实验原理

FAST 织物风格测试系统可测定织物的压缩、弯曲、拉伸、剪切四项基本力学性能和尺寸稳定性，共考核 8 个指标。根据这些性能指标评价织物的外观、手感，预测织物的可缝性、成形性。

（二）仪器结构

FAST 织物风格测试系统包括三台仪器和一种试验方法，即 FAST-1 压缩仪、FAST-2 弯曲仪、FAST-3 拉伸仪和 FAST-4 尺寸稳定性试验方法。FAST-1、FAST-2、FAST-3 可以瞬时并自动记录试验结果，FAST-4 则手工记录结果。将结果标绘在控制图形中，即"织物指纹印"，以表明被测织物的性能。该图形可通过 FAST 数字探测及分析程序直接与计算机连接，自动记录并打印，也可手工绘制。

四、实验方法与操作步骤

（一）FAST-1 压缩仪

（1）剪取 15 cm×15 cm 的试样三块，或用大试样测量三个不同部位（压缩的测量面积为 100 cm^2）。

（2）通过增减测量杯内的质量来改变对织物的压力，测定织物在轻负荷（1.96 cN/cm^2）和重负荷（98.1 cN/cm^2）条件下的厚度 T_2 和 T_{100}，由这两个厚度之差计算织物表面厚度 T_S。织物厚度以千分尺的分辨精度进行显示。

（3）织物试样汽蒸 30 s 后或者在水中（水温 20 ℃，时间 30 min 为宜）处理后，测量轻负荷和重负荷下的厚度，可计算松弛表面厚度 STR。

（二）FAST-2 弯曲仪

（1）剪取 200 mm×50 mm 的试样，经、纬向各五块，分别做好标记。

（2）将条形试样平放在仪器的测量平面上，然后缓慢向前推移，使试样一端逐渐脱离平面支托而呈悬臂状，受试样本身重力作用，当试样一端下弯到 θ(41.5°)，与斜面相接触时，隔断光路。此时试样伸出支托面的长度即为弯曲长度 L，测量织物每平方米质量 W 后，据此可计算出弯曲刚度 B，作为织物抗弯性的指标。

（三）FAST-3 拉伸仪

（1）先裁取经、纬向试样各五块，再以 45°经纬斜向裁取试样五块，试样尺寸均为 300 mm×50 mm。

（2）采用杠杆加压原理，通过改变平衡杠杆上的砝码，测定织物经、纬向在 5 cN/cm、20 cN/cm、100 cN/cm 负荷下的伸长率 E_5、E_{20}、E_{100}。

（3）试样以 45°经纬斜向剪取，测定织物斜向在 5 cN/cm 负荷下的伸长率 EB_5，伸长测量的分辨率为 0.1%。斜向伸长 EB_5 通过计算可转换成织物剪切刚度 G。

（4）由织物的伸长性与弯曲刚度可计算成形性 F，它是一个与缝纫折皱有关的参数。

（四）FAST-4 尺寸稳定性试验方法

（1）裁取 300 mm×300 mm 的织物试样一块。

（2）将仪器样板放在织物试样上，在样板四个角的定位孔下对织物试样做标记。

（3）用坐标定位系统中的鼠标器对织物试样上的四点标记进行测量，得到试样经、纬向原始干燥长度 L_1。

（4）在 25～30 ℃含有 0.1%非离子洗涤剂的水中将织物试样浸 30 min，然后将其移至平台上，压去水分，用步骤(2)的方法测出试样经、纬向的湿态长度 L_2。

（5）将湿态试样烘干，用步骤(2)的方法测出试样经、纬向的干态松弛长度 L_3。

五、实验结果计算与修约

1. 织物表面厚度

$$\text{表面厚度 } T_S = T_2 - T_{100} \tag{8-5}$$

2. 织物弯曲刚度

FAST-2 弯曲仪会自动显示并打印输出弯曲长度 L。织物弯曲刚度按下式计算：

$$弯曲刚度\ B = 9.18 \times 10^{-8} W L^{3} (\mathrm{cN \cdot cm^2/cm}) \tag{8-6}$$

式中：W 为试样单位面积质量，$\mathrm{g/m^2}$。

3. 织物剪切刚度

FAST-3 拉伸仪会自动显示并打印输出 E_5、E_{20}、E_{100} 和 EB_5。织物剪切刚度按下式计算：

$$剪切刚度\ G = 123/EB_5 \{\mathrm{cN}/[\mathrm{cm} \cdot (°)]\} \tag{8-7}$$

4. 织物缩水率和湿膨胀率

$$缩水率\quad R_S = \frac{L_1 - L_3}{L_1} \times 100\% \tag{8-8}$$

$$湿膨胀率\quad H_E = \frac{L_2 - L_3}{L_3} \times 100\% \tag{8-9}$$

式中：L_1 为织物试样的原始干态长度（经向或纬向），mm；L_2 为织物试样的湿态长度（经向或纬向），mm；L_3 为织物试样经浸渍缩水后的干态长度（经向或纬向），mm。

思 考 题

1. FAST 织物风格测试系统评定织物风格的原理是什么？
2. FAST 织物风格测试系统由哪几台仪器组成？可测试织物的哪些性能？

（本实验技术依据：FAST 织物风格测试系统使用说明书）